杀虫剂
与杀螨剂
使用技术

王朝政　唐　韵　闫书贵　主编

U0221698

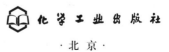

化学工业出版社

·北京·

内 容 简 介

本书以"新颖、系统、权威"为主旨，介绍了靶标昆虫的准确识别、发生发展、预测预报、抗性治理、防控策略和杀虫剂的类型划分、作用机理等基础知识，介绍了杀虫剂、杀螨剂产品特性、使用技术。涵盖了自1982年我国实行农药登记制度以来获得登记的几乎所有国内外品种。对于重点品种，从其产品名称、产品特点、适用范围、防治对象、单剂规格、单用技术、混用技术、注意事项、综合评价9个方面进行详细介绍。书末附有卫生杀虫剂、杀软体动物剂、杀鼠剂简介，以及农药中文通用名称索引、农药英文通用名称索引，便于查阅。

本书适合农林种植基地人员，农林技术推广人员，杀虫剂、杀螨剂、卫生杀虫剂、杀软体动物剂、杀鼠剂的研究开发、市场营销、监督管理人员阅读，可作为农药经营人员培训教材，也可供农林院校相关专业师生参考。

图书在版编目（CIP）数据

杀虫剂与杀螨剂使用技术/王朝政，唐韵，闫书贵主编. —北京：化学工业出版社，2023.4
ISBN 978-7-122-42992-6

Ⅰ.①杀… Ⅱ.①王…②唐…③闫… Ⅲ.①杀虫剂
-使用方法②杀螨剂-使用方法 Ⅳ.①TQ453②TQ454

中国国家版本馆 CIP 数据核字（2023）第 033150 号

责任编辑：冉海滢　刘　军　　　文字编辑：李娇娇
责任校对：宋　玮　　　　　　　　装帧设计：关　飞

出版发行：化学工业出版社（北京市东城区青年湖南街 13 号
　　　　　邮政编码 100011）
印　　装：大厂聚鑫印刷有限责任公司
850mm×1168mm　1/32　印张 9　字数 267 千字
2023 年 6 月北京第 1 版第 1 次印刷

购书咨询：010-64518888　　　售后服务：010-64518899
网　　址：http://www.cip.com.cn
凡购买本书，如有缺损质量问题，本社销售中心负责调换。

定　　价：39.80 元　　　　　　　　版权所有　违者必究

《杀虫剂与杀螨剂使用技术》
编写人员

主　　编　王朝政　唐　韵　闫书贵

编写人员（按姓名汉语拼音排序）

李　青　唐达萱　唐贵群　唐　理　唐　韵

唐　政　王朝政　徐茂权　徐　翔　闫书贵

杨　超　杨　伟　曾朝华　郑仕军　周　兵

周显东

前 言

农药按防治对象分为杀菌剂、杀线虫剂、杀虫剂、杀螨剂、杀软体动物剂、杀鼠剂、除草剂、植物生长调节剂 8 大类。在 2010～2018 年期间，我们陆续编写出版了《除草剂使用技术》《生物农药使用与营销》《杀菌剂使用技术》（书末附有杀线虫剂）3 部作品，这本《杀虫剂与杀螨剂使用技术》（书末附有杀软体动物剂和杀鼠剂）是它们的姊妹作。至此，编者完成了除植物生长调节剂之外的另 7 大类农药使用技术的编写。

人类的生产生活已离不开杀虫剂、杀螨剂。新中国成立 70 多年来，我国杀虫剂与杀螨剂事业获得了长足发展，1993 年获准登记的杀虫剂产品仅 722 个、杀螨剂仅 68 个，而迄今登记的杀虫剂产品累计逾 42000 个、杀螨剂产品累计逾 2500 个，分别增长了约 57 倍、约 36 倍。1997 年 5 月 8 日国务院颁布《农药管理条例》，这是我国第一部农药管理行政法规，此后系列配套规定陆续出台，农药管理逐渐步入法制化、规范化轨道。

本书以"新颖、系统、权威"为主旨，充分体现农林害虫、卫生害虫研究成果和杀虫剂发展成就，介绍了靶标昆虫的准确识别、发生发展、预测预报、抗性治理、防控策略和杀虫剂的类型划分、作用机理等基础知识，介绍了杀虫剂产品特性、使用技术。涉及包括卫生杀虫剂在内的已获登记杀虫剂产品逾 42000 个，其中单剂约 27000 个、混剂约 15000 个；涉及杀虫剂品种逾 760 个，其中无机、有机、生物杀虫剂单剂品种（有效成分）逾 240 个，杀虫剂混剂品种（混剂组合）逾 520 个，涵盖了自 1982 年我国实行农药登记制度以来获得登记的几乎所有国内外品种。对于重点品种，从其产品名称、产品特点、适用范围、防治对象、单剂规格、单用技术、混用技术、注意事项、综合评价 9 个方面进行详细介绍。绝大多数品种还列出了制剂或原药首家农药登记证号，便于读者了解其开发历史。

编写中严格遵循《农业法》《农业技术推广法》《进出境动植物检疫法》《植物检疫条例》《农作物病虫害防治条例》《农药管理条例》《农药标签和说明书管理办法》《农药安全使用规范总则》等最新法律法规、政策规定、技术规范，文字精炼，数字精确，信息权威。

书末附有卫生杀虫剂、杀软体动物剂、杀鼠剂简介，以及农药中文英文名称索引，便于查阅。

本书是编者多年来从事杀虫剂与杀螨剂研发、生产、试验、示范、推广、营销工作中所见、所闻、所思、所得的系统总结。但由于水平所限，不足之处在所难免，敬请广大读者不吝赐教。

编者

2022 年 10 月

目 录

第三章 杀虫剂品种介绍 / 74

第四章 杀虫剂使用技术 / 183

附录 / 253

索引 / 262

参考文献 / 270

第一章
杀虫剂基础知识 ▶▶▶▶

第一节 | 杀虫剂概念 ▶▶▶

目前已经研究明确的农药的防治对象有 2 个方面（影响植物生长发育的因子可概括为非生物因子和生物因子）、4 个大类（病、虫、草、鼠）、20 个小类（如真菌、原核生物、病毒、线虫）、27 种，见表 1-1 所示。寄生性种子植物习惯上纳入病害范畴研究，而实际上作为杂草进行防除。全国农业技术推广服务中心 2009～2013 年对主要农作物有害生物种类调查结果表明，确认我国有害生物种类共计 3238 种，其中病害 599 种、虫害 1929 种、杂草 644 种、害鼠 66 种。中国农业科学院植物保护研究所和中国植物保护学会主编、2015 年出版的《中国农作物病虫害（第三版）》收录农业病虫草鼠害对象 1665 种，其中病害 775 种、虫害 739 种、杂草 109 种、害鼠 42 种。国家林业和草原局 2019 年 12 月 12 日发布公告，全国普查共发现可对林木、种苗等林业植物及其产品造成为害的林业有害生物 6179 种，其中真菌类 726 种、细菌类 21 种、植原体类 11 种、病毒类 18 种、线虫类 6 种、植物类 239 种、昆虫类 5030 种、螨类 76 种、鼠（兔）类 52 种。

农药按防治对象分为杀菌剂、杀线虫剂、杀虫剂、杀螨剂、杀软体动物剂、除草剂、杀鼠剂、植物生长调节剂等 8 大类。NY/T 1667.1～1667.8—2008《农药登记管理术语》规定，杀菌剂是杀死植物病原菌或抑制其生长发育的农药，杀线虫剂是防治植物病原线虫的农药，杀虫剂是防治农业、林业、仓储害虫及病媒等有关昆虫的农药，杀螨剂是防治蛛形纲中有害螨类的农药，杀软体动物剂是防治蜗牛、蛞蝓、钉螺等有害软体动物的农药（早前将防治福寿螺等的农药称作杀螺剂），除草剂是防除或控制杂草生长与为害的农药，杀鼠剂是防治鼠类有害啮齿动物的农药，植物生长调节剂是对植物的生长、发育起调节作用的农药。

广义的"虫"包括昆虫、螨类（螨虫）、鼠妇、鳃蚯蚓、蜗牛、蛞蝓、螺类、害鸟等。早前所称的杀虫剂包括杀螨剂和杀软体动物剂，后来杀螨剂和杀软体动物剂被单列出来。

有的农药"身兼数职"，例如联苯菊酯能杀虫杀螨，蛇床子素能杀虫杀菌，石硫合剂、矿物油、苦参碱、印楝素能杀虫杀螨杀菌，阿维菌素能杀虫杀螨杀线虫，磷化铝能杀虫杀螨杀鼠，三苯基乙酸锡能杀菌杀软体动物。

表 1-1　农药按照防治对象划分的 8 大类型

农药类型	防治对象			
	逆境（如缺素）			非生物因子
杀菌剂	真菌（如大麦柄锈菌）			生物因子
	原核生物	细菌（如茄假单胞菌）		病
		放线菌（如马铃薯疮痂病链霉菌）		
		类细菌（如柑橘黄龙病类细菌）		
		类立克次体（如木质部难养菌）		
		植原体（如豇豆丛枝病植物菌原体）		
		螺原体（如柑橘僵化病螺原体）		
	病毒	真病毒（如黄瓜花叶病毒）		
		亚病毒	类病毒（如柑橘裂皮类病毒）	
			拟病毒（如绒毛烟环斑病毒）	
	原生动物（如细管植生滴虫）			
	寄生性植物	寄生性种子植物（如弯管列当、中国菟丝子）		
		寄生性苔藓（如引起茶苔藓病的悬藓、中华木衣藓等）		
		寄生性地衣（如引起茶地衣病的睫毛梅花地衣、树发地衣等）		
		寄生性藻类（如引起茶红锈藻病的头孢藻属绿藻）		
杀线虫剂	线虫（如花生根结线虫）			

农药类型	防治对象		
杀虫剂	昆虫（如二化螟、甜菜夜蛾）	虫	生物因子
	鼠妇（如长鼠妇、光滑鼠妇）		
	鳃蚯蚓（如水稻鳃蚯蚓）		
	害鸟（如树麻雀）		
杀螨剂	螨类（如柑橘全爪螨、柑橘始叶螨）		
杀软体动物剂	蜗牛（如同型巴蜗牛、灰巴蜗牛）		
	蛞蝓（如野蛞蝓、黄蛞蝓）		
	螺类（如福寿螺、钉螺）		
除草剂	杂草（如稗、狗尾草）	草	
杀鼠剂	鼠类（如褐家鼠、黑线姬鼠）	鼠	
	害兽（如猪獾）		
植物生长调节剂			

第二节 | 杀虫剂类型划分 ▸▸▸

一、按产品性质分类

分为化学杀虫剂、生物杀虫剂两大类。化学杀虫剂又可细分为无机杀虫剂（如硅藻土）、有机杀虫剂（如敌敌畏），或者细分为天然来源杀虫剂（矿物源杀虫剂）、人工合成杀虫剂（化学合成杀虫剂）等类型。生物杀虫剂又可细分为微生物源杀虫剂、植物源杀虫剂、动物源杀虫剂，或者细分为活体型杀虫剂、抗体型杀虫剂等类型。

二、按应用范围分类

分为作物保护用杀虫剂、非作物保护用杀虫剂两大类。非作物保护用杀虫剂又细分为卫生用杀虫剂、草坪养护用杀虫剂等。目前全球作物用农药市场和非作物用农药市场的销售额分别约占农药市场销售总额的 88% 和 12%。

卫生用农药，是指用于预防、控制人生活环境和农林业中养殖业动物生活环境的蚊、蝇、蜚蠊、蚂蚁和其他有害生物的农药。按其使用场所和使用方式分为家用卫生杀虫剂和环境卫生杀虫剂 2 类。家用卫生杀虫剂主要是指使用者不需要做稀释等处理在居室直接使用的卫生用农药；环境卫生杀虫剂主要是指经稀释等处理在室内外环境中使用的卫生用农药。

三、按作用方式分类

分为 12 大类，其中第（1）～（5）种杀虫剂通常合称为杀生性杀虫剂、传统性杀虫剂，第（6）～（12）种杀虫剂通常合称为非杀生性杀虫剂、特异性杀虫剂。

仅仅极少数杀虫剂只有 1 种作用方式，绝大多数杀虫剂都有 2 种或 2 种以上作用方式，例如敌敌畏具有熏蒸、胃毒、触杀作用；毒死蜱具有胃毒、触杀作用，也有较强熏蒸作用；溴氰菊酯以胃毒、触杀为主，还有一定的驱避、拒食作用；杀虫双具有胃毒、触杀、内吸和一定的熏蒸、杀卵作用。杀虫剂品种以某种作用方式为主，就将其归入某类杀虫剂。

（1）胃毒性杀虫剂　这类药剂通过害虫的口器和消化道系统进入虫体使其中毒死亡。当胃毒剂施用到植物茎叶、果实上，或制成毒饵撒施到作物地里，害虫啃食带药的茎叶、果实、毒饵时，药剂经肠胃吸收而引起害虫中毒死亡。

（2）触杀性杀虫剂　这类药剂接触到害虫，通过害虫的表皮渗入虫体使其中毒死亡。当触杀剂施用到害虫体表，或是害虫在沾有药剂的植物体上或其他物体表面上爬行，接触到药剂时，药剂就从害虫的表皮、足、触角或气门等部位进入虫体而引起害虫中毒死亡。有些触杀剂能腐蚀害虫体壁，使体液外流，或者堵塞气门，使害虫窒息而死，即让害虫闷死。

（3）熏蒸性杀虫剂　这类药剂挥发成有毒气体，或是经过一定化学作用生成有毒气体，然后从害虫呼吸系统如气门进入虫体而引起害虫中毒死亡。

（4）内吸性杀虫剂　这类药剂无论施用到植物什么部位，都能被植物吸收进入到体内，并随着植物体液传导而分布到更大范围，足以使为害的害虫中毒死亡。内吸剂适用于防治吸食植物汁液的害虫，如蚜虫，它们在吸食作物汁液时把药液也吸到肚子里去了，因此从某个角度讲，内吸剂是特殊的胃毒剂。

内吸作用按药剂运行方向分为2种：一是向顶性或向上性内吸作用，杀虫剂在作物体内由基部向顶部运转传导，主要是向叶片运转（施于叶片的后部而向叶前缘运转也属于向顶性内吸作用），例如18%杀虫双水剂可被作物根、茎、叶吸收，并能很快地向上传导；二是向基性或向下性内吸作用，杀虫剂在作物体内由顶部或地上部向基部或地下部运转传导，主要是向根系运转（茎干中也会含有药剂，因此对于为害茎干部和根部的害虫也有效）。向顶性内吸作用是内吸作用的主要作用方式。有的杀虫剂能向上和向下双向传导，例如螺虫乙酯，但这类药剂凤毛麟角。

有些杀虫剂能被植物吸收进入体内，但不能在体内运转，这种作用方式一般不视作内吸作用，有的资料别称为内渗作用、渗透作用或薄层传导作用等。这些药剂仅能渗透作物表皮而不能在体内传导，药剂从叶片表面渗透进叶片内能杀死叶片另一面的害虫。由于药剂不能从这片叶输送到另一片叶中去，因此对于没有着药的叶上的害虫就没有效果。仅具有内渗作用的杀虫剂不能当作内吸性杀虫剂施用，施药时要求喷施均匀周到。

（5）杀卵性杀虫剂　这类药剂具有杀卵作用，如吡丙醚、虱螨脲。杀卵作用有3种路径：包围卵壳，阻碍胚胎呼吸，累积有毒代谢物使卵窒息而死（如一些油剂对蚊卵、苹果小卷叶蛾卵的作用）；使卵壳变硬，胚胎干死（如石硫合剂）；进入卵壳，通过保护层使卵内蜡质溶化，渗透入卵黄膜，使卵中毒，胚胎不再发育而致死。昆虫卵有保护层，对外界恶劣环境和杀虫剂有很强抵抗力，许多杀虫剂没有杀卵作用。

氯虫苯甲酰胺等双酰胺类杀虫剂对卵/幼活性极高。卵/幼指卵即将孵化出幼虫的阶段，此时卵壳尚未破裂，但里面已经孵化形成幼虫。双酰胺类杀虫剂的卵/幼活性包括2方面：一是此类杀虫剂渗透进入卵壳内触杀幼虫，二是幼虫咬破或吞食卵壳时因胃毒作用而致死。注意卵/幼活性不同于卵活性（此类杀虫剂作用于鱼尼丁受体，使肌肉不可逆收缩，而卵无肌肉，所以对卵无效）。

（6）引诱性杀虫剂　引诱剂能发出刺激物质吸引昆虫（正向性）。引诱剂分为性引诱剂（又叫昆虫性信息素类杀虫剂或昆虫性外激素类杀虫剂）、食物引诱剂、产卵引诱剂等类型，如地中海实蝇引诱剂。

（7）驱避性杀虫剂　驱避剂能发出刺激物质驱赶昆虫（负向性）。

（8）拒食性杀虫剂　拒食剂能使昆虫产生停食反应，如印楝素是世界上公认的活性最强的拒食剂之一，具有拒食、忌避和抑制昆虫生长发育作用。

（9）不育性杀虫剂　不育剂作用于昆虫生殖系统导致昆虫不育。

（10）昆虫生长调节性杀虫剂　这类药剂对昆虫生长发育过程具有抑制、刺激等作用，其作用靶标是昆虫体内独特的激素或合成酶系统，又可细分为昆虫几丁质合成抑制剂、昆虫保幼激素类杀虫剂、昆虫抗保幼激素类杀虫剂、昆虫蜕皮激素类杀虫剂。有的将不育剂包括在昆虫生长调节剂之内。

① 昆虫几丁质合成抑制剂包括苯甲酰脲类的除虫脲、氟苯脲、氟虫脲、氟啶脲、氟铃脲、氟酰脲、灭幼脲、杀铃脲、虱螨脲和非苯甲酰脲类的噻嗪酮、灭蝇胺等。

② 昆虫保幼激素类杀虫剂如烯虫酯。

③ 蜕皮激素于1954年从蚕蛹中分离得到。1988年第一个蜕皮激素类杀虫剂抑食肼商品化。作用机理是促进害虫提前蜕皮，形成畸形小个体，脱水（由于不能完全蜕皮而导致幼虫脱水）、饥饿而死。这与抑制害虫蜕皮的苯甲酰脲类杀虫剂的作用机理正相反，适用于害虫抗性综合治理。昆虫蜕皮激素类杀虫剂如抑食肼、虫酰肼、呋喃虫酰肼、甲氧虫酰肼。

（11）昆虫信息素类杀虫剂　昆虫信息素是由昆虫体内释放到体外，可引起同种其他个体某种行为或生理反应的微量挥发性化学物质，分为性信息素（又叫性外激素）、聚集素、告警素、追踪素等。性信息素类杀虫剂根据诱杀或迷向原理防治害虫，已有不少产品获准登记，如绿盲蝽性信息素、二化螟性引诱剂、斜纹夜蛾性引诱剂、梨小食心虫性迷向素，须在一定条件下才有好的防效，例如种群密度高时先用杀虫剂压低种群数量，否则不易达到理想防效。

（12）寄生性杀虫剂　这类药剂如金龟子绿僵菌。

四、按作用机理分类

探讨杀虫剂的作用机理就是研究害虫中毒或失去为害能力的原因，即杀虫剂致毒的生物化学因素。杀虫剂作用机理包括杀虫剂穿透体壁进入害虫体内和在体内的运转与代谢过程，杀虫剂对靶标的作用机制和环境条件对毒效与毒性的影响。具体到杀虫剂对害虫的作用上，就是杀虫剂通过各种方式被害虫接收后，对害虫产生的毒杀作用。

从杀虫剂的主要作用靶标看，杀虫剂作用机理大致可分为 4 种。

（1）神经毒剂　这类药剂以神经系统上的靶标位点、靶标酶或受体作为靶标发挥毒性。有机磷类、氨基甲酸酯类、拟除虫菊酯类杀虫剂，无论以触杀作用或胃毒作用发挥毒效，它们的作用部位都是神经系统，都属于神经毒剂。

（2）呼吸毒剂　这类药剂在与害虫接触后，由于物理的或化学的作用，对呼吸链的某个环节产生抑制作用，使害虫呼吸系统发生障碍而窒息死亡，如鱼藤酮。这类药剂品种少。

（3）昆虫生长调节剂　这类药剂通过抑制昆虫生长发育过程，如抑制蜕皮、新表皮形成、取食等，最后导致害虫死亡。

（4）微生物杀虫剂　这类药剂以寄主的靶组织为营养，大量繁殖和复制，如病毒、微孢子虫杀虫剂；或者释放毒素使寄主害虫中毒，如真菌、细菌杀虫剂。

为了抵御杀虫剂抗性的产生，指导不同作用机理杀虫剂合理使用，国际杀虫剂抗性行动委员会（Insecticide Resistance Action Committee，IRAC）将目前世界上已知杀虫剂归结为 30 多个作用机理组别，见表 1-2 所示，该分类方案根据需要定期审查和重新发行，当前没有登记的、被取代的、过时的或者被撤回的并且不再日常使用的化合物将不在分类清单中。

杀虫剂的作用机理分类方案有助于开展害虫抗性治理。在实际应用中施药者可根据杀虫剂作用机理分类代码的不同，在害虫防治中更好地实施杀虫剂交替、轮换使用。①交替、顺序或者轮换使用具有不同作用机理的杀虫剂可减少靶标位点抗性的选择性产生。②基于作物的生长时期和昆虫生长发育期在不同施药窗口使用不同作用机理的杀虫剂。在一个用药窗口可以使用几次同一化合物，但应在害虫连续的世代避免使用相同作用机理的化合物。应始终遵循当地专家关于用药窗口和时机的建议。③同一组内不同的化合物如果作用于不同的靶标位点，这些化合物则可以进行轮换使用（包括第8组、第13组和所有机理未知组）。④亚组代表具有相同作用机理而化学结构类别不同的化合物。⑤亚组用以区分那些可能结合于同一作用靶点但化学结构明显不同的化合物其产生代谢性交互抗性的风险低于那些结构相近的化学类似物。⑥亚组之间的交互抗性风险高于组间产生交互抗性的风险，因此只有在没有其他替代产品，并且已知在靶标种群中不存在交互抗性的情况下，才应在咨询当地专家建议后考虑选择不同亚组化合物进行轮换施用。这些前提条件并非随时可得，因此仍应寻求替代方案。

表1-2　杀虫剂作用机理分类表

组	亚组	有效成分举例
第1组：乙酰胆碱酯酶（AChE）抑制剂	1A 氨基甲酸酯类	克百威、丁硫克百威、灭多威
	1B 有机磷酸酯类	乙酰甲胺磷、甲拌磷、毒死蜱
第2组：γ-氨基丁酸（GABA）门控氯离子通道拮抗剂	2A 环戊二烯有机氯类	氯丹、硫丹
	2B 苯基吡唑类	氟虫腈、乙虫腈
第3组：钠离子通道调节剂	3A 拟除虫菊酯类和除虫菊素类	溴氰菊酯、联苯菊酯、氰戊菊酯、顺式氰戊菊酯、顺式氯氰菊酯、高效氯氟氰菊酯、七氟菊酯、醚菊酯、氯菊酯
	3B 滴滴涕和甲氧滴滴涕	滴滴涕、甲氧滴滴涕
第4组：烟碱型乙酰胆碱受体（nAChR）竞争性调节剂	4A 新烟碱类	吡虫啉、噻虫啉、噻虫嗪、噻虫胺、呋虫胺、烯啶虫胺、啶虫脒
	4B 烟碱	烟碱
	4C 矾亚胺类	氟啶虫胺腈
	4D 丁烯羟酸内酯类	氟吡呋喃酮
	4E 介离子类	三氟苯嘧啶
	4F pyridylidenes 类	flupyrimin

组	亚组	有效成分举例
第5组：烟碱型乙酰胆碱受体（nAChR）别构调节剂-位点Ⅰ	多杀菌素类	多杀霉素、乙基多杀菌素
第6组：谷氨酸门控氯离子通道（GluCl）别构调节剂	阿维菌素类和弥拜菌素类	阿维菌素、甲氨基阿维菌素苯甲酸盐、雷皮菌素、弥拜菌素
第7组：仿生保幼激素	7A 保幼激素类似物	烯虫酯、烯虫乙酯、烯虫炔酯
	7B 苯氧威	苯氧威
	7C 吡丙醚	吡丙醚
第8组：其他非特异性（多位点）抑制剂	8A 卤代烷类	溴甲烷
	8B 氯化苦	氯化苦
	8C 氟化物	六氟合铝酸钠、硫酰氟
	8D 硼酸盐	硼砂
	8E 酒石酸锑钾	酒石酸锑钾
	8F 异硫氰酸甲酯释放剂	棉隆、威百亩
第9组：弦音器TRPV通道调节剂	9B 吡啶甲亚胺衍生物	吡蚜酮、氟喹酮（pyrifluquinazon）
	9D 丙烯类	双丙环虫酯
第10组：影响几丁质合成酶1（CHS1）的螨虫生长抑制剂	10A 四螨嗪、氟螨嗪、噻螨酮	四螨嗪、氟螨嗪、噻螨酮
	10B 乙螨唑	乙螨唑
第11组：昆虫中肠膜微生物干扰物	11A 苏云金杆菌	苏云金杆菌
	11B 球形芽孢杆菌	球形芽孢杆菌
第12组：线粒体三磷酸腺苷（ATP）合成酶抑制剂	12A 丁醚脲	丁醚脲
	12B 有机锡杀螨剂	三唑锡、三环锡、苯丁锡
	12C 炔螨特	炔螨特
	12D 三氯杀螨砜	三氯杀螨砜

组	亚组	有效成分举例
第13组：干扰质子梯度影响氧化磷酸化的解偶联剂	吡咯、二硝酚类及氟虫胺	虫螨腈、二硝酚、氟虫胺
第14组：烟碱型乙酰胆碱受体（nAChR）通道阻断剂	沙蚕毒素类似物	杀虫磺、杀螟丹、杀虫环、杀虫双
第15组：影响CHS1的几丁质生物合成抑制剂	苯甲酰脲类	除虫脲、氟环脲、虱螨脲、氟酰脲、氟苯脲
第16组：几丁质生物合成抑制剂（1型）	噻嗪酮	噻嗪酮
第17组：双翅目昆虫蜕皮干扰素	灭蝇胺	灭蝇胺
第18组：蜕皮激素受体激动剂	双酰肼类	环虫酰肼、氯虫酰肼、虫酰肼、甲氧虫酰肼
第19组：章鱼胺受体激动剂	双甲脒	双甲脒
第20组：线粒体电子传递复合体（Ⅲ）抑制剂-Qo位点	20A 氟蚁腙	氟蚁腙
	20B 灭螨醌	灭螨醌
	20C 嘧螨酯	嘧螨酯
	20D 联苯肼酯	联苯肼酯
第21组：线粒体电子传递复合体（Ⅰ）抑制剂	21A 线粒体电子传递抑制性杀螨剂和杀虫剂	喹螨醚、唑螨酯、哒螨灵、嘧螨醚、吡螨胺、唑虫酰胺
	21B 鱼藤酮	鱼藤酮
第22组：电压依赖性钠离子通道阻断剂	22A 噁二嗪类	茚虫威
	22B 缩氨基脲类	氰氟虫腙

组	亚组	有效成分举例
第 23 组：乙酰辅酶 A 羧化酶抑制剂	季酮酸和特拉姆酸衍生物	螺螨酯、螺甲螨酯、螺虫乙酯、甲氧哌啶乙酯
第 24 组：线粒体电子传递复合体（Ⅳ）抑制剂	24A 磷化物	磷化铝、磷化钙、磷化锌、磷化氢
	24B 氰化物	氰化物盐
第 25 组：线粒体电子传递复合体（Ⅱ）抑制剂	25A β-酮腈衍生物	腈吡螨酯、丁氟螨酯
	25B 羧苯胺	吡唑酰苯胺（pyflubumide）
第 28 组：鱼尼丁受体调节剂	双酰胺类	氯虫苯甲酰胺、溴氰虫酰胺、环溴虫酰胺、氟苯虫酰胺、四唑虫酰胺
第 29 组：弦音器调节剂-靶标位点未知	氟啶虫酰胺	氟啶虫酰胺
第 30 组：γ-氨基丁酸（GABA）门控氯离子通道别构调节剂	间二酰胺类和异噁唑啉类	溴虫氟苯双酰胺、氟噁唑酰胺（fluxametamide）、异噁唑虫酰胺（isocycloseram）
第 31 组：杆状病毒	颗粒体病毒和核型多角体病毒	苹果蠹蛾颗粒体病毒、苹果异胚小卷蛾颗粒体病毒、黎豆夜蛾多衣壳核型多角体病毒、棉铃虫核型多角体病毒
第 32 组：烟碱型乙酰胆碱受体（nAChR）别构调节剂-位点Ⅱ	谷氨酰胺合成酶	谷氨酰胺合成酶
第 33 组：钙离子激活钾离子通道（KCa）调节剂		acynonapyr
第 34 组：线粒体电子传递复合体（Ⅲ）抑制剂-Qi 位点		flometoquin

续表

组	亚组	有效成分举例
作用机理未知或未确定	UN 化合物	印楝素、苯螨特、溴螨酯、灭螨猛、三氯杀螨醇、代森锰锌、三氟甲吡醚、石硫合剂
	UNB 细菌制剂（非苏云金杆菌）	伯克霍德菌种、沃巴赫氏菌
	UNE 包括合成的、提取的和粗提的植物精油	土荆芥提取物、甘油脂肪酸单酯或丙二醇印楝油
	UNF 真菌制剂	球孢白僵菌菌株、绿僵菌 F52 菌株、玫烟色拟青霉阿波普卡 97 菌株
	UNM 非特异性机械和物理干扰	硅藻土、矿物油

注：资料源于国际杀虫剂抗性行动委员会（Insecticide Resistance Action Committee，IRAC）2021 年 11 月杀虫剂作用机理分类第 10 版本。本处所介绍的杀虫剂是包括杀螨剂在内的广义上的杀虫剂。在某些情况下，组别中仅列出具有代表性的活性化合物。第 26 组和第 27 组尚未确认。第 20 组中，虽然有强有力的证据表明联苯肼酯作用于线粒体复合体Ⅲ的 Qo 位点，并且联苯肼酯某些抗性突变导致与灭螨醌呈现交互抗性，但嘧螨酯和氟蚁腙的作用位点尚未确定。3B 亚组中，滴滴涕不再用于农业生产，但是，由于缺少其他替代产品，因此只可应用于人类病源虫媒（如蚊虫）的防控。10A 亚组中，尽管噻螨酮和四螨嗪化学结构不同，但是通常存在交互抗性，因此将其并为同一亚组。氟螨嗪则是作为四螨嗪相近的类似物且可能具有相同的作用机理而归入本亚组。

　　近年纳米农药研发方兴未艾。纳米农药一般是指纳米农药制剂，即农药有效成分通过纳米技术加工而成的农药制剂，主要特征是粒子尺寸在纳米尺度范围内（粒径小于 100nm）。纳米农药制剂由于产品粒径极小，对防治靶标和农作物具有更高的穿透性、吸收性、传导性，可以提高农药利用效率和防治效果。

第三节 | 杀虫剂作用原理 ▶▶▶

农药作用方式，指的是农药抵达有害生物或目的植物并到达作用部位的途径和方法。了解农药作用方式，对于科学合理用药，提高防治效果与经济效益，减少对环境的污染都有重要理论意义和实用价值。农药作用方式究竟有多少种，目前尚无权威界定。通过查阅大量资料，总结归纳发现农药作用方式共有14种。植调（植物生长调节）是植物生长调节剂特有的作用方式，捕食和寄生是活体型生物农药特有的作用方式。有的资料将胃毒、触杀、熏蒸、内吸、杀卵、植调（植物生长调节）等6种作用方式称为传统性作用方式，将引诱、驱避、拒食、不育、昆调（昆虫生长调节）、寄生、植健（植物健康作用）、植物免疫激活和昆虫信息素等其他8种作用方式称为特异性作用方式。

德国巴斯夫开发的25%吡唑醚菌酯乳油在我国率先取得"作物（或范围）——玉米、大豆，防治对象——植物健康作用"的登记，将"植物健康作用"作为一种全新的作用方式单列出来。

矿物油的杀虫机理是在害虫体被上形成一层油膜，封闭气孔，导致害虫窒息死亡。硅藻土主要有效成分为天然具有棱角的硅藻土，硬度大，且具有吸脂、吸水、吸油特性，杀虫机制为物理性的杀虫作用，害虫在活动时与药剂接触、摩擦，被其尖刺刺破表皮，使害虫失水死亡；也可堵塞害虫的毛孔和气门，阻碍其新陈代谢功能而死。这些作用方式可归入触杀。

此前还有捕食的作用方式，指天敌昆虫农药（又称动物源活体型生物农药）捕捉并吃掉昆虫等有害生物，如平腹小蜂、松毛虫赤眼蜂，目前它们不纳入农药管理范畴了。

有些农药单剂品种（有效成分）只有1种作用方式，例如赤霉酸只有植调作用；而有些农药兼具几种作用方式，例如苦皮藤素主要是胃毒作用；蛇床子素以触杀为主，胃毒作用为辅；鱼藤酮具胃毒、触杀作用；桉油精具触杀、熏蒸、驱避作用；烟碱具胃毒、触杀、熏蒸作用，并有杀卵作用；印楝素既具有传统性作用方式（如胃毒、触杀、内吸），也具有特异性作用方式（如拒食、驱避、不育、昆调），据统计，印楝素是所有农药中作用方式最多的品种，作用方式多达7种。

一、农药的作用方式

1. 农药的传统性作用方式

（1）胃毒　农药随食物经有害生物口腔进入消化系统，引起有害生物中毒致死。具有这种作用方式的农药如苦皮藤素。

（2）触杀　农药与有害生物体表接触，渗入体内，引起有害生物中毒致死。具有这种作用方式的农药如除虫菊素。

（3）熏蒸　农药以气体状态经有害生物呼吸系统进入体内，引起有害生物中毒致死。具有这种作用方式的农药如敌敌畏、桉油精。

（4）内吸　农药被目的植物吸收进入体内，四处传导，昆虫等有害生物取食带毒植物的汁液或组织，引起有害生物中毒致死。具有这种作用方式的农药如吡虫啉。有些农药能被吸入植物体内，但不能在体内运转，这种作用方式一般不作为内吸作用来讨论，有时别称为内渗作用、渗透作用或薄层传导作用。

（5）杀卵　农药与有害生物的卵接触后进入卵内降低卵的孵化率，或直接进入卵壳使幼虫或虫胚中毒致死。具有这种作用方式的农药如吡丙醚、烟碱。

（6）植物生长调节　农药促进或抑制植物生长发育。具有这种作用方式的农药如赤霉酸。20世纪60年代，我国园艺科学工作者就发现敌百虫对苹果有疏果作用，经系统研究后证明它对多个品种均有明显疏果效应，使用浓度范围很广，且对苹果无药害。

2. 农药的特异性作用方式

（1）引诱　农药刺激有害生物，产生聚集趋向反应。具有这种作用方式的农药如丁香酚。

（2）驱避　农药刺激有害生物感觉器官，使有害生物难以忍受而离去。具有这种作用方式的农药如印楝素、桉油精。

（3）拒食　农药抑制昆虫等有害生物味觉感受器，影响其对嗜好食物的识别，使其找不到食物或憎恶食物，定向离开，直至饥饿死亡。具有这种作用方式的农药如印楝素。

（4）不育　农药干扰和破坏昆虫等有害生物生殖细胞，使昆虫不育。具有这种作用方式的农药如印楝素。

（5）昆虫生长调节　农药通过抑制几丁质生物合成，使昆虫等有害生物不能蜕皮或发挥其他作用，使昆虫等有害生物死亡。具有这种作用方式的农药如噻嗪酮。

（6）寄生　农药（活体生物农药）依附在有害生物体表或体内，靠吸收寄主营养大量繁殖，有的还释放毒素，使有害生物失去正常生理功能而死亡。杀虫剂金龟子绿僵菌的作用机理是，其分生孢子可黏附于昆虫表皮，萌发后侵入寄主体内，在血淋巴中分芽繁殖导致寄主死亡。

（7）植物健康　巴斯夫公司在我国率先取得"防治对象——植物健康作用"的登记，其产品标签上注明，"吡唑醚菌酯可改善作物品质，增加叶绿素含量，增强光合作用，降低植物呼吸作用，增加碳水化合物积累。提高硝酸还原酶活性，增加氨基酸及蛋白质的积累，提高作物对病菌侵害的抵抗力。促进超氧化物歧化酶的活性，提高作物的抗逆能力，如干旱、高温和冷凉。提高坐果率、果品甜度及胡萝卜素含量，抑制乙烯合成，延长果品保存期，并增加产量和单果重量"；参见 PD20080464。

（8）植物免疫激活和昆虫信息素等其他作用方式　已登记的植物免疫激活剂（植物免疫激活剂）、植物免疫激活蛋白、糖链植物疫苗产品（如超敏蛋白、极细链格孢激活蛋白、几丁聚糖），昆虫信息素产品如绿盲蝽性信息素、二化螟性诱剂、斜纹夜蛾性诱剂、地中海实蝇引诱剂、梨小食心虫性迷向素。

二、杀虫剂作用方式

农药的作用方式共有 14 种，杀虫剂的作用方式有其中的胃毒、触杀、熏蒸、内吸、杀卵、引诱、驱避、拒食、不育、昆虫生长调节、寄生、昆虫信息素 12 种，见本章第二节所述。

▌ 第四节 ▏杀虫剂登记规定 ▸▸▸

我国农药登记工作始于 1982 年。1982 年 4 月 10 日，农业部等六部委联合发布《农药登记规定》，同年 10 月 1 日起开始执行。1982年 9 月 1 日农业部发布《农药登记规定实施细则》，自 10 月 1 日起开始执行。1992 年农业部发布首个综合性技术资料准则《农药登记资料要求》。2001 年农业部进一步修订发布《农药登记资料要求》。2007 年再次修订发布的《农药登记资料规定》首次将登记技术要求上升为部门规章（农业部令第 10 号），对各类农药的登记资料要求规定更为全面翔实。2017 年农业部以公告第 2569 号发布《农药登记资料要求》。

1997 年 5 月 8 日国务院首次发布《农药管理条例》。2001 年对条例进行修订。2017 年 2 月 8 日是一个值得中国农药行业纪念的日子，国务院第 164 次常务会议通过《农药管理条例（修订草案）》；3 月 16 日以国务院令第 677 号公布修订后的《农药管理条例》；4 月 1 日对外发布，自 2017 年 6 月 1 日起施行。2022 年第二次修订。农药入市，登记先行，新条例对农药登记做了重大修改，例如取消临时登记，农药生产企业、向中国出口农药的企业、新农药研制者等 3 类主体都可申请登记，等等。2017 年 6 月 21 日农业部以部令第 3 号、第 4 号、第 5 号、第 6 号、第 7 号密集发布与新条例配套的 5 个规章，这些规章均自 2017 年 8 月 1 日起施行，从而形成了农药管理制度基本框架，为我国农药依法管理奠定了坚实的制度基础。国务院《农药管理条例》及农业农村部相关配套规章见表 1-3 所示。

仅限出口农药按农药登记、登记变更、登记延续申请和审批程序办理，其农药登记证编号代码为"EX + 年份 + 序列号"，如 EX20200001。农药登记证上注明"仅限出口"。禁止在我国境内销售仅限出口农药产品，违者按照《农药管理条例》未取得境内使用登记有关规定查处。

限制使用的农药不得利用互联网经营。利用互联网经营除了限制使用农药以外的其他农药的，应当取得农药经营许可证。

表 1-3　《农药管理条例》及农业农村部相关配套规章

法律法规名称	公布及修订时间
农药管理条例	1997 年 5 月 8 日中华人民共和国国务院令第 216 号发布，根据 2001 年 11 月 29 日《国务院关于修改〈农药管理条例〉的决定》第一次修订，2017 年 2 月 8 日国务院第 164 次常务会议修订通过，根据 2022 年 3 月 29 日《国务院关于修改和废止部分行政法规的决定》第二次修订

法律法规名称	公布及修订时间
农药登记管理办法	2017 年 6 月 21 日农业部令 2017 年第 3 号公布，2018 年 12 月 6 日农业农村部令 2018 年第 2 号修订，2022 年 1 月 7 日农业农村部令 2022 年第 1 号修订
农药生产许可管理办法	2017 年 6 月 21 日农业部令 2017 年第 4 号公布，2018 年 12 月 6 日农业农村部令 2018 年第 2 号修订
农药经营许可管理办法	2017 年 6 月 21 日农业部令 2017 年第 5 号公布，2018 年 12 月 6 日农业农村部令 2018 年第 2 号修订
农药登记试验管理办法	2017 年 6 月 21 日农业部令 2017 年第 6 号公布，2018 年 12 月 6 日农业农村部令 2018 年第 2 号修订，2022 年 1 月 7 日农业农村部令 2022 年第 1 号修订
农药标签和说明书管理办法	2017 年 6 月 21 日农业部令 2017 年第 7 号公布
限制使用农药名录（2017 版）	2017 年 8 月 31 日农业部公告 2017 年第 2567 号
农药登记资料要求	2017 年 9 月 13 日农业部公告 2017 年第 2569 号
农药标签二维码格式及生成要求	2017 年 9 月 5 日农业部公告 2017 年第 2579 号公布
"仅限出口"农药登记	2020 年 6 月 8 日农业农村部公告第 269 号

第五节 │ 杀虫剂标签解读 ▶▶▶

在中国境内经营、使用的农药产品应当在包装物表面印制或者贴有标签。2017 年 6 月 21 日农业部以部令第 7 号公布的《农药标签和说明书管理办法》（自 2017 年 8 月 1 日起施行。此前 2007 年 12 月 8 日农业部公布的《农药标签和说明书管理办法》同时废止）第三条规定，本办法所称标签和说明书，是指农药包装物上或附于农药包装物的、以文字、图形、符号说明农药内容的一切说明物。农药标签过小，无法标注规定全部内容的，应当至少标注农药名称、有效成分含量、剂型、农药登记证号、净含量、生产日期、质量保证期等内容，同时附具说明书。说明书应当标注规定的全部内容。登记的使用范围较多，在标签中无法全部标注的，可以根据需要，在标签中标注部分使用范围，但应当附具说明书并标注全部使用范围。

农药登记申请人应当在申请农药登记时提交农药标签样张及电子文档。附具说明书的农药，应当同时提交说明书样张及电子文档。农药标签和说明书由农业部核准。农业部在批准农药登记时公布经核准的农药标签和说明书的内容、核准日期。产品毒性、注意事项、技术要求等与农药产品安全性、有效性有关的标注内容经核准后不得擅自改变，许可证书编号、生产日期、企业联系方式等产品证明性、企业相关性信息由企业自主标注，并对真实性负责。农药登记证持有人变更标签或者说明书有关产品安全性和有效性内容的，应当向农业部申请重新核准。农业部应当在三个月内作出核准决定。农业部根据监测与评价结果等信息，可以要求农药登记证持有人修改标签和说明书，并重新核准。农药登记证载明事项发生变化的，农业部在作出准予农药登记变更决定的同时，对其农药标签予以重新核准。

标签和说明书的内容应当真实、规范、准确，其文字、符号、图形应当易于辨认和阅读，不得擅自以粘贴、剪切、涂改等方式进行修改或者补充。标签和说明书应当使用国家公布的规范化汉字，可以同时使用汉语拼音或者其他文字。其他文字表述的含义应当与汉字一致。汉字的字体高度不得小于 1.8mm。

一、标签的格式规定

农药标签应当标注 11 方面的内容。

除规定内容外，下列农药标签标注内容还应当符合相应要求：其一原药（母药）产品应当注明"本品是农药制剂加工的原材料，不得用于农作物或者其他场所"且不标注使用技术和使用方法。但是，经登记批准允许直接使用的除外。其二限制使用农药应当标注"限制使用"字样，并注明对使用的特别限制和特殊要求。其三用于食用农产品的农药应当标注安全间隔期，但属于第十八条第三款所列情形的除外。其四杀鼠剂产品应当标注规定的杀鼠剂图形。其五直接使用的卫生用农药可以不标注特征颜色标志带。其六委托加工或者分装农药的标签还应当注明受托人的农药生产许可证号、受托人名称及其联系方式和加工、分装日期。其七向中国出口的农药可以不标注农药生产许可证号，应当标注其境外生产地，以及在中国设立的办事机构或者代理机构的名称及联系方式。

与2007年《农药标签和说明书管理办法》相比，新增标注内容有五：其一是可追溯电子信息码。其二是限制使用农药还应当标注"限制使用"字样，以红色标注在农药标签正面右上角或者左上角，并与背景颜色形成强烈反差，其单字面积不得小于农药名称的单字面积。并注明对使用的特别限制和特殊要求，如注明施药后设立警示标志，明确人畜允许进入的间隔时间。其三是贮存和运输方法应当标明"置于儿童接触不到的地方""不能与食品、饮料、粮食、饲料等混合贮存"等警示内容。其四是不得使用未经注册的商标，使用注册商标也应标注在标签的四角，所占面积不得超过标签面积的九分之一，其文字部分的单字面积不得大于农药名称的单字面积。其五是不得标注虚假、误导使用者的内容。

1. 农药名称、剂型、有效成分及其含量

（1）农药名称　农药名称分为通用名称、化学名称、商标名称、试验代号、其他名称。农药通用名称应引用国家标准 GB 4839—2009《农药中文通用名称》规定的名称，尚未制定国家标准的，应向由农药登记审批部门指定的有关技术委员会申请暂用名称或建议名称。农药国际通用名称执行国际标准化组织（ISO）批准的名称。暂无规定的通用名称或国际通用名称的，可使用备案的建议名称。标签上的农药名称应当与农药登记证的农药名称一致。

原药（母药）名称用"有效成分中文通用名称或简化通用名称"表示。

单剂名称用"有效成分中文通用名称"表示。单剂的通用名称，字数最少的仅1～2个，如碘、乐果，多的有10余个，如甲氨基阿维菌素苯甲酸盐。

混配制剂名称用"有效成分中文通用名称或简化通用名称"表示。中文通用名称多于3个字的，在混配制剂中可以使用简化通用名称。混配制剂名称原则上不多于9个字，超过9个字的应使用简化通用名称，不超过9个字的，不使用简化通用名称。有效成分中文通用名称或简化通用名称之间应当插入间隔号（以圆点"·"表示，中实点，半角），按中文通用名称拼音顺序排列，例如甲维盐·唑虫酰胺。

2017 年《农药登记资料要求》规定，"发布前，已批准登记的农药名称可保持不变"。混剂的中文通用名称或简化通用名称，字数 2～9 个，如马·氰、毒·唑磷、高氯·马、吡虫·杀虫单、甲维盐·唑虫酰胺、高氯氟·咯菌腈·噻虫胺。

农药名称应当显著、突出，字体、字号、颜色应当一致，并符合以下要求：对于横版标签，应当在标签上部三分之一范围内中间位置显著标出；对于竖版标签，应当在标签右部三分之一范围内中间位置显著标出；不得使用草书、篆书等不易识别的字体，不得使用斜体、中空、阴影等形式对字体进行修饰；字体颜色应当与背景颜色形成强烈反差；除因包装尺寸的限制无法同行书写外，不得分行书写。除"限制使用"字样外，标签其他文字内容的字号不得超过农药名称的字号。

标签使用注册商标的，应当标注在标签的四角，所占面积不得超过标签面积的九分之一，其文字部分的字号不得大于农药名称的字号。不得使用未经注册的商标。

（2）剂型　农药剂型名称应引用 GB/T 19378—2017《农药剂型名称及代码》规定的名称，例如 200g/L 四唑虫酰胺悬浮剂标注"剂型：悬浮剂"。应当醒目标注在农药名称的正下方（横版标签）或者正左方（竖版标签）相邻位置（直接使用的卫生用农药可以不再标注剂型名称），字体高度不得小于农药名称的二分之一。

（3）有效成分及其含量　单剂标注所含一种有效成分的"有效成分含量"，例如 17％氟吡呋喃酮可溶液剂标注"有效成分含量：17％"。混剂标注"总有效成分含量"、各有效成分的中文通用名称及其含量，例如 22％螺虫·噻虫啉悬浮剂标注"总有效成分含量：22％，螺虫乙酯 11％、噻虫啉 11％"。

有效成分及其含量应当醒目标注在农药名称的正下方（横版标签）或者正左方（竖版标签）相邻位置（直接使用的卫生用农药可以不再标注剂型名称），字体高度不得小于农药名称的二分之一。字体、字号、颜色应当一致。

2. 农药登记证号、农药产品质量标准号、农药生产许可证号

这三种证件合称农药"三证"。向中国出口的农药可以不标注农药产品质量标准号和农药生产许可证号，即标签上只有"一证"。

（1）农药登记证号　新《农药管理条例》取消了临时登记、分装登记，只保留一个登记（即原来的正式登记），统一为农药登记。农药登记证号格式为"产品类别代码＋年号＋顺序号"。普通农药的产品类别代码为 PD，卫生用农药为 WP；年号为核发农药登记证时的年份，用四位阿拉伯数字表示；顺序号用四位阿拉伯数字表示。农药登记证应当载明农药名称、剂型、有效成分及其含量、毒性、使用范围、使用方法和剂量、登记证持有人、登记证号以及有效期等事项。农药登记证有效期为 5 年，如拜耳作物科学（中国）有限公司的四唑虫酰胺 200g/L 悬浮剂登记证号为 PD20220191，首次批准日期 2022-8-31，有效期至 2027-8-30。

委托加工、分装农药的，委托人应当取得相应的农药登记证，受托人应当取得农药生产许可证。委托人应当对委托加工、分装的农药质量负责。

仅限出口农药登记证编号代码为"EX＋年份＋序列号"。

此前的农药登记证号以 PD（汉字"品""登"的声母）或 PDN、WP、WPN 打头，农药临时登记证号以 LS（汉字"临""时"拼音的第一个字母）、WL 打头。农药临时登记证有效期为 1 年，可以续展，累积有效期不得超过 3 年（原来规定为 4 年）。农药登记证有效期为 5 年，可以续展。分装登记证号在原大包装产品的登记证号后接续编号。

（2）农药产品质量标准号　农药生产企业应当严格按照产品质量标准进行生产，确保农药产品与登记农药一致。农药出厂销售，应当经质量检验合格并附具产品质量检验合格证。产品标准号以 GB、HG 或 Q 等打头。农药标准有国家标准、行业标准、企业标准之分。

（3）农药生产许可证号　农药生产许可证应当载明农药生产企业名称、住所、法定代表人（负责人）、生产范围、生产地址以及有效期等事项。农药生产许可证有效期为 5 年。取消工信部、质检总局实施的对农药生产企业设立审批和"一个产品一证"生产许可，实行"一个企业一证"，生产范围原药按品种填写，制剂按剂型填写，并区分化学农药和非化学农药。此前的农药生产许可证号以 XK 打头，农药生产批准证号以 HNP 打头。

3. 农药类别及其颜色标志带、产品性能、毒性及其标识

（1）农药类别及其颜色标志带　农药类别应当采用相应的文字和特征颜色标志带表示。不同类别的农药采用在标签底部加一条与底边平行的、不褪色的特征颜色标志带表示。除草剂用"除草剂"字样和绿色带表示；杀虫（螨、软体动物）剂用"杀虫剂"或者"杀螨剂"、"杀软体动物剂"字样和红色带表示；杀菌（线虫）剂用"杀虫剂"或者"杀线虫剂"字样和黑色带表示；植物生长调节剂用"植物生长调节剂"字样和深黄色带表示；杀鼠剂用"杀鼠剂"字样和蓝色带表示；杀虫/杀虫剂用"杀虫/杀虫剂"字样，红色和黑色带表示。农药类别的描述文字应当镶嵌在标志带上，颜色与其形成明显反差。其他农药可以不标注特征颜色标志带。

（2）产品性能　产品性能主要包括产品的基本性质、主要功能、作用特点等。对农药产品性能的描述应当与农药登记批准的使用范围、使用方法相符。

（3）毒性及其标识　毒性分为剧毒、高毒、中等毒、低毒、微毒5个级别。标识应当为黑色，描述文字应当为红色。由剧毒、高毒农药原药加工的制剂产品，其毒性级别与原药的最高毒性级别不一致时，应当同时以括号标明其所使用的原药的最高毒性级别。毒性及其标识应当标注在有效成分含量和剂型的正下方（横版标签）或者正左方（竖版标签），并与背景颜色形成强烈反差。

4. 使用范围、使用方法、使用剂量、使用技术要求和注意事项

（1）使用范围　使用范围主要包括适用作物或者场所、防治对象。不得出现未经登记批准的使用范围或者使用方法的文字、图形、符号。

（2）使用方法　使用方法是指施用方式。

（3）使用剂量　使用剂量以每亩（1亩＝666.7m²）使用该产品的制剂量或者稀释倍数表示。种子处理剂的使用剂量采用每100kg种子使用该产品的制剂量表示。特殊用途的农药，使用剂量的表述应当与农药登记批准的内容一致。

（4）使用技术要求　使用技术要求主要包括施用条件、施药时期、次数、最多使用次数，对当茬作物、后茬作物的影响及预防措施，以及后茬仅能种植的作物或者后茬不能种植的作物、间隔时间等。限制使用农药，应当在标签上注明施药后设立警示标志，并明确人畜允许进入的间隔时间。安全间隔期及农作物每个生产周期的最多使用次数的标注应当符合农业生产、农药使用实际。下列农药标签可以不标注安全间隔期：用于非食用作物的农药；拌种、包衣、浸种等用于种子处理的农药；用于非耕地（牧场除外）的农药；用于苗前土壤处理剂的农药；仅在农作物苗期使用一次的农药；非全面撒施使用的杀鼠剂；卫生用农药；其他特殊情形。"限制使用"字样，应当以红色标注在农药标签正面右上角或者左上角，并与背景颜色形成强烈反差，其字号不得小于农药名称的字号。安全间隔期及施药次数应当醒目标注，字号大于使用技术要求其他文字的字号。

（5）注意事项　注意事项应当标注以下内容：对农作物容易产生药害，或者对病虫容易产生抗性的，应当标明主要原因和预防方法；对人畜、周边作物或者植物、有益生物（如蜜蜂、鸟、蚕、蚯蚓、天敌及鱼、水蚤等水生生物）和环境容易产生不利影响的，应当明确说明，并标注使用时的预防措施、施用器械的清洗要求；已知与其他农药等物质不能混合使用的，应当标明；开启包装物时容易出现药剂撒漏或者人身伤害的，应当标明正确的开启方法；标明施用时应当采取安全的防护措施；标明国家规定禁止的使用范围或者使用方法等。

5. 中毒急救措施

中毒急救措施应当包括中毒症状及误食、吸入、眼睛溅入、皮肤黏附农药后的急救和治疗措施等内容。有专用解毒剂的，应当标明，并标注医疗建议。剧毒、高毒农药应当标明中毒急救咨询电话。

6. 储存和运输方法

储存和运输方法应当包括储存时的光照、温度、湿度、通风等环境条件要求及装卸、运输时的注意事项，并标明"置于儿童接触不到的地方""不能与食品、饮料、粮食、饲料等混合储存"等警示内容。

7. 生产日期、产品批号、质量保证期、净含量

生产日期应当按照年、月、日的顺序标注，年份用四位数字表示，月、日分别用两位数表示。产品批号包含生产日期的，可以与生产日期合并表示。质量保证期应当规定在正常条件下的质量保证期限，质量保证期也可以用有效日期或者失效日期表示。

绝大多数农药的保质期为 2 年，部分产品的保质期短于 2 年，如 100 亿孢子/mL 金龟子绿僵菌油悬浮剂为 1 年、100 亿孢子/mL 短稳杆菌悬浮剂为 1.5 年，参见 PD20080671、PD20130365，还有部分产品的保质期长于 3 年，如 43% 氟吡菌酰胺·肟菌酯悬浮剂（21.5%＋21.5%）为 3 年，41% 草甘膦异丙胺盐水剂为 4 年，参见

PD20152429、PD73-88。

8. 农药登记证持有人名称及其联系方式

联系方式包括农药登记证持有人、企业或者机构的住所和生产地的地址、邮政编码、联系电话、传真等。除规定应当标注的农药登记证持有人、企业或者机构名称及其联系方式之外，标签不得标注其他任何企业或者机构的名称及其联系方式。

9. 可追溯电子信息码

可追溯电子信息码应当以二维码等形式标注，能够扫描识别农药名称、农药登记证持有人名称等信息。信息码不得含有违反本办法规定的文字、符号、图形。可追溯电子信息码格式及生成要求由农业农村部另行制定。

10. 象形图

象形图包括储存象形图、操作象形图、忠告象形图、警告象形图。象形图应当根据产品安全使用措施的需要选择，并按照产品实际使用的操作要求和顺序排列，但不得代替标签中必要的文字说明。象形图应当用黑白两种颜色印刷，一般位于标签底部，其尺寸应当与标签的尺寸相协调。

11. 农业农村部要求标注的其他内容

农业农村部根据监测与评价结果等信息，可以要求农药登记证持有人修改标签和说明书，并重新核准。农药登记证载明事项发生变化的，农业农村部在作出准予农药登记变更决定的同时，对其农药标签予以重新核准。标签和说明书不得标注任何带有宣传、广告色彩的文字、符号、图形，不得标注企业获奖和荣誉称号。法律法规或者规章另有规定的，从其规定。

二、杀虫剂含量标注

含量又叫有效含量、有效成分含量，指单位质量或单位体积的农药产品中所含某一种或某几种有效成分的量。农药原药的含量又称纯度。含量=有效成分的量÷产品的量。公式中，分子采用质量单位（g、kg），分母采用质量单位或体积单位（mL、L）。分子和分母所用计量单位的类型一般用文字加以说明或者用符号作出批注，如60％丁草胺乳油（质量/体积）。早些年，农药的含量根据计量单位可分为质量/质量含量、质量/体积含量，根据计算方式可分为百分含量、比值含量；由于多数农药产品的密度不等于 $1g/cm^3$（相对密度不为1。相对密度过去称为比重），因此其质量/质量含量与质量/体积含量的数值不同，见表1-4所示。又如质量/体积含量 240g/L 的虫螨腈悬浮剂，其质量/质量含量为 21.4%，参见 PD20130533。

表1-4　除草剂丙草胺乳油 4 种含量的类型与数值

含量的表示方法		有效成分和产品的计量单位	含量的数值
质量/质量	百分含量	g/g、kg/kg	28.9%
质量/体积		g/mL、kg/L	30%
质量/质量	比值含量	g/kg	289
质量/体积		g/L	300

1. 含量的种类

目前我国杀虫剂含量的表示方法共有 5 种。

（1）百分含量　百分含量＝有效成分的质量÷产品的质量或体积×100%。公式中，分子采用质量单位（g、kg），分母采用质量单位（g、kg）或体积单位（mL、L）。分子和分母所用计量单位的类型一般用文字加以说明或者用符号作出批注。因此，百分含量根据计量单位类型可分为质量/质量（m/m）百分含量、质量/体积（m/v）百分含量。质量/质量百分含量就是通常所说的质量分数、质量分数含量、质量百分数含量，指检测物的质量与产品的总质量之比，用"%"表示。GB 9557—2008《40%辛硫磷乳油》规定，制剂产品控制项目指标辛硫磷质量分数（%）为≥40，而 GB 28139—2011《70%吡虫啉水分散粒剂》规定，制剂产品控制项目指标吡虫啉质量分数（%）为 $70\pm^{2.5}_{2.5}$。

（2）比值含量　比值含量＝有效成分的质量÷产品的质量或体积。公式中，分子采用质量单位（g），分母采用质量单位（kg）或体积单位（L）。分子和分母所用计量单位的类型一般用文字加以说明或者用符号作出批注。因此，比值含量根据计量单位类型可分为质量/质量（m/m）比值含量、质量/体积（m/v）比值含量。质量/体积比值含量就是通常所说的质量浓度、单位体积质量，指检测物的质量与液体产品的体积之比，用"g/L"表示。

（3）比数含量　比数含量＝有效成分的数量÷产品的质量或体积。例如 100 亿孢子/mL 金龟子绿僵菌油悬浮剂，参见 PD20080671 等。

（4）效价含量　采用效价含量的杀虫剂如 8000IU/mg 苏云金杆菌可湿性粉剂、1000 万毒价/mL D 型肉毒梭菌毒素水剂、30 亿 OB/g 黏虫颗粒体病毒·100 亿芽孢/g 苏云金杆菌可湿性粉剂、1 万 PIB/mg 菜青虫颗粒体病毒·16000 IU/mg 苏云金杆菌可湿性粉剂。

IU 是国际单位（international unit）的缩写，常在医用药品中使用（如维生素、激素、抗生素、抗毒素类生物制品等）。因为这些药物的化学成分不恒定或至今还不能用理化方法检定其质量规格，往往采用生物实验方法并与标准品加以比较来检定其效价。通过这种生物检定，具有一定生物效能的最小效价单元就叫"单位"（U）；经由国际协商规定出的标准单位，称为"国际单位"（IU）。一个"单位"或一个"国际单位"可以有其相应的重量，但有时也较难确定。单位与质量的换算在不同的药物中是各不相同的。注意 IU 不是质量单位，与 g 没有直接换算关系。

CFU 是菌落形成单位（colony forming unit）的缩写，例如 10 亿 CFU/g 多黏类芽孢杆菌可湿性粉剂，参见 LS20110203。

（5）波美含量　把波美比重计浸入所测溶液中，得到的数值叫波美度，符号为°Bé。波美比重计有 2 种：一种叫重表，用于测量比水重的液体；另一种叫轻表，用于测量比水轻的液体。当测得波美度后，从相应化学手册的对照表中可以方便地查出溶液的质量百分比浓度。波美度在农药上一般用来表示石硫合剂的浓度。

有的复配制剂产品里包括几种含量表示方法，如 1‰·15000IU/mg 甲维·苏云菌可湿性粉剂、1×10^7 PIB/mL·2000IU/μL 苜核·苏云菌悬浮剂、16000IU/mg·10 万 OB/mg 苏云·稻纵颗可湿性粉剂。

农业农村部发布第 576 号公告，批准 NY/T 4119—2022《农药产品中有效成分含量测定通用分析方法　高效液相色谱法》等 135 项农业行业标准，自 2022 年 10 月 1 日起实施。《液相色谱通用分析方法》是农药产品中有效成分含量测定通用分析方法系列标准之一。农药产品中有效成分含量测定通用分析方法系列标准共计 626 种农药品种分析方法，其中 462 种农药品种采用高效液相色谱法、224 种采用气相色谱法、84 种既可用高效液相色谱法也可用气相色谱法、14 种采用化学滴定法、10 种采用紫外-可见分光光度法，加上细菌、真菌、病毒3类微生物农药生物测定方法，基本实现对现有农药品种的全覆盖。

2. 含量的设定

《农药登记资料要求》的附件12《农药产品有效成分含量设定原则》规定，"国家标准或行业标准已对有效成分含量做出具体规定的，有效成分含量应当符合相应标准的要求。未制定国家标准和行业标准，或现有国家标准或行业标准对有效成分含量未做出具体规定的，制剂有效成分含量（相同配比的混配制剂总有效成分含量）的设定应当符合以下要求……有效成分含量≥10％或100g/L的，含量有效数字不多于3位；有效成分含量＜10％或100g/L的，含量有效数字不多于2位……液体制剂产品有效成分含量可以质量分数（％）或质量浓度（g/L）表示；以质量浓度表示时，产品质量标准应同时规定质量分数。含有渗透剂或增效剂的农药产品，其有效成分含量设定应当与不含渗透剂或增效剂的同类产品的有效成分含量设定要求相同"。

含量是农药产品质量标准中最重要的技术指标之一，此前农业农村部等职能部门曾多次加以引导和加强管理。

GB 20813—2006《农药产品标签通则》规定，"农药产品的有效成分含量通常采用质量百分数（％）表示，也可采用质量浓度（g/L）表示"。这条规定很"笼统"，没有"细说"。

农业部农药检定所2005年发布的《关于规范农药产品有效成分含量表示方法的通知》[农药检（药政）（2005）24号]则明确规定，"原药（包括母药）及固体制剂有效成分含量统一以质量分数表示。液体制剂有效成分含量原则上以质量分数表示。产品需要以质量浓度表示时，应用'g/L'表示，不再使用'％（重量/容量）'，并在产品标准中同时规定有效成分的质量分数。当发生质量争议时，结果判定以质量分数为准。两种表示方法的转换，应根据在产品标准规定温度下实际测得的每毫升制剂的质量数进行换算"。

农业部2007年《农药管理六项新规定问答》进一步细化道："农药产品的有效成分含量通常采用质量分数（％）表示，也可采用质量浓度（g/L）表示，特殊农药可用其特定的通用单位表示。一般来说，固体产品以质量分数（％）表示，如代森锰锌（80％可湿性粉剂）、吡虫啉（10％可湿性粉剂）。液体产品可采用质量分数（％）表示，如阿维菌素（0.9％乳油）；也可采用单位体积质量表示（g/L）表示，如阿维菌素（18g/L乳油）。对于少数特殊农药，根据产品的特殊性，采用其特定的通用单位表示。如枯草芽孢杆菌等产品采用个活芽孢/mL表示等等。"

三、杀虫剂剂型种类

杀虫剂产品有3种形态：原药、母药、成药。成药通常称为制剂。市面上销售和生产上使用的商品杀虫剂以成药居多。

国家标准GB/T 19378—2003《农药剂型名称及代码》规定了120个农药产品（包括原药和制剂）的剂型名称及代码，涵盖了当时国内现有的农药剂型、国际上大多数农用剂型和卫生杀虫剂的剂型。该标准发布后新增剂型有可分散油悬浮剂、微囊悬浮-悬浮剂、微囊悬浮-水乳剂、微囊悬浮-悬乳剂、种子处理微囊悬浮-悬浮剂、乳粒剂、乳粉剂等，参见《农药登记管理术语》。除了可湿性粉剂还带"性"字外，其他剂型名称都不再带"性"字。2009年2月13日工业和信息化部发布工原（2009）第29号公告，规定"自2009年8月1日起，不再颁发农药乳油产品生产批准证书"，乳油产品发证大门关闭达5年之久。2015年发证重启，当时已有8个乳油产品获得了农药生产批准证书，但一定要按照HG/T 4576—2013《农药乳油中有害溶剂限量》标准进行溶剂筛选和使用。

2015年3月24日，农业部农药检定所发布关于征求《农药剂型名称及代码》（征求意见稿）修订意见的通知，公开征求修订意见。本着便于区分、不易混淆和适用性强的原则，本标准对剂型的设定进行优化、整合和精炼，淘汰落后和无商品流通的剂型，取消功能性和使用方式的剂型，对国际上已调整和修改的剂型做了修订。该标准规定了73个农药剂型的名称及代码，取消或合并65个剂型，新增加4个剂型，涵盖了国内现有的农药剂型，包括国际上绝大多数农用剂型和卫生用剂型。对国际组织和其它国家没有制定的剂型名称及代码，按我国农药剂型命名原则，参考国际命名规律及不重叠的惯例，制定我国新增剂型的中英文名称、代码，并加以说明。

2017年11月1日，GB/T 19378—2017（取代GB/T 19378—2003）《农药剂型名称及代码》正式发布，于2018年5月1日起实施。

四、杀虫剂毒性分级

农药产品毒性按急性毒性分级，农药产品毒性分级标准见表 1-5 所示。由剧毒、高毒农药原药加工的制剂产品，当产品的毒性级别与其使用的原药的最高毒性级别不一致时，应当用括号标明其所使用的原药的最高毒性级别，例如杀虫剂 10% 阿维菌素·氟苯虫酰胺悬浮剂标签上毒性标识为 "⟨低毒⟩（原药高毒）"。许多高毒农药已禁用，从总体上来说，目前杀虫剂毒性低，绝大多数产品为低毒或中等毒。

表 1-5　农药产品毒性分级及标识

毒性分级	级别符号语	经口半数致死量/(mg/kg)	经皮半数致死量/(mg/kg)	吸入半数致死浓度/(mg/m³)	标识	标签上的毒性描述文字
Ⅰa 级	剧毒	≤5	≤20	≤20	☠	剧毒
Ⅰb 级	高毒	>5～50	>20～200	>20～200	☠	高毒
Ⅱ 级	中等毒	>50～500	>200～2000	>200～2000	✖	中等毒
Ⅲ 级	低毒	>500～5000	>2000～5000	>2000～5000	⟨低毒⟩	
Ⅳ 级	微毒	>5000	>5000	>5000		微毒

注：标识应当为黑色，描述文字应当为红色。

第六节　杀虫剂优劣比较 ▷▷▷

各类杀虫剂都各有特点，无法笼统地评价它们孰优孰劣。下面从 2 个方面对几类杀虫剂进行比较。

1. 生物杀虫剂与化学杀虫剂

从总体上看，生物杀虫剂的毒性低于化学杀虫剂，但也有例外，例如阿维菌素原药大鼠急性经口 LD$_{50}$ 为 10mg/kg，属于高毒级别；而氯虫苯甲酰胺原药大鼠急性经口 LD$_{50}$＞5000mg/kg，属于微毒级别。

2. 不同作用方式的杀虫剂

以胃毒作用为主的胃毒性杀虫剂（如灭幼脲主要是胃毒作用，有一定的触杀作用）适用于防治咀嚼式口器害虫，一般对刺吸式口器害虫无效或低效。

以触杀作用为主的触杀性杀虫剂能防治各种口器害虫，但对于体表具有较厚蜡质层保护的害虫（如介壳虫）常常防效不佳。

以熏蒸作用为主的熏蒸性杀虫剂（如磷化铝、敌敌畏），能防治各种口器害虫，但对于体表具有较厚蜡质层保护的害虫如介壳虫常常防效不佳。

具有内吸作用的内吸性杀虫剂，可以由此及彼地传导，由点及面地分布，适用于防治吸食植物汁液的害虫，例如蚜虫、蓟马、粉虱；适用于防治躲藏在隐蔽处为害的害虫；保护作物新生组织；施用省心，喷洒不一定要求特别均匀周到；使用多样，好多品种既可以作茎叶处理，也可以作种苗处理。害虫吸食植物汁液时，把分布在植物体的内吸性杀虫剂也吸收到肚子里了，从这个角度讲，内吸性杀虫剂的作用方式也属于胃毒作用，例如内吸性杀虫剂吡虫啉悬浮种衣剂，既登记防治刺吸式口器、锉吸式口器等害虫如小麦蚜虫、玉米蚜虫、棉花蚜虫、水稻蓟马，也登记防治咀嚼式口器害虫如玉米蛴螬、花生蛴螬、马铃薯蛴螬等。

第七节 | 杀虫剂发展沿革 ›››

自 1982 年我国实行农药登记制度以来，首个获准正式登记的国产农药为杀虫剂马拉硫磷原药，登记证号 PD84101；首个获准正式登记的进口农药为杀虫剂 2.5％溴氰菊酯乳油，登记证号 PD1-85。

1. 我国杀虫剂发展概况

截至 1993 年，共登记包括原药（母药）和制剂在内的农药产品 1422 个，其中杀虫剂 722 个（含卫生杀虫剂 123 个）、杀螨剂 68 个、杀软体动物剂 2 个、杀菌剂 314 个、杀线虫剂 3 个、除草剂 227 个、杀鼠剂 20 个、植物生长调节剂 66 个，分别占 50.8%、4.8%、0.1%、22.1%、0.2%、16.0%、1.4%、4.6%，杀虫剂占据半壁江山，见表 1-6 所示。

截至 2017 年底，处于有效期内的登记产品共计 38247 个，其中杀虫剂 14865 个（约相当于 1993 年的 21 倍）、杀菌剂 9857 个、除草剂 9675 个，分别占 38.9%、25.8%、25.3%；涉及有效成分共计 678 种，其中杀虫剂 242 种、杀菌剂 179 种、除草剂 173 种；有效成分种数和产品个数之比为 1 : 56.4，其中阿维菌素登记产品多达 1728 个、吡虫啉 1332 个、毒死蜱 1097 个、高效氯氰菊酯 1076 个、辛硫磷 1000 个、高效氯氟氰菊酯 808 个。

截至 2020 年 3 月 15 日，处于有效期内的登记产品共计 41759 个，其中杀虫剂 17500 个、杀螨剂 1072 个、杀软体动物剂 10 个、杀菌剂 10885 个、杀线虫剂 98 个、除草剂 10972 个、杀鼠剂 135 个、植物生长调节剂 1087 个，分别占总个数的 41.91%、2.57%、0.02%、26.07%、0.23%、26.27%、0.32%、2.60%。

截至 2021 年 8 月 31 日，处于有效期内的登记产品总数 43330 个，其中杀虫剂 18709 个，占 43.18%；涉及有效成分 714 个，其中杀虫剂 234 个，占 32.8%。

2022 年 9 月底查询，获得登记的农药产品累计 89953 个（单剂 58389 个、混剂 31564 个），其中目前尚在登记有效状态的逾 44878 个（单剂 30820 个、混剂 14058 个）。从农药 8 大类型看，杀虫剂数量最多，占比高达 46.8%；获得登记的杀虫剂产品累计 42134 个（单剂 26976 个、混剂 15158 个），其中目前尚在登记有效状态的逾 18549 个（单剂 12927 个、混剂 5622 个）。

表 1-6　我国农药产品登记个数

农药类型	1993 年			2021 年 11 月 30 日查询	
	总数	其中进口	其中国产	在有效期内数量	累计登记数量
杀菌剂	314	48	266	11163	21487
杀线虫剂	3	3	0	116	172
杀虫剂	722	131	591	18562	42036
杀螨剂	68	21	47	1118	2492

农药类型	1993 年			2021 年 11 月 30 日查询	
	总数	其中进口	其中国产	在有效期内数量	累计登记数量
杀软体动物剂	2	1	1	12	15
除草剂	227	79	148	12086	20500
杀鼠剂	20	5	15	136	335
植物生长调节剂	66	10	56	1351	2228
合计	1422	298	1124	45044	89265

2. 全球杀虫剂发展概况

从全球范围内 3 大类农药市场份额来看，20 世纪 60 年代为杀菌剂＞杀虫剂＞除草剂，70 年代杀虫剂＞除草剂＞杀菌剂，80 年代除草剂＞杀虫剂＞杀菌剂。1980 年全球除草剂销售额 47.56 亿美元，占农药销售总额 113.2 亿美元的 42%，首次超过杀虫剂而跃居第一位。2007 年全球杀菌剂销售额为 81.14 亿美元，占农药销售总额 333.9 亿美元的 24.3%，首次超过杀虫剂而居除草剂之后列次席，自此除草剂＞杀菌剂＞杀虫剂。

2018 年全球农药总销售额为 650.63 亿美元，同比增长 5.6%，其中作物用农药市场销售额 575.61 亿美元，同比增长 6.0%；非作物用农药销售额 75.38 亿美元，同比增长 3.1%。2018 年全球前 15 大杀虫剂依次为氯虫苯甲酰胺（15.90 亿美元）、噻虫嗪（10.50 亿）、吡虫啉（9.20 亿）、毒死蜱（6.25 亿）、高效氯氟氰菊酯（6.08 亿）、阿维菌素（5.50 亿）、氟苯虫酰胺（4.77 亿）、噻虫胺（4.30 亿）、氟虫腈（4.22 亿）、乙酰甲胺磷（3.50 亿）、氯氰菊酯（3.45 亿）、多杀霉素（3.30 亿）、溴氰菊酯（3.25 亿）、啶虫脒（2.90 亿）、联苯菊酯（2.48 亿）。这些杀虫剂的销售总额为 85.60 亿美元，占杀虫剂销售额（包括非作物用杀虫剂）173.40 亿美元的 49.4%。杀虫剂在各作物上的市场份额依次为：果树和蔬菜（25.8%）、非作物（16.1%）、大豆（12.6%）、水稻（11.2%）、棉花（8.6%）、玉米（7.4%）、谷物（4.8%）、油菜（2.2%）、甘蔗（2.1%）、甜菜（0.6%）、向日葵（0.3%）、其他（8.3%）。近十多年世界农药市场概况见表 1-7 所示。

表 1-7　世界农药市场概况

类型	项目	2018 年	2014 年	2013 年	2007 年
总和	销售额/亿美元	650.63	566.55	542.08	332.90
杀虫剂	销售额/亿美元	173.40	146.90	139.86	81.14
杀菌剂	销售额/亿美元	181.58	161.67	149.07	80.14
除草剂	销售额/亿美元	273.59	241.30	236.89	161.27
其他	销售额/亿美元	22.06	16.68	16.26	10.35
杀虫剂	占比/%	26.65	25.93	25.80	24.37
杀菌剂	占比/%	27.91	28.54	27.50	24.07
除草剂	占比/%	42.05	42.59	43.70	48.44
其他	占比/%	3.39	2.94	3.00	3.11

第八节 ┃ 杀虫剂产品解析 ⟫⟫⟫

　　营销学上的产品分为核心产品、有形产品、附加产品 3 个层次，它们是不可分割和紧密相连的，其中核心产品是基础，是本质；核心产品必须转变为有形产品才能得到实现；在提供有形产品的同时还要提供更广泛的服务和附加利益，形成附加产品。由此可见，产品的整体概念以核心产品为中心，也就是以顾客的需求为出发点。

　　核心产品，指产品提供给购买者的直接利益和效用。这是产品最基本的层次，是满足顾客需求的核心内容，此乃顾客购买的真正动机。

　　有形产品，指支持产品核心利益的各种具体形式，如产品的质量、功能、款式、品牌、包装等方面的具体特征。

　　附加产品，指顾客在购买产品时所得到的额外服务或利益，如送货、安装、维修、提供信贷等。附加产品是使企业的产品有别于竞争产品、实施差异化策略的有效途径。

　　要安全科学使用杀虫剂，必须深入全面了解杀虫剂。寻找杀虫剂的特点、优点、买点、卖点时，需要从多个方面着手加以解析。杀虫剂产品的核心产品包括有效成分、原药产品、制剂产品、理化性质、毒理资料、药效表现、衍生表现、使用技术、环境适应、知识产权、政策导向、生产国度、保质期限、上市时机等 14 大项，见表 1-8 所示。

表 1-8　杀虫剂产品的核心产品解析

大项	小项	释义
有效成分	成分来源	杀虫剂按有效成分来源分为生物源农药、矿物源农药、人造源农药 3 类
	成分类型	杀虫剂按有效成分类型分为生物农药、化学农药 2 类
	成分个数	杀虫剂按有效成分个数分为单一农药、混配农药 2 类
	化学结构	杀虫剂按化学结构分为双酰胺类、新烟碱类、拟除虫菊酯类等
	作用方式	杀虫剂作用方式有胃毒、触杀、熏蒸、内吸等 12 种
	作用部位	杀虫剂被植物吸收的部位有根、茎、叶、种子等
	作用靶标	杀虫剂的作用靶标多种多样，需要了解其特征特性
	安全指数	K ＝农药防治病虫害所需最低浓度÷作物对药剂能忍受的最高浓度。K 值越小越安全
	抗性风险	杀虫剂敏感性基线、产生机制、发生发展、管理措施
原药产品	原药纯度	原药纯度越高，用它加工的制剂质量越好
	相关杂质	相关杂质是指与农药有效成分相比，农药在生产和储存过程中所含有或产生的对人类和环境具有明显毒害、对使用作物产生药害、引起农产品污染、影响农药产品质量稳定性或引起其他不良影响的杂质
制剂产品	含量高低	含量提高后会带来多方面的效益
	名称辨析	农药名称包括通用名称、商标名称、化学名称、试验代号、其他名称等 5 种
	剂型新老	剂型对于充分发挥药效至关重要，一般来讲，几种常见剂型的产品其药效高低顺序为油悬浮剂＞乳油＞水分散粒剂＞悬浮剂＞可湿性粉剂
	助剂种类	助剂对于药效影响很大
	组成配方	组成配方不同，产品质量会有差异
	工艺流程	工艺流程对产品质量影响非常大。常常听说不同厂家所生产的有效成分完全相同的产品其药效有优劣
	技术指标	与剂型相关的控制项目及指标
理化性质	物化参数	外观（颜色、物态、气味等）、酸/碱度或 pH 值范围、熔点、沸点、溶解度、密度或堆密度、分配系数（正辛醇/水）、蒸气压、稳定性（对光、热、酸、碱）、水解、爆炸性、闪点、燃点、氧化性、腐蚀性、比旋光度（对有旋光性的）等

大项	小项	释义
毒理资料	毒理学	原药（母药）：①急性毒性试验（急性经口毒性试验资料、急性经皮毒性试验资料、急性吸入毒性试验资料、眼睛刺激性试验资料、皮肤刺激性试验资料、皮肤致敏性试验资料）。②急性神经毒性试验资料。③迟发性神经毒性试验资料。④亚慢（急）性毒性试验资料［亚慢（急）性经口毒性试验资料、亚慢（急）性经皮毒性试验资料、亚慢（急）性吸入毒性试验资料］。⑤致突变性试验资料。⑥生殖毒性试验资料。⑦致畸性试验资料。⑧慢性毒性和致癌性试验资料。⑨代谢和毒物动力学试验资料。⑩内分泌干扰作用试验资料。⑪人群接触情况调查资料。⑫相关杂质和主要代谢/降解物毒性资料。⑬每日允许摄入量（ADI）和急性参考剂量（ARfD）资料。⑭中毒症状、急救及治疗措施资料 制剂： ①急性经口毒性试验资料 ②急性经皮毒性试验资料 ③急性吸入毒性试验资料 ④眼睛刺激性试验资料 ⑤皮肤刺激性试验资料 ⑥皮肤致敏性试验资料 ⑦健康风险评估需要的高级阶段试验资料 ⑧健康风险评估报告
	残留	制剂： ①植物中代谢试验资料 ②动物中代谢试验资料 ③环境中代谢试验资料 ④农药残留储藏稳定性试验资料 ⑤残留分析方法 ⑥农作物中农药残留试验资料 ⑦加工农产品中农药残留试验资料 ⑧其他国家登记作物及残留限量资料 ⑨膳食风险评估报告
	环境影响	原药（母药）：①实验室降解试验资料（水解试验资料、水中光解试验资料、土壤表面光解试验资料）。②实验室代谢试验资料（土壤好氧代谢试验资料、土壤厌氧代谢试验资料、水-沉积物系统好氧代谢试验资料）。③土壤吸附（淋溶）试验资料。④环境分析方法（在水中的分析方法及验证、在土壤中的分析方法及验证）。⑤鸟类毒性试验资料（鸟类急性经口毒性试验资料、鸟类短期饲喂毒性试验资料、鸟类繁殖试验资料）。⑥水生生物毒性试验资料［鱼类急性毒性试验资料、鱼类早期阶段毒性试验资料、鱼类生命周期试验资

大项	小项	释义
毒理资料	环境影响	料、大型溞急性活动抑制试验资料、大型溞繁殖试验资料、绿藻生长抑制试验资料、水生植物毒性试验资料、鱼类生物富集试验资料、水生生态模拟系统（中宇宙）试验资料]。⑦陆生非靶标节肢动物毒性试验资料（蜜蜂急性经口毒性试验资料、蜜蜂急性接触毒性试验资料、蜜蜂幼虫发育毒性试验资料、蜜蜂半田间试验资料、家蚕急性毒性试验资料、家蚕慢性毒性试验资料、寄生性天敌急性毒性试验资料、捕食性天敌急性毒性试验资料）。⑧土壤生物毒性试验资料[蚯蚓急性毒性试验资料、蚯蚓繁殖毒性试验资料、土壤微生物影响（氮转化法）试验资料]。⑨肉食性动物二次中毒资料。⑩内分泌干扰作用资料。⑪环境风险评估需要的其他高级阶段试验资料。 制剂： ①原药（母药）环境试验资料 ②鸟类急性经口毒性试验资料 ③水生生物毒性试验资料（鱼类急性毒性试验资料、大型溞急性活动抑制试验资料、绿藻生长抑制试验资料） ④陆生非靶标节肢动物毒性试验（蜜蜂急性经口毒性试验资料、蜜蜂急性接触毒性试验资料、家蚕急性毒性试验资料、家蚕慢性毒性试验资料、寄生性天敌急性毒性试验资料、捕食性天敌急性毒性试验资料） ⑤桑叶最终残留试验资料 ⑥蚯蚓急性毒性试验资料 ⑦环境风险评估需要的其他高级阶段试验资料 ⑧环境风险评估报告
药效表现	适用范围	
	防治对象：杀害谱	药效是一个内涵极其丰富的概念，需要从"三杀三性"等6个方面进行解析
	防治效果：杀灭率	
	防治症相：杀毙状	
	见效快慢：速效性	
	持效长短：持效性	
	残效轻重：残效性	

续表

大项	小项	释义
衍生表现	抗逆表现	外部表现 内部表现
	长势表现	外部表现 内部表现
	长相表现	外部表现 内部表现
	产量表现	数量表现
	品质表现	外部表现 内部表现
	环保表现	生态表现
	收益表现	投入产出
使用技术	适时用药	施用时节 施用时段 施用时序 施用时日 施用时辰 施用时距
	适量用药	使用剂量 施用浓度 使用次数 使用批次
	适法用药	施用方式 施用方法 施用方技 混配性能
环境适应	气候条件	太阳光照、空气温度、空气湿度、大气降水、空气流动等5种
	土壤条件	土壤温度、土壤湿度、土壤养分、土壤空气、土壤质地、土壤有机质、土壤酸碱度、土壤微生物、土壤农药残留等9种
	农事条件	土壤耕作、肥料施用、水浆灌排、种子处理、种苗播栽、设施管护、害物调节
知识产权	保护与否	
政策导向	提倡禁止	
生产国度	国产进口	
保质期限	具体时间（月）	
上市时机	生逢时否	

第一章 杀虫剂基础知识 **37**

第二章
靶标昆虫基础知识 ▶▶▶

第一节 │ 靶标昆虫的准确识别 ▶▶▶

一、害虫的生物学分类

生物分类的 7 个基本阶元是界、门、纲、目、科、属、种，其中界是最高单位，种是最基本单位；纲、目、科、属、种之下设"亚"级、目、科之上设"总"级。每一种生物都有其明确的分类阶梯，例如东亚飞蝗，其分类阶梯是动物界，节肢动物门，昆虫纲，有翅亚纲，直翅总目，直翅目，蝗亚目，蝗总科，蝗科，飞蝗亚科，飞蝗属，飞蝗（种），东亚飞蝗（亚种）。

昆虫种类繁多，全世界已知种类约 100 万种；至 2004 年 4 月 8 日，我国记录昆虫 88328 种。全国农业技术推广服务中心 2009～2013 年对主要农作物有害生物种类调查结果表明，确认我国害虫 1929 种。2015 年出版的《中国农作物病虫害（第三版）》收录害虫 739 种。国家林业和草原局 2019 年 12 月 12 日发布公告，全国普查共发现可对林木、种苗等林业植物及其产品造成为害的林业昆虫类 5030 种、螨类 76 种。

昆虫属于动物界，节肢动物门，昆虫纲。分为 2 个亚纲（无翅亚纲、有翅亚纲）或 4 个亚纲（蛃虫亚纲、粘管亚纲、无翅亚纲、有翅亚纲），分为 33 个目或 34 个目。

靶标害虫所属的目超过 13 个，其中农林害虫主要分布于 8 个目

（鳞翅目、同翅目、缨翅目、鞘翅目、双翅目、半翅目、直翅目、毛翅目），卫生害虫主要分布于8个目，常见农林害虫和卫生害虫所属的目与科见表2-1所述。地下害虫是世界性的重要农林害虫，种类多、分布广、食性杂、为害重，我国重要地下害虫有320余种（其中蛴螬约110种、金针虫约50种），隶属于8目38科。

表 2-1　常见农林害虫和卫生害虫所属的目与科

序号	目	"科"举例	"种"举例
1	鳞翅目	粉蝶科、弄蝶科、夜蛾科、螟蛾科	菜粉蝶、直纹稻苞虫、草地贪夜蛾、二化螟
2	同翅目	蚜科、蚧科、飞虱科、叶蝉科	棉蚜、矢尖蚧、褐飞虱、黑尾叶蝉
3	缨翅目	蓟马科、管蓟马科	稻蓟马、稻管蓟马
4	直翅目	蝗科、蝼蛄科	东亚飞蝗、南方蝼蛄
5	毛翅目	长角石蛾科	银星筒石蛾、胡麻斑须石蛾
6	鞘翅目	天牛科、叶甲科、象鼻虫科、隐翅虫科	苎麻天牛、稻根叶甲、玉米象、黑足毒隐翅虫
7	半翅目	蝽科、盲蝽科、臭虫科	稻绿蝽、绿盲蝽、温带臭虫
8	双翅目	蝇科、蚊科、水蝇科、瘿蚊科、潜蝇科	家蝇、中华按蚊、麦水蝇、稻瘿蚊、美洲斑潜蝇
9	膜翅目	蚁科	黄家蚁
10	等翅目	白蚁科	黑翅土白蚁
11	蚤目	蚤科	人蚤
12	虱目	虱科	人虱
13	蜚蠊目	蜚蠊科、姬蠊科	美洲大蠊、德国小蠊

从2009年开始，由全国农业技术推广服务中心牵头主持的"水稻有害生物种类与发生为害特点研究"课题组积极组织全国水稻产区26个省（自治区、直辖市）141个县级植保站开展工作，经过3年的努力，基本摸清了我国水稻病虫害的发生种类状况，查明水稻病害39种、害虫害螨55种、有害软体动物2种，见表2-2所示。害虫隶属于同翅目、鳞翅目、毛翅目、双翅目、缨翅目、半翅目、鞘翅目、直翅目等8目，隶属于飞虱科、叶蝉科、螟蛾科、夜蛾科等23科；害螨隶属于1目2科。

表 2-2　我国水稻害虫害螨和软体动物种类

类型	种名	科名	目名	纲名	门名
昆虫类	白背飞虱、褐飞虱、灰飞虱、长绿飞虱	飞虱科	同翅目	昆虫纲	节肢动物门
昆虫类	白翅叶蝉、电光叶蝉、黑尾叶蝉	叶蝉科	同翅目	昆虫纲	节肢动物门
昆虫类	稻赤斑黑沫蝉	沫蝉科	同翅目	昆虫纲	节肢动物门
昆虫类	蚜虫	蚜科	同翅目	昆虫纲	节肢动物门
昆虫类	稻纵卷叶螟、稻显纹纵卷叶螟	螟蛾科	鳞翅目	昆虫纲	节肢动物门
昆虫类	二化螟、三化螟	螟蛾科	鳞翅目	昆虫纲	节肢动物门
昆虫类	台湾稻螟、褐边螟、稻巢螟、稻切叶螟、稻白苞螟、稻三点螟、稻水螟	螟蛾科	鳞翅目	昆虫纲	节肢动物门
昆虫类	大螟	夜蛾科	鳞翅目	昆虫纲	节肢动物门
昆虫类	稻金翅夜蛾、淡剑夜蛾、眉纹夜蛾、毛跗夜蛾	夜蛾科	鳞翅目	昆虫纲	节肢动物门
昆虫类	稻螟蛉、稻条纹螟蛉	夜蛾科	鳞翅目	昆虫纲	节肢动物门
昆虫类	黏虫	夜蛾科	鳞翅目	昆虫纲	节肢动物门
昆虫类	稻穗瘤蛾	瘤蛾科	鳞翅目	昆虫纲	节肢动物门
昆虫类	稻眼蝶、稻褐眼蝶	眼蝶科	鳞翅目	昆虫纲	节肢动物门
昆虫类	直纹稻弄蝶、隐纹稻弄蝶、曲纹稻弄蝶	弄蝶科	鳞翅目	昆虫纲	节肢动物门
昆虫类	银星筒石蛾、胡麻斑须石蛾	长角石蛾科	毛翅目	昆虫纲	节肢动物门
昆虫类	切翅石蛾	沼石蛾科	毛翅目	昆虫纲	节肢动物门
昆虫类	稻秆潜蝇	黄潜叶蝇科	双翅目	昆虫纲	节肢动物门
昆虫类	稻水蝇、稻小潜叶蝇	水蝇科	双翅目	昆虫纲	节肢动物门
昆虫类	稻瘿蚊	瘿蚊科	双翅目	昆虫纲	节肢动物门
昆虫类	稻摇蚊	摇蚊科	双翅目	昆虫纲	节肢动物门

类型	种名	科名	目名	纲名	门名
昆虫类	稻蓟马	蓟马科	缨翅目	昆虫纲	节肢动物门
昆虫类	大稻缘蝽	缘蝽科	半翅目	昆虫纲	节肢动物门
昆虫类	稻黑蝽、稻绿蝽	蝽科	半翅目	昆虫纲	节肢动物门
昆虫类	稻水象甲	象虫科	鞘翅目	昆虫纲	节肢动物门
昆虫类	稻负泥虫、稻食根叶甲	叶甲科	鞘翅目	昆虫纲	节肢动物门
昆虫类	稻铁甲虫	铁甲科	鞘翅目	昆虫纲	节肢动物门
昆虫类	稻拟叩头虫	拟叩甲科	鞘翅目	昆虫纲	节肢动物门
昆虫类	中华稻蝗	蝗科	直翅目	昆虫纲	节肢动物门
螨类	斯氏狭跗线螨	跗线螨科	蜱螨目	蛛形纲	节肢动物门
螨类	稻裂爪螨	叶螨科	蜱螨目	蛛形纲	节肢动物门
蚯蚓类	鳃蚯蚓		原始贫毛目	贫毛纲	环形动物门
螺类	福寿螺	瓶螺科	中腹足目	腹足纲	软体动物门

二、害虫的人为分类

人们常常根据一定标准，对害虫进行分类。

（1）农林害虫　为害农作物、林业植物造成经济损失，如草地贪夜蛾、玉米螟、松毛虫。

（2）卫生害虫　卫生害虫，是指为害人的身体和人居环境，影响人们正常生活和生命健康，具有公共卫生医学重要性的节肢动物，如昆虫纲中的隐翅虫、臭虫、蝇、蚊、蚤、虱、蜚蠊、蚂蚁、白蚁等。传统上将蛛形纲中的螨、蜱等有害生物也纳入卫生害虫范畴（广义上的"虫"包括昆虫、螨虫、蜱虫等）。

（3）根部害虫　为害植物根部，如稻根叶甲。

（4）茎部害虫　为害植物茎部，如柑橘星天牛。

（5）叶部害虫　这类害虫食叶成孔洞或缺刻，严重时吃光叶肉，仅留叶脉、叶柄，如大猿叶虫、小猿叶虫、菜粉蝶、小菜蛾、甘蓝夜蛾、甜菜夜蛾、斜纹夜蛾、黄曲条跳甲。

（6）花部害虫　为害植物花部，如柑橘花蕾蛆，成虫在花蕾现白直径2～3mm时从花蕾顶部将卵产于花蕾中，卵孵化后幼虫食害花器。

（7）果实害虫　为害植物果实，如柑橘小食蝇，成虫产卵于柑橘果实的囊瓣和果皮之间，卵孵化后幼虫蛀食果瓣使果实腐烂脱落。

（8）种子害虫　这类害虫为害植物种子，如豌豆象、蚕豆象、绿豆象，食害田间生长期和贮藏期的豆粒。许多害虫能为害植物几种部位，如稻食根叶甲幼虫为害水稻须根，成虫为害水稻叶片。

（9）仓储害虫　破坏仓储粮食、物品的害虫，称为仓储害虫，又称仓库害虫、储藏物害虫等。粮食仓储害虫（储粮害虫）有300多种，我国有50余种，如谷象、玉米象、豌豆象、绿豆象、谷蠹、大谷盗、赤拟谷盗、麦蛾。

（10）地下害虫　一生或一生中某个阶段生活在土壤中为害植物地下部分、种子、幼苗或近土表主茎的杂食性害虫，称为地下害虫。地下害虫是世界性重要农林害虫，种类多、分布广、食性杂、为害重，我国有320余种，隶属于8目38科，主要包括蛴螬、金针虫、地老虎、蝼蛄、根蚜、根蝽、根象甲、根叶甲、根天牛、根粉蚧、根蚜、拟地甲、蟋蟀等10多类。蛴螬种类最多，约110种，其次是金针虫，约50种。

（11）钻蛀性害虫　蛀食植物茎干、枝梢、根部的害虫，称为钻蛀性害虫，俗称钻心虫、蛀孔虫等，如桃蛀螟、二化螟、三化螟、大螟。

（12）吸食性害虫　这类害虫吸食寄主植物汁液，造成叶片失绿、皱缩、萎蔫、落叶、落花、落果、植株矮小，甚至死亡；还可传带植物病毒、细菌，使健康植株致病，包括刺吸式口器、锉吸式口器害虫，如蚜虫、蓟马。

（13）迁飞性害虫　一些昆虫在其生活史的特定阶段，成群而有规律地从一个发生地长距离转移到另一个发生地，以保证其生活史的延续和物种的繁衍，称为迁飞性昆虫，如草地贪夜蛾、草地螟、稻纵卷叶螟、褐飞虱、黏虫、飞蝗（东亚飞蝗、西藏飞蝗、沙漠蝗）、棉铃虫。

（14）社会性害虫　在集群生活的昆虫中，其集群的协调性和内部分化显著者，称为社会性昆虫，如白蚁、蚂蚁。

（15）检疫性害虫　对某一地区具有潜在经济重要性，但在该地区尚未存在或虽存在但分布未广，并正由官方控制的有害生物，称为检疫性有害生物。我国《动物防疫法》《植物检疫条例》《全国农业植物检疫性有害生物名单》《中华人民共和国进境动物一、二类传染病、寄生虫病名录》《中华人民共和国进境植物检疫危险性病、虫、杂草名录》和国际动物卫生法典公布的动植物检疫对象为法定检疫对象。1957年12月4日农业部发布经国务院批准的《国内植物检疫试行办法》；1983年1月3日国务院发布《植物检疫条例》，1992年5月13日、2017年10月7日两次修订。2020年11月4日农业农村部公布的《全国农业植物检疫性有害生物名单》包括31种有害生物，其中昆虫9种，它们是菜豆象、蜜柑大实蝇、四纹豆象、苹果蠹蛾、葡萄根瘤蚜、马铃薯甲虫、稻水象甲、红火蚁、扶桑绵粉蚧。

（16）微小型害虫　这类害虫体型微小、种群数量众多，通称微小害虫、小虫等，如蓟马、烟粉虱、白粉虱。

（17）一类、二类、三类农作物虫害　2020年3月26日国务院颁布的《农作物病虫害防治条例》第四条规定，"根据农作物病虫害的特点及其对农业生产的为害程度，将农作物病虫害分为下列三类：一类农作物病虫害，是指常年发生面积特别大或者可能给农业生产造成特别重大损失的农作物病虫害，其名录由国务院农业农村主管部门制定、公布；二类农作物病虫害，是指常年发生面积大或者可能给农业生产造成重大损失的农作物病虫害，其名录由省、自治区、直辖市人民政府农业农村主管部门制定、公布，并报国务院农业农村主管部门备案；三类农作物病虫害，是指一类农作物病虫害和二类农作物病虫害以外的其他农作物病虫害。新发现的农作物病虫害可能给农业生产造成重大或者特别重大损失的，在确定其分类前，按照一类农作物病虫害管理"。

根据《农作物病虫害防治条例》有关规定，为加强农作物病虫害分类管理，2020年9月15日农业农村部组织制定了《一类农作物病虫害名录》，见表2-3所示。根据《农作物病虫害防治条例》第四条、第六条和第二十五条规定，主要基于以下四个方面考虑，列为一类病虫害：一是发生的广泛性。具有跨区域迁飞性、流行性、突发性、检疫性特点，特别是年发生面积或潜在威胁面积在2000万亩以上。二是为害的严重性。重发年份造成的产量损失或潜在产量损失达到30%以上。三是社会的关注性。事关粮食安全、产业安全、脱贫增收、社会稳定。四是防控的艰巨性。仅靠农业生产经营者或地方政府难以及时有效控制暴发为害，需要农业农村部协调指导和组织控制。

表 2-3　一类农作物病虫害名录

类型	种名
虫害	草地贪夜蛾　*Spodoptera frugiperda*（Smith） 飞蝗　*Locusta migratoria* Linnaeus 草地螟　*Loxostege sticticalis* Linnaeus 黏虫［东方黏虫 *Mythimna separata*（Walker）和劳氏黏虫 *Leucania loryi* Duponchel］ 稻飞虱［褐飞虱 *Nilaparvata lugens*（Stål）和白背飞虱 *Sogatella furcifera*（Horváth）］ 稻纵卷叶螟　*Cnaphalocrocis medinalis*（Guenée） 二化螟　*Chilo suppressalis*（Walker） 小麦蚜虫［荻草谷网蚜 *Sitobion miscanthi*（Takahashi）、禾谷缢管蚜 *Rhopalosiphum padi*（Linnaeus）和麦二叉蚜 *Schizaphis graminum*（Rondani）］ 马铃薯甲虫　*Leptinotarsa decemlineata*（Say） 苹果蠹蛾　*Cydia pomonella*（Linnaeus）
病害	小麦条锈病　*Puccinia striiformis* f. sp. *tritici* 小麦赤霉病　*Fusarium graminearum* 稻瘟病　*Magnaporthe oryzae* 南方水稻黑条矮缩病　Southern rice black-streaked dwarf virus 马铃薯晚疫病　*Phytophthora infestans* 柑橘黄龙病　*Candidatus* Liberobacter asiaticum 梨火疫病（梨火疫病 *Erwinia amylovora* 和亚洲梨火疫病 *Erwinia pyrifoliae*）

三、害虫的形态特征

昆虫有卵、幼虫、蛹、成虫 4 个虫态或卵、若虫、成虫 3 个虫态。

昆虫的成虫，其体躯分为头、胸、腹 3 个体段。

1. 头部

头部有口器、触角 1 对、复眼 1 对，通常有单眼 1～3 个，是感觉、取食的中心。按口器着生部位分类，昆虫头式分为下口式、前口式、后口式 3 类。

昆虫口器种类很多，刺吸式口器、虹吸式口器等并称吸收式口器。

（1）咀嚼式口器　如蝗虫。

（2）嚼吸式口器　如蜜蜂。

（3）虹吸式口器　如蛾、蝶。

（4）刺吸式口器　如蚜虫、蚊、飞虱、椿象。

（5）锉吸式口器　为蓟马所特有。

（6）舐吸式口器　如蝇。

2. 体壁

体壁是昆虫体躯（包括附肢）最外层的组织，由外向内依次为表皮层（细分为上表皮、外表皮、内表皮）、皮细胞层（是活细胞层）、底膜（紧贴皮细胞层下的一层薄膜）3部分。

体壁具有延展性、坚韧性、不透性等特性，功能很多，如构成昆虫身体外形，并供肌肉着生，起着高等动物的骨骼作用，因此有"外骨骼"之称；使昆虫免受外来微生物和其他物质的侵入；保持体内的水分不外散和外部的水分不进入；体色、保护色通过体壁来形成。昆虫体壁常向外突出形成外长物，如刚毛、刺、鳞片等。

四、害虫的变态类型

昆虫从卵到成虫要经过一系列外部形态、内部器官、生活习性变化，这种现象称为变态。昆虫的变态有2种类型。

（1）完全变态　昆虫一生经过卵、幼虫、蛹、成虫4个阶段，称为完全变态，其幼虫、成虫二者在外部形态、内部器官、生活习性、活动行为等方面有很大差异，如二化螟。

（2）不完全变态　昆虫一生经过卵、若虫、成虫3个阶段，称为不完全变态，其若虫、成虫二者在外部形态、生活习性上很相似，但在个体的大小、翅的长短、性器官的发育程度等方面存在差异，如褐飞虱。

五、害虫的繁殖方式

昆虫在长期进化过程中，生殖方式表现出多样性。

（1）两性生殖　自然界绝大多数种类的昆虫为雌雄异体，多行两性生殖，即通过雌雄交配、受精后产生受精卵再发育成新个体，如蝗虫、蝶类、蛾类。

（2）孤雌生殖　卵不经过受精就能发育成新个体，如蚜虫。这是昆虫对不良环境的适应性，有利于昆虫种群繁衍和扩大地理分布。

（3）多胚生殖　一个卵发育成多个胚，从而形成多个幼体，如姬小蜂。

（4）卵胎生　卵在母体内孵化后直接从母体内产出幼体，如蚜虫。

第二节 ┃ 靶标昆虫的发生发展 ▶▶▶

一、害虫的习性

（1）食性

① 按取食范围分类　分为 3 类：单食性，昆虫以一种植物或动物为食料，如三化螟；寡食性，昆虫以一科或近缘科的植物或动物为食料，如二化螟、菜粉蝶；多食性，昆虫以多科的植物或动物为食料，如甜菜夜蛾。

② 按食物性质分类　分为 5 类：植食性，昆虫以活的植物为食料，如绝大多数农业害虫和少数益虫（如家蚕）；肉食性，昆虫以活的动物为食料，如天敌昆虫瓢虫、赤眼蜂；粪食性，昆虫以动物粪便为食料，如蜣螂；腐食性，昆虫以死的动植物组织及腐败物质为食料，如某些金龟甲、蝇类幼虫；杂食性，昆虫既以植物性食料为食料，也以动物性食料为食料，如芫菁、胡蜂。

（2）趋性　昆虫对外界刺激产生的定向反应称为趋性。凡向着刺激来源方向运动的叫作正趋性，反之叫作负趋性。按刺激物性质分为趋光性、趋化性等。

① 趋光性　昆虫通过视觉器官趋向光源而产生的反应行为，一般夜出性的夜蛾、螟蛾等对灯光为正趋光性；而蜚蠊经常藏于黑暗场所，见光便躲避，为负趋光性。

② 趋化性　昆虫通过嗅觉器官对化学物质的刺激而产生的反应行为，如菜粉蝶趋向在含芥子苷的十字花科植物上产卵；地老虎趋向糖酒醋混合液；雌性昆虫在交配前分泌性外激素，引诱同种异性个体交配。

③ 趋温性　当环境温度变化时，昆虫趋向适宜其生活的温度条

件的场所，如蝼蛄随土温变化而升降，冬季钻入深土层，春季到土表为害植物种子和根。

④ 趋湿性　黏虫、小地老虎、蝼蛄等喜潮湿环境。

⑤ 趋嫩绿性等　三化螟有趋嫩绿产卵的习性，成虫喜欢在生长茂绿的秧苗上和正在分蘖或孕穗的水稻上栖息活动和产卵。大螟成虫有趋粗、趋边、趋稗产卵的习性。

（3）假死性　昆虫受到外界刺激而产生的一种抑制性反应，如黏虫幼虫、多种叶甲在受到振动时立即坠地假死。

（4）群集性　昆虫同种个体高密度地聚集在一起的习性称为聚集性。有些昆虫只在某一个虫态或某一段时间内群集，之后便分散，叫作临时性群集，如黏虫；有些昆虫聚集后就不再分离，终身群集，整个或几乎整个生命期都营群居生活，并常在体型、体色上发生变化，叫作永久性群集，如飞蝗（且成群向一个方向迁移）、蚂蚁、白蚁。

（5）迁飞性　某些昆虫在成虫期有成群地从一地长距离迁移飞行到另一地的习性称为迁飞性，如草地贪夜蛾、草地螟、稻纵卷叶螟、褐飞虱、黏虫、飞蝗、棉铃虫。

（6）扩散性　某些昆虫在环境条件不适宜或营养条件恶化时由一地近距离迁移到另一地的习性称为扩散，如多种蚜虫、螨。

（7）拟态性　某些昆虫模拟环境中部分天敌不可侵袭的形态的特性称为拟态性，如红斑蝶模拟血液中有毒的萝藦草斑蝶幼虫，使鸟类望而生畏，从而免遭天敌袭击。

（8）保护色性　某些昆虫具有与其生活环境相似的颜色和形态，以此逃避天敌视线。

（9）警戒色性　某些昆虫具有与其生活环境背景呈鲜明对比的颜色，以此警戒天敌。

（10）昼夜节律性　大多数昆虫的活动与自然界昼夜更替节律相吻合。在白昼活动的称为日出性或昼出性昆虫，如蝶类；在夜间活动的称为夜出性或昼伏夜出性昆虫，如蛾类。

二、害虫的寄主范围与为害特点

不同种类昆虫的寄主范围有宽有窄。

三化螟食性单一，目前国内记录只食水稻。以幼虫钻蛀为害，苗期至分蘖期可导致枯心，孕穗至抽穗期可导致枯孕穗或白穗，转株为害形成虫伤株；枯心苗和白穗是其为害稻株的主要症状。豌豆象只为害豌豆，蚕豆象只为害蚕豆，绿豆象则食性极广。

寄主范围广泛、庞杂的，棉蚜名列前茅。据文献记载，全世界范围内，棉蚜寄主植物有116科900多种；温室白粉虱达121科898种（含39变种）；斜纹夜蛾近300种；甜菜夜蛾逾171种。在中国，棉蚜以棉、瓜为主，还可为害锦葵科、菊科、十字花科、鼠李科、茄科、豆科、唇形科、芸香科等多种植物，已知寄主逾44科285种；桃蚜已知寄主逾352种；棉铃虫逾20科200种；萝卜蚜逾30种。北京查明温室白粉虱寄主65科273种（含22变种）。

有些害虫只以幼虫进行为害，如大螟、二化螟、三化螟、褐边螟、台湾稻螟、甜菜夜蛾、美洲斑潜蝇、柑橘潜叶蛾。有些害虫只以成虫进行为害，如中华按蚊。有些害虫的幼虫、成虫均可进行为害，如稻食根叶甲，幼虫食根、成虫食叶；又如黄曲条跳甲，幼虫在土中为害根，成虫在地上为害叶、花、果等。有些害虫的若虫、成虫均可为害，如温室白粉虱（以若虫、成虫群集为害）、棉蚜、中华稻蝗。

1. 为害症状

以二化螟为例，它在水稻上为害造成的症状有8种类型。水稻叶片、叶鞘、茎、穗等部位均可遭受二化螟为害。水稻从苗期到穗期均可遭受二化螟为害，不同生育期的水稻受二化螟为害后，表现为不同的被害状：秧田期和分蘖期受害，形成排孔、枯鞘、枯心症状；孕穗、抽穗期受害，形成枯孕穗（死孕穗）、白穗、穗腐症状；灌浆、乳熟期受害，形成半枯穗、虫伤株症状。

（1）排孔　水稻苗期，有的蚁螟把水稻心叶吃成许多小孔。

（2）枯鞘　蚁螟孵出后，一般沿稻叶向下爬行或吐丝下垂，从叶鞘缝隙侵入，或者在叶鞘外选择一定部位（如上部、中部）咬孔蛀入叶鞘内侧，蛀食叶鞘。经2～4天，在叶鞘外面显出水渍状黄斑，再经7～10天，叶鞘外面出现成片火黄色，导致叶尖发黄、叶身赤枯，谓之枯鞘。被害稻株稍矮于健株。

（3）枯心　在水稻分蘖期，幼虫发育至3龄左右时，分散钻进稻茎，咬断生长点，使苗心枯死，谓之枯心。被害稻株稍矮于健株。

（4）枯孕穗　水稻孕穗期，幼虫从茎部蛀入取食，使稻穗抽不出来，谓之枯孕穗，又叫死孕穗、胎里死。

（5）穗腐　水稻孕穗、抽穗期，幼虫蛀入剑叶鞘内，为害稻穗，谓之穗腐。这是我们首先发现和描述的二化螟为害症状。

（6）白穗　水稻抽穗期，幼虫从茎部蛀入取食，使稻秆内部腐烂或咬断稻茎，抽出的穗子呈黄白色，谓之白穗。

（7）半枯穗　水稻灌浆、乳熟期，幼虫从茎部蛀入取食，使部分谷粒灌浆不好，谓之半枯穗。

（8）虫伤株　水稻灌浆较好，但幼虫从茎部蛀入取食，导致茎部被害，穗子容易折断掉落，谓之虫伤株。

2. 为害类型

以棉蚜为例，其给棉花造成的损害是多方面的。

（1）直接吸取植株汁液　植株叶片细胞受到破坏，生长不平衡，叶片向背面卷曲或皱缩，呈拳头状，光合作用的有效叶面积减少。植株生长缓慢，现蕾和开花推迟，蕾数减少，果枝数也减少。

（2）破坏正常生理代谢　棉蚜在吸食过程中，将唾液注入棉组织中，可使糖化酶的活性增加，多糖和双糖大量转化为单糖，使茎叶中可溶性碳水化合物的储备下降，引起棉株发育不良，植株矮小，叶片数和蕾铃数减少，生育期推迟，造成减产和品质下降。

（3）分泌蜜露，招致霉菌　棉蚜聚集在叶片背面，从腹管中分泌大量蜜露，使茎叶呈现一片油光，遇风尘土又污染叶片，阻碍叶片的光合作用等生理活动，减少干物质的积累，并且易诱发霉菌滋生，蕾铃受害，易落蕾。在吐絮期"秋蚜"的蜜露污染棉絮，使纤维素含糖量增加，品质下降，不利于纺纱。同时招引蚂蚁取食，影响天敌的活动。

（4）转移取食，传播病毒　棉蚜是传播多种病毒的媒介，据统计可传播各种作物病毒达60多种，造成更大的为害和损失。

三、害虫的世代与年生活史

昆虫从卵开始到成虫性成熟为止的个体发育史称为世代。计算世代，以卵这个虫态为起点。

1. 世代长短与数量

世代的长短、一年内发生的世代的数量，受遗传因素和环境条件影响。有些昆虫一年发生1代，如大地老虎、大豆食心虫；有些一年发生2代，如东亚飞蝗；有些一年发生多代，如蚜虫；有些几年发生1代，如华北蝼蛄在华北约3年发生1代。

（1）世代代次　对于一年发生数代的，凡以卵越冬、次年继续完成世代的，后续的虫态称为第1代幼虫、第1代若虫、第1代蛹、第1代成虫。

凡上一年未完成世代周期、以幼虫或蛹越冬、次年继续完成世代的，后续的虫态称为越冬代蛹、越冬代成虫；由越冬代继而完成的世代称为第1代，后面的依次称为第2代、第3代等。

（2）世代重叠　对于一年发生数代的昆虫，由于越冬虫态出蛰期不集中或由于成虫羽化期参差不齐和产卵期长，造成前一世代与后一世代的同一虫态在同一时期内重叠发生，这种现象称为世代重叠。

2. 年生活史

昆虫在一年中的群体发育史称为年生活史，又叫生活年史，即由当年的越冬虫态开始活动起，到第二年越冬结束为止的生长发育的全过程。年生活史包括越冬虫态、一年中发生的世代数、各世代各虫态的发生时间和历期。年生活史常以生活史表、生活史图表示，也可以文字记述。

3. 休眠与滞育

由不良环境条件直接引起的昆虫暂时停止生长发育的现象称为休眠。当不良环境条件消除后昆虫就能恢复生长发育。引起休眠的环境因素主要是温度、湿度。

由昆虫遗传特性支配的在某一固定虫态的暂时停止生长发育的现象称为滞育。滞育具有一定的遗传稳定性，环境条件只是其中一个诱因，当不良环境条件消除后昆虫也不能马上恢复生长发育。诱导滞育的环境因素主要是光周期。

4. 越冬虫态与越冬场所

有人对常见的200多种农林昆虫进行统计，得到的结果是，以卵越冬的占11%，以幼虫或若虫越冬的占43%，以蛹越冬的占29%，以成虫越冬的占17%。

昆虫种类繁多，生活习性复杂，越冬场所多种多样，不一而足。农业害虫的越冬场所有土壤、植株残体、植物产品、植物活体等。桃粉蚜以卵在桃、杏等果树枝条芽腋及树皮裂缝处越冬。三化螟以幼虫在稻桩内越冬。大螟越冬场所广泛，可以是稻桩、稻草、茭白遗株、玉米秆、高粱秆和一些禾本科杂草的根部或茎秆。矢尖蚧主要以受精的雌成虫越冬，少数以若虫越冬。麦叶蜂5月上中旬老熟幼虫入土作茧，休眠至9～10月蜕皮化蛹越冬。稻螟蛉以蛹在稻丛中、稻秆或杂草叶苞、叶鞘间越冬。稻褐蝽以成虫在稻田附近各种环境中的避风向阳隐蔽处越冬。豌豆象以成虫在豆粒中越冬。

四、害虫发生与环境的关系

害虫能否大量发生和严重为害，除了受害虫本身的内部因素（如种群基数、繁殖能力、为害特性）决定以外，还与害虫所处环境中的外界因素密切相关。研究昆虫与其生活环境的相互关系的科学，叫作昆虫生态学，可细分为个体生态学、种群生态学、群落生态学、生态系统生态学。

环境由各种生态因子组成。生态因子按性质通常分为自然因子（非生物因子）、生物因子2大类。气候因子包括太阳光照、空气温度、空气湿度、大气降水、空气流动、空气压力等。土壤因子包括土壤温度、土壤湿度、土壤养分、土壤空气、土壤质地、土壤有机质、土壤酸碱度、土壤微生物、土壤农药残留等。生物因子包括食物因子、天敌因子、共栖生物等。

各种生态因子对昆虫的作用并非同等重要，有些因子是昆虫生活必需的，称为生存因子，缺一不可，如食物、水分、氧气、热能；有些因子对昆虫有很大影响，但不是生存所必需的，称为作用因子，如天敌、人类活动。在一定时间、空间条件下，总会有一个或一些因子对昆虫种群数量动态起主导作用，找出这些主导因子，对害虫预测预报有着重要意义。

第三节 靶标昆虫发生为害测报 >>>

靶标昆虫的发生、为害情况，既受昆虫本身因素影响，还与外界环境条件密切相关。研究昆虫与其生活环境相互关系的学科叫作昆虫生态学。在生态学中，环境一般是指除所研究的生物有机体外周围所有因素的总和，它包括空间和其中可以直接或间接影响有机体生活和发展的各种因素。

古语云，凡事预则立，不预则废。我国是世界上开展害虫虫情侦察、预测预报（简称测报）工作较早的国家，1952 年发布《蝗情预测办法》，1956 年发布《农作物病虫害预测预报方案》，1981 年出版《农作物主要病虫测报办法》，1993 年发布《农作物病虫预报管理暂行办法》，2021 年发布《农作物病虫害监测与预报管理办法》。农业农村部负责全国农作物病虫害监测与预报的监督管理工作。县级以上地方人民政府农业农村主管部门负责本行政区域农作物病虫害监测与预报的监督管理工作。植保机构负责农作物病虫害监测与预报的有关技术工作。

一、害虫预测的类型

（1）**按预测内容分类**　分为发生期预测、发生量预测、迁飞性害虫预测、为害程度预测及产量损失估计等。

（2）**按预测时长分类**　分为长期预测、中期预测、短期预测等。

（3）**按预测范围分类**　分为本地虫源预测或迁出区虫源预测、异地虫源预测或迁入区虫源预测。

二、害虫预测的方法

有经验法、实验法、观察法、统计法、系统法等。

发生期预测的方法有发育进度预测法、期距预测法、有效积温预测法、物候图预测法；发生量预测的方法有有效基数预测法、气候图预测法、经验指数预测法、形态指标预测法。

对于害虫某一虫态或某一虫态的某一生育期，按其数量在时间上的分布进度，可以划分出始见期、始盛期、高峰期、盛末期、终见期等 5 个节点。数理统计学上通常把发育进度百分率达 16％、50％、84％、100％作为始盛期、高峰期、盛末期、终见期的标准。1973 年全国农作物病虫害预测预报工作会议上将出现 20％定为始盛期，出现 50％为高峰期，出现 80％为盛末期。始盛期到盛末期之间的这一段时间称为盛期。

无论是按正态曲线方式还是按 S 形曲线方式求得的始盛期、高峰期、盛末期，只能代表害虫发生不是特别严重的情况。不少地方的实践证明，若害虫猖獗严重发生，种群数量极大时，这个"盛发期"的范围应扩大至 5％～95％，这两个数字所对应的时间约为起始和终止用药时间。

三、害虫预报的类型

农作物病虫害预报分为长期预报、中期预报、短期预报和警报。长期预报应当在距防治适期 30 天以上发布；中期预报应当在距防治适期 10～30 天发布；短期预报应当在距防治适期 5～10 天发布；农作物病虫害一旦出现突发、暴发势头，立即发布警报。

县级以上植保机构应当建立健全农作物病虫害发生趋势会商制度，及时组织相关专家综合分析监测信息，科学研判农作物病虫害发生趋势，以《植保情报》、《病虫情报》或《病虫预报》等名义发布病虫害预报。县级以上植保机构具体负责本行政区域农作物病虫害预报发布工作。其他单位和个人不得向社会发布农作物病虫害预报；擅自向社会发布农作物病虫害预报的，依据《农作物病虫害防治条例》第四十一条处理。农业农村部所属的植保机构重点发布全国一类农作物病虫害长期预报、中期预报和警报。省级植保机构重点发布本行政区域一类、二类农作物病虫害长期预报、中期预报和警报。县级和地市级植保机构发布本行政区域主要农作物病虫害长期预报、中期预报、短期预报和警报。发布农作物病虫害预报，可通过广播、报刊、电视、网站、公众号等渠道向社会公开。任何单位和个人转载农作物病虫害预报的，应当注明发布机构和发布时间，不得更改预报的内容和结论。

四、害虫预报的内容

农作物病虫害预报应当包括农作物病虫害发生以及可能发生的种类、时间、范围、程度以及预防控制措施等内容，并注明发布机构、发布时间等。

植物检疫性有害生物信息的报告与发布，依照《农业植物疫情报告与发布管理办法》（中华人民共和国农业部令 2010 年第 4 号）执行。

第四节 靶标昆虫发生为害统计 ▶▶▶

植物保护专业统计是农业统计工作的组成部分，做好这项工作，对及时准确地掌握植保工作动态和对农业生产的影响，加强植保工作宏观管理和科学决策有着重要作用。20世纪80年代，全国植保总站印发了《全国植保专业统计报表制度》；1993年，全国植保总站编写了《植物保护统计手册》；2011年，农业部制定农业行业标准 NY/T 1992—2011《农业植物保护专业统计规范》。

1. 防治指标

也叫经济阈值，即有害生物种群密度或数量增长到造成的经济损失相当于实际防治费用，而采取防治措施时的临界值，是确定有害生物防治的一个参数，达到防治指标即应实施防治。不同的防治适期、不同的作物或有害生物，其防治指标也不同。

2. 发生面积

指通过各类有代表性田块的抽样调查，其病虫草鼠发生程度达到防治指标的面积。尚未确定防治指标的病虫，按应该防治的面积计算。对发生明显多代（次）病虫的发生面积，要按代（次）分别统计；一种病虫为害多种作物或一种作物同时发生多种病虫时，要按作物和病虫种类分别统计。鼠害的发生面积，不分作物，不分种类，按行政区划统计。根据抽样调查结果，首先计算各类型田达到防治指标地块数及占各类型调查地块的百分比，然后以各类型田代表面积及达到防治指标地块所占比例，采用加权平均法求得某一单项病虫发生面积的比例，并以此百分比乘以受害作物种植面积，即为单项病虫发生面积。以作物为单位的多种病虫害发生面积的统计，即为该作物逐个单项病虫发生面积的累加。

3. 发生程度

有害生物防治之前，在自然发生情况下用各种指标来表示其发生的轻重，如虫口密度、病情指数。通用的五级分级方法是：1级为轻发生，2级为偏轻发生，3级为中等发生，4级为偏重发生，5级为大发生。每级发生程度的标准，有全国统一标准的，按全国标准统计；无全国统一标准的，按各省份制定的省级标准统计，如山东麦蚜分级标准，百穗蚜量500～625头为1级、626～1250头为2级、1251～1875头为3级、1876～2500头为4级、大于2500头为5级。发生程度的分级标准，应该以该病虫在自然发生情况的为害损失率为基础，再折算成防治前可以取得的直观的病虫密度等指标。

（1）单项病虫发生程度 根据防治前的调查，确定该虫害的发生程度。病害的发生程度，根据病情稳定期自然不防治田块的调查，确定该病害不防治情况下的自然发生程度。根据抽样调查结果，计算各类型田达到防治指标地块所占比例，并以此比例乘以代表面积，在求得各类型田发生面积的基础上，采取加权平均法计算单项病虫平均发生程度。

下面举例说明，山东某市种植小麦90万亩，3月22~25日在有代表性的5个乡镇抽样调查麦蜘蛛发生情况，结果见表2-4所示，经计算，麦蜘蛛发生面积为28.44万亩，平均发生程度为2.72级。

表2-4　麦蜘蛛抽样调查整理表

地块类型	调查地块数/块	代表面积/亩	达到防治指标		发生面积/亩	发生程度/级
			地块数/块	占比		
一	15	75	4	26.67%	20.00	2
二	10	35	3	30.00%	10.50	3
三	5	15	3	60.00%	9.00	4
合计(平均)	30	125	10	(31.60%)	39.50	(2.72)

$$发生面积 = 90 \times [(75 \times 26.67\% + 35 \times 30.00\% + 15 \times 60\%) \div$$
$$(75 + 35 + 15)]$$
$$= 90 \times (39.50 \div 125)$$
$$= 90 \times 31.60\%$$
$$= 28.44$$
$$发生程度 = (20.00 \times 2 + 10.50 \times 3 + 9.00 \times 4) \div 39.50$$
$$= 2.72$$

（2）综合病虫发生程度　系以作物为单位的多种病虫害的综合发生程度。

4. 防治面积

指各种病虫各次化学防治和生物防治及物理防治的累加面积，以次/亩表述。化学防治面积包括有针对性的，且作为主要防治方法的种子药剂处理面积，其中水稻种子处理面积指为防治病虫采用药剂处理的秧田面积加水稻种子处理的直播稻面积。在统计防治面积时，各种病虫不同代（次）的防治面积要分别统计，同一（次）病虫用药多次的，以各次用药面积累加计算。一次用药兼治多种病虫的，凡针对不同病虫对象而加入相应农药混配防治的，要分别统计防治面积；一种农药（包括工厂生产的复配农药）兼治多种病虫时，只统计主治对象的防治面积。

5. 自然损失

指作物受有害生物为害后不采取任何防治措施下的理论损失量。

6. 实际损失

指防治后因残存的有害生物为害所造成的损失量。

7. 挽回损失

指通过防治有害生物后挽回的损失量，即防治区比不防治的对照区增加的产量，挽回损失＝自然损失－实际损失。

8. 灾害情况

（1）受灾面积　指因有害生物为害造成减产一成（含）以上的面积。受灾面积包括成灾面积、绝收面积。

（2）成灾面积　指因有害生物为害造成减产三成（含）以上的面积。成灾面积包括绝收面积。

（3）绝收面积　指因有害生物为害造成减产八成（含）以上的面积。

第五节 | 靶标昆虫抗性治理举措 ▶▶▶

害虫抗药性又称害虫抗性，其字面意义是害虫抵抗杀虫剂的特性。其确切定义是，害虫忍受杀死正常种群大部分个体的杀虫剂用量的能力在其群体中发展起来的现象。常有害虫抗杀虫剂、害虫对杀虫剂产生抗性、害虫对杀虫剂有抗性、害虫对杀虫剂的抗性、抗杀虫剂的害虫、对杀虫剂产生抗性的害虫、对杀虫剂有抗性的害虫、抗性害虫、抗性害虫种群等说法。

一、抗性的判断

并非杀虫剂对害虫的防效有所降低就认为产生了抗性。不过防效降低是预兆，应高度注意。一般是通过计算抗性倍数（抗性害虫的半数致死量除以敏感害虫的半数致死量之商）来判断是否产生抗性。对害虫而言，抗性倍数大于 5 时，就判断为已产生抗性。抗药性水平分为低水平、中等水平、高水平抗性 3 个等级，分别简称抵抗、中抗、高抗，见表 2-5 所示。抗性倍数越大，抗性越高或越强，例如《2019年全国农业有害生物抗药性监测报告》显示，"监测地区褐飞虱所有种群对第一代新烟碱类药剂吡虫啉处于高水平抗性（抗性倍数＞1000倍），对烯啶虫胺处于低至中等水平抗性（抗性倍数 5.8～29 倍），对第二代新烟碱类药剂噻虫嗪处于高水平抗性（抗性倍数＞300 倍），对第三代新烟碱类药剂呋虫胺处于中等至高水平抗性（抗性倍数22～196 倍）。与 2018 年监测结果相比，褐飞虱对新烟碱类药剂抗性倍数总体变化不大"。《2021年全国农业有害生物抗药性监测报告》显示，"目前监测地区褐飞虱种群对第一代新烟碱类药剂吡虫啉处于高水平抗性（抗性倍数大于 2000 倍），对烯啶虫胺处于低至中等水平抗性（抗性倍数 5.1～23 倍），对第二代新烟碱类药剂噻虫嗪处于高水平抗性（抗性倍数大于 700 倍），对第三代新烟碱类药剂呋虫胺处于中等至高水平抗性（抗性倍数 47～178 倍）。对砜亚胺类药剂氟啶虫胺腈处于低至中等水平抗性（抗性倍数 6.6～32 倍），对介离子类药剂三氟苯嘧啶处于敏感至中等水平抗性（抗性倍数 2.1～13 倍），其中监测到江苏宿迁种群对三氟苯嘧啶产生中等水平抗性，抗性倍数为 13 倍。与 2020 年监测结果相比，褐飞虱对三氟苯嘧啶抗性呈上升趋势，首次监测到有中等水平抗性种群，但对其他新烟碱类药剂抗性倍数总体变化不大"。

表 2-5　害虫和杂草抗药性水平的分级标准

抗药性水平分级	害虫抗性倍数/倍	杂草抗性指数/倍
低水平抗性	5.0＜RR≤10.0	1.0＜RI≤3.0
中等水平抗性	10.0＜RR≤100.0	3.0＜RI≤10
高水平抗性	RR＞100.0	RI＞10

二、抗性的治理

抗性的出现，给化学防治的作用和杀虫剂的效力蒙上了一层阴影，例如有些情况下的防效偏低，本属害虫抗性问题，而不明究竟的人却认为是杀虫剂质量问题。抗性的治理是理论问题，更是实践问题。抗性的治理有两个层次：在抗性产生之前，防止或延缓抗性形成（产生），是"预防性"的；在抗性产生之后，克服（消除）抗性或延缓抗性发展（增强），是"治疗性"的。将抗性的治理措施归纳为8条。

（1）综合防治　是治理抗性的原则和方针。在害虫防除中，采用耕作、轮作、栽培方法和人工防治、物理防治、生物防治、化学防治相结合的综合防除技术；推广化学防治，严格遵守适类、适症、适时、适量、适法、适境等"六适"使用要领，以延缓抗性的形成和发展。

（2）加强监测　加强害虫对杀虫剂敏感水平的监测十分必要，并且要建立一套准确、简单、方便的方法，为合理使用杀虫剂提供可靠依据，指导及早采取防治措施，将抗性消灭在萌芽阶段，防止蔓延。中国农业大学昆虫学系和全国农业技术推广服务中心研究人员从玉米田采集草地贪夜蛾，在室内不接触任何杀虫剂连续饲养5～7代，采用浸叶法、点滴法测定了草地贪夜蛾3龄幼虫，采用饲料药膜法测定了草地贪夜蛾2龄幼虫，对6大类共7种常用杀虫剂（甲氨基阿维菌素苯甲酸盐、乙基多杀菌素、虫螨腈、茚虫威、四氯虫酰胺、虱螨脲、氯虫苯甲酰胺）的敏感性，并据此建立了草地贪夜蛾幼虫对这7种杀虫剂的相对敏感基线。结果表明，浸叶法测得上述7种药剂对草地贪夜蛾幼虫的 LC_{50} 值在 $0.054\sim12.131mg/L$ 之间；点滴法测得上述6种药剂（不含虱螨脲）对草地贪夜蛾幼虫的 LD_{50} 值在 $0.355\sim4.707\mu g/g$ 之间；饲料药膜法测得上述7种药剂对草地贪夜蛾幼虫的 LC_{50} 值在 $0.003\sim0.238\mu g/cm^2$ 之间。此次采用3种生测方法成功建立的草地贪夜蛾幼虫对几种常用杀虫剂的相对敏感基线，将为我国草地贪夜蛾的抗药性监测和化学防治提供依据。

（3）开展研究　尽早组织力量开展合理使用杀虫剂、控制和防除抗性害虫的方法等多方面的研究。

（4）轮换用药　在一个地区、一块农田、一种作物或对一种害虫，长期单一使用某种或某类杀虫剂，极易诱发抗性。间隔一定时间，交替轮换使用不同杀虫剂（最好是作用机制不同的杀虫剂）是治理抗性的一种重要方法，群众也易接受，各地已普遍采用。

（5）更改用药　更改使用新杀虫剂，是目前治理抗性的一种有效方法。但新杀虫剂开发谈何容易，而且新杀虫剂使用一定时间后同样可能诱发抗性，因此也应合理用药，加强监测，及早发现，及时解决。

（6）间停用药　当一种杀虫剂已经引发抗性以后，若在一段时间内停止使用，抗性有可能逐渐减退甚至消失，该杀虫剂能"起死回生"，其效力仍可恢复。

（7）混配用药　混配用药具有兼除害虫、降低成本、治理抗性等多种目的。将两种或多种作用机制不同的杀虫剂混配在一起使用，是治理抗性的一种重要方法。

（8）添加用药　在杀虫剂中添加增效剂、渗透剂等辅助剂，可以增强杀虫剂对害虫的毒杀效力或降低害虫对杀虫剂的降解能力，从而减轻抗性，提高防效。

针对"褐飞虱种群除对烯啶虫胺处于低至中等水平抗性外，已对其他田间常用药剂处于中等至高水平抗性"的状况，全国农业技术推广服务中心在《2019年全国农业有害生物抗药性监测报告》中提出的对策建议为，"在褐飞虱防治过程中，迁出区和迁入区之间，同一地区的上下代之间，应交替、轮换使用不同作用机制、无交互抗性的杀虫剂，避免连续、单一用药。鉴于目前褐飞虱对吡虫啉、噻虫嗪、噻嗪酮均已产生高水平抗性，建议各稻区停止使用吡虫啉、噻虫嗪、噻嗪酮防治褐飞虱；严格限制吡蚜酮、呋虫胺防治褐飞虱的使用次数，每季水稻最好使用1次；交替轮换使用三氟苯嘧啶、烯啶虫胺等药剂，延缓其抗性继续发展"。《2021年全国农业有害生物抗药性监测报告》中提出的对策建议为，"鉴于目前褐飞虱对吡虫啉、噻虫嗪、噻嗪酮均已产生高水平抗性，建议各稻区停止使用吡虫啉、噻虫嗪、噻嗪酮防治褐飞虱；严格限制呋虫胺、三氟苯嘧啶、烯啶虫胺、氟啶虫胺腈防治褐飞虱的使用次数，每季水稻最好使用1次；吡蚜酮不提倡单独使用，要与其他速效性药剂混配使用。在褐飞虱防治过程中，迁出区和迁入区之间，同一地区的上下代之间，应交替、轮换使用不同作用机制、无交互抗性的杀虫剂，避免连续、单一用药，延缓抗药性发展"。

2021年12月30日全国农业技术推广服务中心专家在题为《2022年农药市场需求预测与展望》的主题报告中指出，利用全国农作物重要有害生物抗药性动态监测平台，系统开展7种一类病虫和15种二类病虫草害对60多个农药品种的抗性监测。结果表明，水稻二化螟对氯虫苯甲酰胺、麦蚜对吡虫啉、稻田稗草对氰氟草酯抗性较2020年明显上升，稻飞虱、草地贪夜蛾、棉蚜、蔬菜害虫和小麦赤霉病、水稻恶苗病等抗性问题应高度关注。根据监测结果，针对抗药性病虫草害防治用药提出2022年用药建议，抗药性害虫防控用药如下。

二化螟：在浙江、江西、湖南、安徽等产生高水平抗性的稻区停止使用氯虫苯甲酰胺，轮换使用乙基多杀菌素、酰肼类药剂。

草地贪夜蛾：继续实施以甲氨基阿维菌素苯甲酸盐、乙基多杀菌素为主的分区施药策略，鉴于氯虫苯甲酰胺、四氯虫酰胺、茚虫威存在较高的田间抗性进化风险，要严格限制其使用次数，交替、轮换使用其他不同作用机理药剂。

麦蚜：限制含有吡虫啉的小麦拌种剂使用，高抗性地区茎叶喷雾时轮换使用啶虫脒、高效氯氰菊酯、抗蚜威等不同作用机理药剂，实施镶嵌式分区施药策略。

棉蚜：停止使用高效氯氰菊酯、溴氰菊酯、丁硫克百威、吡虫啉等药剂，轮换使用双丙环虫酯、氟啶虫酰胺等不同作用机理药剂。

小菜蛾：停止使用阿维菌素、高效氯氰菊酯等产生高水平抗性的杀虫剂品种，在长三角、华南蔬菜产区严格控制氯虫苯甲酰胺、茚虫威在小菜蛾防治中使用次数（每季蔬菜使用次数不超过1次），轮换使用乙基多杀菌素、溴虫氟苯双酰胺等不同作用机理药剂和甘蓝夜蛾核型多角体病毒、短稳杆菌等生物制剂。

西花蓟马：在北京、云南等产生高水平抗性的地区停止使用乙基多杀菌素，轮换使用噻虫嗪等不同作用机理药剂。

烟粉虱：在山东、湖北、湖南等产生高水平抗性的地区停止使用吡丙醚、溴氰虫酰胺和螺虫乙酯，轮换使用氟吡呋喃酮、氟啶虫胺腈等不同作用机理药剂。

第六节 ｜ 靶标昆虫科学防控策略 ▸▸▸

综合防治，又叫综合治理、协调防治，这个词语1954年开始使用，国际上1965年首次提出此概念，我国1974年首次提出概念。在1975年全国植保工作会上，确定了"预防为主，综合防治"为我国植物保护工作的方针。1986年召开的第二次全国农作物病虫害综合防治学术讨论会认为，"综合防治是对有害生物进行科学管理的体系。它从农业生态系统总体出发，根据有害生物和环境之间的相互关系，充分发挥自然控制因素的作用，因地制宜协调应用必要的措施，将有害生物控制在经济受害允许水平之下，以获得最佳的经济、生态和社会效益"。

公共植保、绿色植保，这是 2006 年农业部提出的新理念。绿色防控，是在"公共植保、绿色植保"理念的基础上，根据"预防为主，综合防治"的植保方针，结合现阶段植物保护的现实需要和可采用的技术措施，形成的一个技术性概念。绿色防控是指以确保农业生产、农产品质量和农业生态环境安全为目标，以减少化学农药使用为目的，优先采取生态控制、生物防治和物理防治等环境友好型技术措施控制有害生物为害的行为。

农药减量控害、农药使用量零增长，见于 2015 年 2 月 17 日农业部印发的通知。农药是重要的农业生产资料，对防病治虫、促进粮食和农业稳产高产至关重要。但由于农药使用量较大，加之施药方法不够科学，带来生产成本增加、农产品残留超标、作物药害、环境污染等问题。为推进农业发展方式转变，有效控制农药使用量，保障农业生产安全、农产品质量安全和生态环境安全，促进农业可持续发展，农业部制定《到 2020 年农药使用量零增长行动方案》。总体思路是，坚持"预防为主、综合防治"的方针，树立"科学植保、公共植保、绿色植保"的理念，依靠科技进步，依托新型农业经营主体、病虫防治专业化服务组织，集中连片整体推进，大力推广新型农药，提升装备水平，加快转变病虫害防控方式，大力推进绿色防控、统防统治，构建资源节约型、环境友好型病虫害可持续治理技术体系，实现农药减量控害，保障农业生产安全、农产品质量安全和生态环境安全。

一、更强调"绿色防控"

自 2006 年提出"公共植保、绿色植保"理念以来，我国植保工作者和相关企业积极开拓创新，大力开发绿色防控技术及产品，进展显著，比如开发了利用生物多样性控害技术、开发了生态工程技术、开发了植物免疫诱抗技术及系列产品、开发了理化诱控技术及系列产品、开发了驱害避害技术及系列产品、开发了新的生物防治技术及系列产品。

1. 基本策略

（1）强调健身栽培　从土、肥、水、品种、栽培等方面入手，培育健康作物。

（2）强调病虫害预防　从生态学入手，改造害虫虫源地和病菌滋生地，破坏病虫害的生态循环，减少虫源量或菌源量，从而减轻病虫发生或流行。

（3）强调发挥农田生态服务功能　核心是充分保护和利用生物多样性。

（4）强调生物防治作用　注重生物防治技术的采用和发挥生物防治的作用。

2. 指导原则

（1）栽培健康作物　一是通过合理的农业措施培育健康的土壤生态环境，二是选用抗性或耐性品种，三是培育壮苗，四是种子苗木处理，五是平衡施肥，六是合理田管，七是生态环境调控。

（2）保护利用生物多样性　包括提高农田生态系统的多样性、提高作物的多样性、提高作物品种的多样性。

（3）保护应用有益生物　包括采用保护性耕作措施、采用对有益生物影响最小的防治技术来控制有害生物、为有益生物建立繁衍走廊或避难所、人工繁殖和释放天敌。

（4）科学使用农药　一是优先使用生物农药或高效、低毒、低残留农药，二是对症用药，三是要有效、低量、无污染，四是交替轮换用药，五是严格按安全间隔期用药。

3. 防控技术

（1）生态控制技术　发展农田景观生态调控技术体系，实现从靶标害虫控制到作物-害虫-天敌食物链的调控。设计生态岛、斑块、廊道等多种生境的农田生态环境，充分利用生物多样性、推拉等作用，提升农业生态系统的控害保益功能；种植芝麻、菊花等蜜源植物，吸引自然天敌；种植香根草、苏丹草等诱剂植物，抑制害虫种群；种植二月兰、蛇床草等储蓄植物，储存自然天敌。

（2）免疫诱抗技术　植物免疫诱抗剂重点推广氨基寡糖素类与蛋白质类，已登记产品有141种。用于拌种、浸种、浇根和叶面喷施等，可以诱导植物抗病、抗逆，促进增产增收等。拓展其在保鲜、水果免套袋技术上的应用。

（3）"四诱"技术　在光诱技术方面，重点推广新型节能高效专用诱虫灯，具有天敌逃生功能，最大限度避免对天敌的杀伤；在色诱技术方面，重点推广新型全降解诱虫板，逐步限用乃至淘汰不可降解的塑料板；在性诱技术方面，重点推广智能自控高剂量信息素喷射装置，以及专一性好、持效期长的诱芯，大力推广草地贪夜蛾、水稻螟虫性诱剂等；在食诱技术方面，重点推广实蝇类蛋白诱剂、棉铃虫利它素饵剂、盲蝽植物源引诱剂、稻纵卷叶螟生物食诱剂和花香诱剂、草地贪夜蛾食诱剂等。

（4）防虫网阻隔技术　广泛应用于水稻、果树、蔬菜上的害虫防治。尤其在保护地蔬菜上应用，可有效控制甜菜夜蛾、斜纹夜蛾、小菜蛾、甘蓝夜蛾、黄曲条跳甲等20多种主要害虫为害，还可阻隔蚜虫、烟粉虱、蓟马、美洲斑潜蝇等传毒昆虫媒介，达到防虫兼控病毒病的效果。也可在水稻工厂化育秧和保护地蔬菜上推广应用。

（5）昆虫天敌保护利用技术　继续大规模推广应用赤眼蜂、丽蚜小蜂、平腹小蜂等寄生性天敌昆虫，主要用于防治玉米、水稻、蔬菜、果树、棉花等作物害虫。重点推广应用瓢虫、小花蝽和捕食螨等捕食性天敌昆虫，用于防治小麦、玉米、棉花、蔬菜、果树、茶叶等作物害虫。

（6）生物农药应用技术　大力推广微生物农药。包括真菌类、病毒类和细菌类，重点产品为苏云金芽孢杆菌、短稳杆菌、枯草芽孢杆菌、白僵菌、绿僵菌、寡雄腐霉以及核型多角体病毒、颗粒病毒和质型多角体病毒等；推广应用植物源农药，包括萜烯类、生物碱、酚类、类黄酮、甾体等有效成分，重点产品为苦参碱、印楝素、除虫菊素、蛇床子素、鱼藤酮等；推广应用植物生长调节剂，包括赤·吲乙·芸苔、芸苔素内酯、赤霉酸等新型调节剂；推广应用昆虫生长调节剂，包括蜕皮激素、保幼激素等；推广应用农用抗生素，包括井冈霉素、阿维菌素、武夷菌素、春雷霉素、宁南霉素、农抗120、多氧霉素和中生菌素等。

（7）干扰交配技术　生物信息对抗技术，通过发射特种声效及特种光效应，干扰、阻断雄雌虫间鸣声通信、定位、求偶、交配等行为，从而达到控制种群密度，包括茶小绿叶蝉生物信息对抗技术。性迷向技术（释放雌虫性信息素，干扰雄虫交配），包括梨小食心虫迷向剂等。

（8）科学用药技术　推广应用高效、低毒、低残留农药，遵守安全间隔、轮换用药等；推广应用新型植保机械，超低量喷雾技术；统防统治与绿色防控融合。

不少地方开展了绿色防控产品推介工作，如北京市植物保护站公布的《北京市 2021 绿色防控产品推荐名录》，其中生物农药入选 126 个，化学农药入选 191 个，其他天敌类、理化诱控类、授粉昆虫类农药入选 131 个。又如江苏省植物保护植物检疫站联合江苏省新农药新技术推广（协作）网开展了 2022 年全省绿色防控产品和技术征集活动。经过产品征集、资料审查、专家评审、公示等程序，确定 269 种农药产品、6 类其他防控产品及 12 项技术为 2022 年江苏省绿色防控联合推介产品和技术。

二、更强调"综合防治"

有害生物防治方法可归纳为植物检疫（又叫法规防治）、农业防治、物理防治（又叫物理机械防治）、生物防治、化学防治 5 大类。综合防治不是跟农业防治等五法并列的一种具体的防治方法或防治技术，而是科学管理有害生物的一种总体策略、指导思想、思想体系、理论基础。在综合防治中，植物检疫带有根本性，农业防治居于基础地位，物理防治作用特殊，生物防治前景广阔，化学防治立竿见影。

1. 植物检疫

以立法手段防止在植物及其产品的流通过程中传播病虫害的措施，由植物检疫机构按检疫法规强制性实施。严格执行植物检疫法规，保护无病区，限制和缩小疫区，铲除新传入而未蔓延开的包含病原物在内的检疫性病虫和杂草。内检方面，1957 年农业部发布经国务院批准的《国内植物检疫试行办法》；1983 年国务院发布《植物检疫条例》，1992 年、2017 年修订发布。外检方面，1982 年国务院发布《进出口动植物检疫条例》；1991 年颁布《进出境动植物检疫法》，2009 年修订。

2. 农业防治

（1）培选抗虫品种　培育、选用抗性或耐性品种是相当经济、有效的防治方法，例如过去选用西农 6028 等品种，由于其内外颖扣合紧密，麦黄吸浆虫成虫无法将卵产入，麦红吸浆虫幼虫孵化后不能侵入，基本消除了吸浆虫的为害。又如防治迁飞性害虫稻飞虱，可在不同稻区种植具有不同抗性基因的水稻品种，保持品种多样性；在同一稻区，每年更换种植具有不同抗性基因的水稻品种，延缓稻飞虱种群对水稻品种抗性的适应性。

（2）改革种植制度　种植制度包括作物布局、复种、间混套作、轮作连作等内容。在四川达州市达川区，早前三化螟第三代盛蛾期恰与晚稻孕穗期或抽穗初期相遇，发生严重，可使晚稻颗粒无收，故三化螟在双季稻区重，在一季稻区轻，1981 年改双季稻为一季中稻，从此三化螟比例下降，二化螟上升为优势种群，1982 年在 200W 白炽灯诱虫灯下，三化螟蛾比例从头年的 95.7％减为 57.9％，二化螟比例从头年的 4.3％增至 42.1％。大螟能为害水稻、玉米，二者临作或轮作，常造成大螟严重为害。

（3）正确耕整土壤　耕整土壤是一项必需的栽培措施，可改进土壤结构、增加通气透水性能、提高土壤肥力、清除杂草等，创造有利于作物生长发育的立地条件，从而提高作物抗虫能力。耕翻土壤可直接杀死部分害虫；或可将部分害虫（如在土中化蛹的害虫）深埋在土中不能羽化出土；或可破坏部分土栖害虫（如蛴螬）的适宜生活环境，将它们翻出暴露在不良气候条件下或天敌的侵袭之下。水稻机械收割一般留桩 30~60cm，大部分二化螟幼虫留存于稻桩中，应通过灌水翻耕，将幼虫翻入泥中水里使其窒息死亡，达到降低下一代或次年发生基数的目的。

（4）提升播种质量　做好种子苗木汰选，剔除含有害虫的种子、苗木。对于食性专一、世代整齐、为害期短的害虫，在一定地理范围内，采用调节播期、缩短播期的方法，可收到明显效果。

（5）平衡施用肥料　合理施肥可为作物提供营养，提高作物抗虫能力；可改变土壤性状，恶化土栖害虫的环境条件；可促进作物生长发育，可避开害虫为害的有利生育期和加速虫伤愈合能力；有时可直接杀死害虫。

（6）合理灌排水分　合理灌溉有利于作物生长发育，提高作物抗虫能力，起到间接防治害虫的作用；有时可直接防治害虫，例如在二化螟卵盛孵时，把田水放浅到 3cm 左右，使害虫为害部位降低，高峰期后及盛孵末期，各灌深水 1 次，水深 13cm 左右，淹没叶鞘而不超过叶耳，保水 2~3 天，既对水稻没有影响，又能杀死大量幼虫，效果可达 90％以上。

（7）做好田园清洁　遗落在田间的作物残体，往往藏匿着许多害虫，清除这些作物残体对防治害虫大有裨益。有些害虫在杂草上栖息或越冬越夏，清除杂草对防治害虫有利。

（8）改进收获贮运　改进收获时期、收获方法，适时抢收抢运抢打，迅速处理，对一些害虫的防治具有重要意义，例如大豆食心虫幼虫脱荚入土越冬，若不及时收获或收获后堆放田间，幼虫将大量脱荚入土，因此在不影响大豆产量品质的前提下，适当提早几天收获，并随收随运随干燥脱粒，不仅减少田间落粒损失，也大大减少幼虫入土的数量。

3. 物理防治

利用害虫对光、热、射线、声波等物理因素的特殊反应来防治害虫，比如阳光曝晒杀虫（例如将豌豆摊于水泥晒场，让阳光直射，温度可达 50℃左右，几乎所有贮粮害虫均可杀死）、灯光引诱杀虫、色板引诱杀虫（例如黄板诱蚜）、银光驱避杀虫、高温杀虫（例如将豌豆于开水中浸烫 25s，随即取出在冷水中浸泡一下，然后摊开晾干、贮藏，可全部杀死豌豆象幼虫而不影响种子发芽力）、低温杀虫等。

4. 生物防治

利用有益生物来防治害虫。有益生物包括害虫的捕食性天敌（如捕食性昆虫、捕食性螨类、捕食性蜘蛛、鱼类、蛙类、鸭类、益鸟）、害虫的寄生性天敌（如寄生蜂类、寄生蝇类）、害虫的致病微生物（如致病真菌、细菌、病毒、微孢子虫）。

5. 化学防治

利用化学农药来防治害虫（广义上的化学防治是指以包括化学农药和生物农药在内的农药来防治害虫）。化学防治历史悠久。化学防治是一种锐利武器，具有其他防治方法不可比拟的独特优点，例如见效迅速（歼灭性强，能在短期内突击歼灭灾害性害虫）、效果显著、操作方便、范围广泛、成本低廉等。化学防治却非万能的，完全凭靠农药，单纯使用化学防治是不行的，胡乱使用农药会出现一系列问题。由此可见，我们既不能滥用化学防治，也不能因噎废食，忽视化学防治，甚至废除化学防治，否则在目前必然会带来麻烦，出现严重问题。化学防治在目前和今后相当长一段时期内是重要的，甚至是主要的、必要的。总之，应扬长避短，协调配合，正确运用化学防治，合理使用农药。

三、更强调"预防为主"

防患于未然，将矛盾消灭在萌芽状态。若等到害虫已经大量发生、严重为害时才进行防治，不仅会使作物受到损失，而且还浪费人力物力财力，得不偿失，例如稻飞虱，一般人看到有稻飞虱的时候，实际上已经成灾了，稻飞虱繁殖非常迅猛，一旦暴发，将很难控制。

防治害虫的目的是控制为害，不是将害虫"一扫而光""斩尽杀绝"，所以强调"预防为主"并非提倡"打保险药"。防治害虫必须基于防治指标，根据虫情预测预报结果，来决定是否进行防治和确定防治时期、防治次数。

1. 害虫发生的原因

（1）有大量的害虫来源　虫源有本地虫源、外地虫源2个方面，有时二者兼有。

（2）有适宜的寄主作物　田间有害虫喜食的作物及感虫的品种，尤其当作物的感虫生育期与害虫的为害期吻合时，害虫大发生的可能性就更大。

（3）有适宜的环境条件　适宜的环境条件有利于害虫生长、发育、繁殖和为害。

2. 害虫预防的途径

针对害虫发生原因，可通过下列途径来预防害虫大量发生和严重为害。

（1）控制害虫来源及害虫种群数量　主要措施有三：①加强植物检疫。防止新发性和危险性害虫外来入侵，防止本地害虫扩散蔓延。②压低虫源基数，对于外来虫源，应加强虫源地防治工作，以减少迁出虫量。对于本地虫源，可加强越冬防治压低虫口基数，或者采取"压前控后"策略。③防控害虫于严重为害之前。

（2）调节作物布局及作物生育时期　种植抗虫品种，减轻害虫为害。调节作物生育期，例如黄淮棉区棉花由春播改为夏播，可使棉苗避开棉蚜、小地老虎的为害期。

（3）恶化害虫发生为害的环境条件　改善农田生产体系，改变农田生物群落，充分发挥自然因素和有益生物的生态服务功能。

四、更强调"六适要领"

良药配良法。看作物"适类"用药、看害虫"适症"用药、看天地"适境"用药、看关键"适时"用药、看精准"适量"用药、看过程"适法"用药，这就是杀虫剂的使用要领，可概括为"六看"或"六适"。

五、更强调"围魏救赵"

许多病害依靠昆虫、螨类传播，做好害虫害螨控制是有效防治病害的基础，这就是"围魏救赵"式的控虫防病。不少病害可由多种昆虫传播，有些病害则只能由某一种或由几种昆虫传播，见表 2-6 所示。

植物病毒主要靠接触、种子和介体 3 种途径传播，其中介体传播最为重要。传毒介体除昆虫、螨类外，还有所谓"土传"介体中的线虫和低等真菌。菟丝子也可算是"植物介体"，但从它桥接过程看仍脱离不了接触传播范畴。生物环境因素包括昆虫、线虫和微生物。不少昆虫可由多种昆虫传播，有些昆虫则只能由某一种或由几种昆虫传播。很多虫传病毒病如小麦丛矮病的传毒介体是灰飞虱，其虫口密度和带毒率是决定丛矮病轻重的重要因素。土壤中线虫种类颇多，有些能传播有害昆虫（特别是病毒病）；有些在植物根部造成伤口，促使细菌和真菌昆虫发生；有些本身虽既不致病也不传病，却能破坏植物的某些抗病性，从而促使发病。土壤和植物体表的微生物群落对有害昆虫也有重要影响：一方面，很多微生物可通过重复寄生、抗生和竞争作用而抑制植物病原，减少侵染，或通过对植物的某种作用而提高植物的抗病性，从而成为防病的有益因素；另一方面，有些微生物又可通过与植物病原物的协生和互助，或通过削弱植物的抗病性，而成为加重昆虫为害的因素。

表 2-6　植物病害与传播介体生物

作物名称	病害名称	传播介体的名称	介体类型
水稻	黑条矮缩病	灰飞虱（主）、白脊飞虱、白带飞虱	昆虫
	条纹叶枯病	灰飞虱（主）、白脊飞虱、白带飞虱、背条飞虱	昆虫
	黄叶病	黑尾叶蝉、二点黑尾叶蝉、二条黑尾叶蝉	昆虫
	矮缩病	黑尾叶蝉、二点黑尾叶蝉、电光叶蝉	昆虫

作物名称	病害名称	传播介体的名称	介体类型
小麦	黄矮病	麦二叉蚜、麦长管蚜、禾谷缢管蚜、麦无网长管蚜、玉米蚜	昆虫
	丛矮病	灰飞虱	昆虫
	红矮病	条沙叶蝉、黄褐角顶叶蝉、黑角顶叶蝉	昆虫
	线条花叶病	黍瘿螨	螨类
马铃薯	轻花叶病、重花叶病、黄斑花叶病、皱缩花叶病、泡状斑驳花叶病	蚜虫	昆虫
烟草	黄瓜花叶病毒病	桃蚜、棉蚜及其他多种蚜虫	昆虫
	马铃薯 Y 病毒病	桃蚜及多种蚜虫	昆虫
	蚀纹病毒病	10 余种蚜虫	昆虫
	甜菜曲顶病毒病	叶蝉	昆虫
草莓	斑驳病毒病、轻型黄边病毒病、镶脉病毒病	草莓钉毛蚜、托马斯毛管蚜、花毛管蚜等多种蚜虫	昆虫
甘蔗	嵌纹病、褪绿条纹病	黍蚜、玉米蚜、麦二叉蚜、高粱蚜、桃蚜、棉蚜、尖鼻飞虱	昆虫
胡椒	花叶病	棉蚜、绣线菊蚜	昆虫
菠萝	凋萎病	菠萝粉蚧	昆虫
柑橘	衰退病	橘蚜、橘二叉蚜、棉蚜	昆虫
香蕉	束顶病	香蕉交脉蚜	昆虫
	心腐病	棉蚜、玉米蚜等多种蚜虫	昆虫
龙眼、荔枝	丛枝病	角颊木虱、荔枝�蝽	昆虫
番木瓜	环斑病	棉蚜、桃蚜	昆虫
水稻	黄萎病	黑尾叶蝉、二点黑尾叶蝉、二条黑尾叶蝉、马来亚黑尾叶蝉	昆虫
马铃薯	丛枝病	叶蝉	昆虫

作物名称	病害名称	传播介体的名称	介体类型
桑树	黄化型萎缩病、萎缩型萎缩病	桑拟菱纹叶蝉、凹缘菱纹叶蝉	昆虫
柑橘	黄龙病	柑橘木虱	昆虫
枣	枣疯病	中华拟菱纹叶蝉、凹缘菱纹叶蝉	昆虫

六、害虫防控方案举例

二化螟在我国分布十分广泛，北起黑龙江，南抵海南岛，目前是水稻上第一大常发性害虫。近几十年来，由于栽培方式多样、播栽时期参差、土地流转加快、机器收割增多、长期单一用药、抗性发展迅速（如浙江东部沿海地区、安徽沿江地区、江西环鄱阳湖地区、湖南中南部地区二化螟种群对氯虫苯甲酰胺处于高水平抗性，抗性倍数152～1293倍）等原因，二化螟发生为害相当严重。下面介绍二化螟防控方案。

1. 防控策略

预防为主，综合控害，统防增效，绿色安全。以选用抗（耐）病虫品种、建立良好稻田生态系统、培育健康水稻为基础，采用生态调控和农艺措施，增强稻田自然控害能力。优先应用昆虫信息素诱控和生物防治等非化学的绿色防控措施，降低病虫发生基数。合理安全应用高效低风险农药预防和应急防治。推进绿色防控与专业化统防统治相融合，促进重大病虫害可持续治理，保障水稻生产高质高效绿色安全。

2. 防控重点

华南稻区，包括广东、广西、福建、海南等省（区）的传统双季稻种植区，重点防治二化螟、稻飞虱、稻纵卷叶螟、稻瘟病、纹枯病、稻曲病、南方水稻黑条矮缩病、白叶枯病，密切关注穗腐病、锯齿叶矮缩病、三化螟、台湾稻螟、稻瘿蚊、橙叶病、根结线虫病、蚵线螨、紫秆病。

长江中下游单双季混栽区，包括湖南、江西、湖北、浙江、福建等省的单双季稻混合种植区，重点防治二化螟、稻飞虱、稻纵卷叶螟、纹枯病、稻瘟病、稻曲病、穗腐病、恶苗病、南方水稻黑条矮缩病、白叶枯病、细菌性基腐病，密切关注大螟、稻蓟马、稻秆潜蝇、稻瘿蚊、稻叶蝉、根结线虫病、蚜线螨、紫秆病。

长江中下游单季稻区，包括湖北、江苏、上海、浙江、安徽等省（市）的单季稻种植区，重点防治稻飞虱、稻纵卷叶螟、二化螟、大螟、稻瘟病、纹枯病、稻曲病、白叶枯病，密切关注黑条矮缩病、条纹叶枯病、穗腐病、根结线虫病。

黄淮稻区，包括河南、山东等省以及安徽和江苏北部的单季稻种植区，重点防治二化螟、稻飞虱、稻瘟病、纹枯病、黑条矮缩病、稻曲病，密切关注稻纵卷叶螟、条纹叶枯病、穗腐病、根结线虫病、鳃蚯蚓。

西南稻区，包括云南、贵州、四川、重庆、陕西等省（市）的单季稻种植区，重点防治稻瘟病、纹枯病、稻曲病、稻飞虱、二化螟、稻纵卷叶螟、恶苗病、白叶枯病、南方水稻黑条矮缩病，密切关注黏虫、三化螟、穗腐病、鳃蚯蚓、根结线虫病。

北方稻区，包括黑龙江、吉林、辽宁、河北、天津、内蒙古、宁夏、新疆等省（区、市）单季粳稻种植区，重点防治稻瘟病、恶苗病、纹枯病、二化螟，密切关注稻曲病、立枯病、稻潜叶蝇、穗腐病、黏虫、负泥虫、稻飞虱、稻螟蛉、赤枯病。

3. 防控措施

（1）预防技术

① 选用抗（耐）性品种　已开展转基因抗虫研究，但目前未商业化应用。

② 播种期和移栽期预防　针对恶苗病、稻飞虱、稻蓟马等苗期病虫，进行药剂浸种或拌种、苗床处理，减少秧田期和大田前期用药。50％氯虫苯甲酰胺种子处理悬浮剂登记用于水稻防治二化螟，用药量 400～1200mL/100kg 种子，施用方式拌种，参见 PD20171109。依据每亩不同播种量，用药量有所调整，但都可按照制剂 10～12mL/亩使用。使用前需适当混合清水，均匀调成浆状药液。干种子包衣方法：每 1kg 种子加水不超过水稻质量四十分之一，药浆量（药＋水）为 30mL/kg，按推荐剂量取药剂，与适量清水混合调成浆状药液，然后与种子充分搅拌，直到药液均匀分布到种子表面，晾干 24h 后，浸种、催芽、播种。湿种子拌种方法：先将水稻种子按照当地常规方法浸种催芽至破胸露白后，沥干水分。按每处理用药量和种子表面湿润程度，加入不超过用种量四十分之一的清水（即按浸种

前的每 1kg 干种子加水 0～25mL），按推荐剂量取药剂，与适量清水混合调成浆状药液，然后与种子充分搅拌，直到药液均匀分布到种子表面后催芽、播种。请根据实际水稻种子特性、包衣方法特点以及包衣器械性能，决定稀释水量然后进行包衣拌种处理。

秧苗移栽前 2～3 天施用内吸性药剂，带药移栽，预防蓟虫、叶瘟、稻蓟马、稻飞虱和叶蝉及其传播的病毒病。

③ 孕穗末期至抽穗期保护　水稻孕穗末期施药预防稻曲病、穗腐病、叶鞘腐败病等病害；破口期至齐穗期以稻瘟病（穗颈瘟）、蓟虫、稻飞虱、纹枯病为防治重点，综合施药，控制穗期病虫为害。

④ 生物多样性控害　采用生态工程技术，田埂、路边沟边、机耕道旁种植芝麻、大豆、波斯菊、硫华菊、紫花苜蓿等显花植物，保护寄生蜂、蜘蛛等天敌，提高稻田生物多样性；种植香根草等诱集植物，丛距 3～5m，降低蓟虫种群基数。

⑤ 农艺措施　翻耕灌水灭蛹，越冬代蓟虫蛹期连片统一翻耕冬闲田、绿肥田，灌深水浸没稻桩 7～10 天，降低虫源基数。健身栽培，适时晒田，避免重施、偏施氮肥，适当增施磷钾肥。推行低茬收割，秸秆粉碎后还田，降低蓟虫残虫量。清洁田园，蓟虫重发田稻草离田后应合理利用。

（2）优先采用非化学控制技术

① 昆虫性信息素诱控　越冬代二化蓟始蛾期，集中连片设置性信息素，群集诱杀或干扰交配。群集诱杀采用持效期 3 个月以上的挥散芯（诱芯）和干式飞蛾诱捕器，平均每亩放置 1 套，高度以诱捕器底端距地面 50～80cm 为宜。交配干扰采用高剂量信息素智能喷施装置，每 3 亩设置 1 套，傍晚至日出每隔 10min 喷施 1 次。

② 人工释放赤眼蜂　在二化蓟主害代蛾始盛期释放稻蓟赤眼蜂，每代放蜂 2～3 次，间隔 3～5 天，每亩均匀放置 5～8 点，每次放蜂量 8000～10000 头/亩。蜂卡放置高度以分蘖期高于植株顶端 5～20cm、穗期低于植株顶端 5～10cm 为宜；释放球可直接抛入田中。高温季节宜在傍晚放蜂。

③ 灯光诱杀　安装频振式杀虫灯，在成虫发生期开灯诱蛾。

（3）药剂应急控害技术　药剂防治指标为分蘖期枯鞘丛率达到 8%～10% 或枯鞘株率 3%；穗期重点防治上代残虫量大、当代卵孵盛期与水稻破口抽穗期相吻合的稻田，于卵孵化高峰期施药。选用苏云金杆菌、金龟子绿僵菌CQMa421、印楝素、甲氧虫酰肼、四唑虫酰胺、氯虫苯甲酰胺、乙基多杀菌素等生物农药和低风险化学农药。

二化螟对杀虫剂抗性具有明显的地域性，其中浙江、安徽、江西、湖南等省大部分稻区二化螟种群对氯虫苯甲酰胺处于高水平抗性，对阿维菌素、三唑磷处于中等至高水平抗性，对毒死蜱处于中等水平抗性。因此二化螟抗性治理要采取分区治理措施，在高水平抗性地区停止使用氯虫苯甲酰胺、阿维菌素、三唑磷，在中等水平抗性以下地区继续限制氯虫苯甲酰胺、阿维菌素、三唑磷、毒死蜱等药剂使用次数，轮换使用乙基多杀菌素、双酰肼类药剂，避免二化螟连续多个世代接触同一作用机理的药剂。同时，为应对二化螟抗药性问题，在采取低茬收割、深水灭蛹、性诱控杀等非化学防控措施的基础上，改变施药方式，采用秧苗药剂处理技术于早期防控二化螟，减少大田期施药次数和农药使用量。

登记防治二化螟的杀虫剂产品累计超过2280个，目前在有效状态的逾860个，但"亮眼"的产品却寥寥无几。

（4）注意事项

① 性信息素应大面积连片应用，群集诱杀时不能将不同种类害虫的性信息素挥散芯置于同一诱捕器内。

② 应急药剂防治应达标用药，生物农药可适当提前施用，确保药效。

③ 稻鸭、稻虾、稻鱼、稻蟹等种养区和种桑养蚕区及其邻近区域，应慎重选用药剂，避免对养殖造成毒害。水稻分蘖期尽量少用甲氨基阿维菌素苯甲酸盐、阿维菌素。据有关调查数据显示，如果按大田的用药习惯防控虾稻田里的水稻病虫害，可能会使小龙虾至少减产30%，如果用药不当，严重时甚至造成小龙虾绝收；如果不防治水稻病虫，一般年份会造成水稻减产20%～50%。江苏省植保植检站联合江苏省淡水水产研究所等单位进行室内和室外小龙虾毒力测定，表现安全的杀虫剂有氯虫苯甲酰胺、四氯虫酰胺、吡蚜·呋虫胺、噻虫·吡蚜酮、多杀霉素、金龟子绿僵菌CQMa421、苏云金杆菌等。

④ 重视交替轮换用药，提倡不同作用机理药剂合理轮用，避免同一种药剂在不同稻区间或同一稻区内循环、连续使用，有效延缓和治理抗药性。提倡使用高含量单剂，避免使用低含量复配剂。根据抗药性监测结果，暂停使用已产生中等以上抗性的药剂。严格执行农药使用操作规程，遵守农药安全间隔期，确保稻米质量安全。

第三章
杀虫剂品种介绍 ▶▶▶

第一节 | 化学杀虫剂的类型 ▶▶▶

　　杀虫剂按照产品性质分为化学杀虫剂、生物杀虫剂 2 大类。

　　化学杀虫剂按物质类别又可细分为无机杀虫剂、有机杀虫剂 2 类。无机杀虫剂的有效成分为无机化合物（简称无机物）或单质，有机杀虫剂的有效成分为有机化合物（简称有机物）。

　　化学杀虫剂按物质来源又可细分为天然杀虫剂、合成杀虫剂 2 类。天然杀虫剂如矿物源的砒石（属于无机物）、矿物油（属于有机物）。合成杀虫剂如敌百虫、四唑虫酰胺。有机杀虫剂中天然的较少，绝大多数都是人工合成的。

一、无机杀虫剂的类型

　　中国古籍中早就有使用杀虫药剂的记载，例如 11 世纪初北宋欧阳修在所著《洛阳牡丹记》中提到用硫黄杀花虫，1596 年明朝李时珍编写的《本草纲目》记述了砒石、雄黄的杀虫性能。

　　19 世纪中叶以前，其他国家也有采用砒霜等无机物防治害虫的文字记载。19 世纪中叶以后，市场上开始出现杀虫剂产品，最初的品种只有砷酸铅、矿油乳剂、除虫菊等无机杀虫剂或天然源杀虫剂。

　　1892 年拜耳公司将二硝酚作为杀虫剂进行开发。1874 年有机合成化合物滴滴涕合成，1939 年瑞士缪勒发现它具有杀虫性能。第二次世界大战期间，工业化生产的滴滴涕在卫生防疫上发挥了巨大作用，杀虫剂也随之进入有机合成阶段。此后 20 年内，陆续出现了很多杀虫剂新品种。

无机杀虫剂的类型和品种不多。砷制剂如砒石（又叫砒霜、三氧化二砷）、雄黄（又叫石黄、四硫化四砷）、砷酸铅、砷酸钙。氟制剂如氟化钠、氟硅酸钠、硫酰氟。磷制剂如磷化氢、磷化铝、磷化钙、磷化镁、磷化锌。其他无机杀虫剂如硼酸、硼酸锌、四水八硼酸二钠、钼酸钠、钨酸钠、多硫化钡。

虽然害虫不易对无机杀虫剂产生抗药性，但无机杀虫剂对人、畜毒性高，可污染农产品和环境，因此 1970 年前后部分国家率先开始对一些副作用较大的杀虫剂品种采取禁用、限用的措施。根据 2002 年 5 月 24 日农业部发布的 199 号公告等规定，砷类等杀虫剂国家已明令禁止使用。目前流通的无机杀虫剂仅有硅藻土、磷化铝、硫酰氟、硼酸、硼酸锌、石硫合剂、四水八硼酸二钠等少数几种。

二、有机杀虫剂的类型

有机杀虫剂按物质来源分为天然来源的有机杀虫剂（又称矿物源杀虫剂）、人工合成的有机杀虫剂（又称有机合成杀虫剂）。

矿物源杀虫剂如机油乳剂、柴油乳剂、煤油乳剂、矿物油乳油。

有机合成杀虫剂品种众多，按化学结构分为有机氯类、有机磷类、氨基甲酸酯类、拟除虫菊酯类、沙蚕毒素类、苯甲酰脲类、新烟碱类、双酰胺类等。由于分类或粗或细，因而不同资料分出来的化学结构的类型名称和类型个数不尽相同。最早形成体系的有机合成杀虫剂为有机氯类、有机磷类。目前有机氯已基本退出历史舞台，有机磷类许多品种被禁用或限用。2019 年新烟碱类、拟除虫菊酯类、双酰胺类、有机磷类成为杀虫剂 4 大重要类型，销售额分别占杀虫剂市场的 16.9%、15.5%、13.5% 和 11.8%。

三、我国创制的杀虫剂

自 20 世纪 90 年代起，国内农药界正式迈入自主创制农药产品行列，到目前为止创制的农药品种有 50 多个，其中许多是杀虫剂品种，有 20 多个。据不完全统计，截至 2016 年 11 月底，我国自主创制并获得登记的农药新品种有 48 个，其中杀虫剂杀螨剂 15 个、杀菌剂 22 个、除草剂 7 个、植物生长调节剂 4 个；正式登记有效期内的 23 个，占比 47.92%，临时登记有效期内的 3 个，占比 6.25%，临时登记期满后未续展，处于无效状态的 22 个，占比 45.83%。

我国自主创制的杀虫剂、杀螨剂有呋喃虫酰肼、硝虫硫磷、氯胺磷、丁烯氟虫腈、氯氟醚菊酯、右旋反式氯丙炔菊酯、氯噻啉、哌虫啶、环氧虫啶、氯溴虫腈、硫肟醚、硫氟肟醚、氟螨、乙唑螨腈、四氯虫酰胺、氯氟氰虫酰胺、氟氯虫双酰胺、硫虫酰胺、环丙氟虫胺等。

第二节 ┃ 生物杀虫剂的类型 ▶▶▶

生物农药的含义和范围，可以从 2 个层面进行解析。

第一是通常意义上，生物农药是指利用生物活体、生物内含物、生物代谢产物或生物特定基因而制成的农药，包括微生物活体农药、农用抗生素、植物源农药、转基因生物、商业化天敌生物。

第二是管理意义上，生物农药还包括生物＋化学农药、生物化学农药。

1982 年 9 月 1 日发布的《农药登记规定实施细则》说生物农药系指用于防治农林牧业病虫草害或调节植物生长的微生物及植物来源的农药。《农药管理条例》尚未给出生物农药的法定解释。目前对于下列 3 类农药是否归入生物农药存在颇多争议，一是农用抗生素，例如井冈霉素，多数人同意它是生物农药，但也有人认为其真正起作用的是具有特定化学结构的化学成分，应属于化学农药，属于微生物合成的化学农药；二是生物＋化学农药，例如甲氨基阿维菌素苯甲酸盐，它是在生物发酵产品阿维菌素的基础上进行化学再加工的，既有生物农药的"血统"，也有化学农药的"妆容"，是半生物合成农药；三是生物化学农药，例如灭幼脲，被纳入生物农药管理范畴，而有的人认为应属于化学农药。

各类生物农药概念之间的关系见表 3-1 所示。本书所称的生物农药是通常意义上的生物农药。为了方便查阅，将生物化学农药、生物＋化学农药单列介绍。

表 3-1   各类生物农药概念之间的关系

管理意义上的生物农药	通常意义上的生物农药	无争议的生物农药	包括微生物活体农药、植物源农药、商业化天敌生物
		有争议的生物农药	包括农用抗生素、转基因生物
	广泛意义上的生物农药	生物+化学农药	例如甲氨基阿维菌素苯甲酸盐、乙基多杀菌素
		生物化学农药	例如灭幼脲、除虫脲

对于通常意义上的生物农药，从产品来源、利用形式 2 个维度进行分类，从而可以清晰地看出各类生物农药之间的相互关系，见表 3-2 所示。

表 3-2   通常意义上的生物农药的类型

产品来源	利用形式	另外称呼	品种举例
微生物源	活体型	微生物农药、微生物活体农药	苏云金杆菌
	抗体型	农用抗生素	阿维菌素
	载体型		（暂无这种类型）
植物源	活体型		（暂无这种类型）
	抗体型	植物源农药、植物性农药、植物农药	印楝素
	载体型	转基因生物	转基因棉花
动物源	活体型	商业化天敌生物	松毛虫赤眼蜂
	抗体型		斑蝥素
	载体型		（暂无这种类型）

1. 按产品来源分类

生物农药按产品来源分为微生物源生物农药、植物源生物农药、动物源生物农药 3 大类。

（1）微生物源生物农药   是指利用微生物资源开发的生物农药，例如苏云金杆菌、金龟子绿僵菌。用来开发生物农药的微生物类群很多，涉及真菌、放线菌、细菌、病毒、线虫、原生动物等 6 大类群。

（2）植物源生物农药   是指利用植物资源开发的生物农药，即有效成分来源于植物体的农药，例如印楝素、苦参碱。

（3）动物源生物农药   是指利用动物资源开发的生物农药，例如斑蝥素。

2. 按利用形式分类

生物农药按利用形式分为活体型生物农药、抗体型生物农药、载体型生物农药等 3 大类。在我国研究开发的生物农药单剂品种（有效成分）中，这 3 类农药分别约占 30％、67％、3％。

（1）活体型生物农药　是指利用生物活体制成的生物农药，包括真菌、放线菌、细菌、病毒、线虫、原生动物等 6 类活体型生物农药，例如木霉菌、"5406"（抗生菌为泾阳链霉菌）、苏云金杆菌、菜青虫颗粒体病毒、芫菁夜蛾线虫、蝗虫微孢子虫。微生物源/活体型生物农药通常被称为微生物农药，是以细菌、真菌、病毒和原生动物或基因修饰的微生物等活体为有效成分，具有防治病、虫、草、鼠等有害生物作用的农药。动物源/活体型生物农药通常称为天敌生物，是指商业化的能够防治《农药管理条例》第二条所述有害生物的生物活体（微生物农药除外）；此前作为农药进行管理，共登记平腹小蜂、松毛虫赤眼蜂 2 种，目前列入备案管理，不纳入正式登记。

（2）抗体型生物农药　是指利用对生物内含物或生物代谢产物制成的生物农药，例如印楝素（系植物内含物）、井冈霉素（系放线菌微生物代谢产物）。微生物源/抗体型生物农药通常称为农用抗生素。

（3）载体型生物农药　是指可防治《农药管理条例》第二条所述有害生物，利用外源基因工程技术引入抗病、虫、草害的外源基因改变基因组构成的农业生物，即转基因生物。转基因生物不包括自然发生、人工选择和杂交育种，或由化学物理方法诱变，通过细胞工程技术得到的植物和自然发生、人工选择、人工受精、超数排卵、胚胎嵌合、胚胎分割、核移植、倍性操作得到的动物以及通过化学、物理诱变、转导、转化、接合等非重组 DNA 方式进行遗传性状修饰的微生物。

新中国成立 70 多年以来特别是 1982 年实行农药登记制度以来，我国生物农药获得了长足发展，开发的生物杀虫剂品种见表 3-3 所示。1985 年首款国产生物农药 3％、5％井冈霉素水剂获准登记，1987 年首款进口生物农药 2％春雷霉素水剂获准登记，参见PD85131、PD54-87。据统计，截至 2016 年 12 月 31 日我国生物农药产品累计登记 3575 个，涉及 105 种活性成分，分别约占整个农药登记数量的 10％和 16％，其中微生物农药 471 个制剂产品 39 种活性成分、农用抗生素 2279 个制剂产品 13 种活性成分、植物源农药 240 个制剂产品 25 种活性成分、天敌生物 4 个制剂产品 2 种活性成分、生物化学农药 581 个制剂产品 28 种活性成分。我国有 260 多家生物农药企业，占全国农药生产企业总数的 10％左右；生物农药制剂年产量约 14 万吨，年产值约 40 亿元，分别占整个农药总产量和总产值的 11％左右。2020 年 3 月农业农村部农药检定所制定《我国生物农药登记有效成分清单（2020 版）》（征求意见稿），将目前在登记状态的生物农药列入清单，共计 101 个有效成分，其中微生物农药 47 个、生物化学农药 28 个、植物源农药 26 个。截至 2020 年 5 月，我国登记的生物农药产品 1220 个，约占农药产品总数的 2.9％。

表 3-3　我国开发的生物杀虫剂类型与品种

产品来源	利用形式	生物类群	品种举例	品种个数
微生物源	活体型	真菌	耳霉菌、假丝酵母、金龟子绿僵菌、金龟子绿僵菌 CQMa421、球孢白僵菌	5
		放线菌	（暂无此类产品获准登记）	—
		细菌	短稳杆菌、类产碱假单胞菌、球形芽孢杆菌、球形芽孢杆菌（2362 菌株）、苏云金杆菌、苏云金杆菌（以色列亚种）、苏云金杆菌 G033A	7
		病毒	菜青虫颗粒体病毒、草原毛虫核多角体病毒、茶尺蠖核型多角体病毒、茶毛虫核型多角体病毒、稻纵卷叶螟颗粒体病毒、甘蓝夜蛾核型多角体病毒、棉铃虫核型多角体病毒、苜蓿银纹夜蛾核型多角体病毒、黏虫核型多角体病毒、松毛虫质型多角体病毒、甜菜夜蛾核型多角体病毒、小菜蛾颗粒体病毒、斜纹夜蛾核型多角体病毒、油桐尺蠖核型多角体病毒、蟑螂病毒	15
		线虫	（暂无此类产品获准登记）	—
		原生动物	蝗虫微孢子虫	1
	抗体型	放线菌	阿维菌素、多杀霉素	2
		细菌	（暂无此类产品获准登记）	—
	载体型	细菌	（暂无此类产品获准登记）	—

产品来源	利用形式	生物类群	品种举例	品种个数
植物源	活体型	高等植物等	（暂无此类产品获准登记）	—
	抗体型	高等植物等	d-柠檬烯、桉油精、八角茴香油、百部碱、补骨内酯、茶皂素、除虫菊素、黄酮、茴蒿素、崁酮、苦参碱、苦豆子总碱、苦皮藤素、辣椒碱、莨菪烷类生物碱、狼毒素、藜芦碱、楝素、马钱子碱、木烟碱、闹羊花素-Ⅲ、蛇床子素、血根碱、烟碱、氧化苦参碱、银杏果提取物、印楝素、油酸、鱼藤酮、藻酸丙二醇酯、樟脑	31
	载体型	高等植物等	（暂无此类产品获准登记）	—
动物源	活体型	节肢动物等	（此前作为农药进行管理，共登记平腹小蜂、松毛虫赤眼蜂 2 种，目前列入备案管理，不纳入登记管理）	—
	抗体型	节肢动物等	斑蝥素	1
	载体型	节肢动物等	（暂无此类产品获准登记）	—
总计			7 类	62 种

《农药登记资料要求》附件 11《农药名称命名原则》规定，植物源农药名称可以用"植物名称加提取物"表示；本规定发布前，已批准登记的农药名称可保持不变。登录中国农药信息网查询，早前登记的印楝素产品使用农药名称印楝素，而近期获得登记的使用农药名称"印楝提取物""印楝籽提取物"，参见 PD20101579、PD20211565、PD20211889。

第三节 | 无机杀虫剂品种 ▶▶▶

硅藻土（silicon dioxide）

【产品名称】 库虫净等。

【产品特点】 主要有效成分为天然具有棱角的硅藻土，硬度大，且具有吸脂、吸水、吸油特性。杀虫机制为物理性的杀虫作用，害虫在活动时与药剂接触、摩擦，被其尖刺刺破表皮，害虫失水死亡；也可堵塞害虫的毛孔和气门，阻碍其新陈代谢功能致害虫死亡。该药无毒、无污染，与稻米混合不会影响米的质量，淘米时能与米糠一起被水冲走，不会残留在大米中。

【适用范围】 适合稻谷、大米、小麦、玉米等贮粮使用，也可用于防治卫生害虫。

【防治对象】 对大多数贮粮害虫如玉米象、谷蠹、印度谷螟、赤拟谷盗等均有良好效果。也可防治蚂蚁、蜚蠊等卫生害虫。

【单剂规格】 85%、90%、93%粉剂，75%、85%杀虫粉剂。首家登记证号 LS94024。

【单用技术】 ①防治贮粮害虫。使用方法有拌粮法、撒布法等。必须严格控制粮食水分在安全水分以下，而且原始虫口密度要低，应在主要贮粮害虫≤1~2头/kg时使用，否则会降低药效。②防治卫生害虫蚂蚁、蜚蠊，用85%杀虫粉剂3g/m²；在害虫出没的地方，将药剂在地面上撒布薄薄的一层。撒布均匀，连续撒施，尽量不留死角，形成封闭的防虫带。

磷化铝（aluminium phosphide）

【产品特点】 本品为广谱熏蒸性药剂。主要用于熏杀害虫，也可用于灭鼠。

【单剂规格】 56%片剂，56%粉剂，85%大粒剂等。制剂首家登记证号 PD84121。

【单用技术】 56%片剂登记用于粮食、种子，防治储粮害虫，制剂量3~10片/1000kg，施用方式密闭熏蒸；用于货物，防治仓储害虫，制剂量5~10片/1000kg，密闭熏蒸；用于空间，防治仓储害虫，制剂量1~4片/m³，密闭熏蒸；用于洞穴，防治室外啮齿动物，制剂量根据洞穴大小而定，密闭熏蒸。

【注意事项】 本品为高毒品种，2016年9月7日发布的农业部公告第2445号规定，自本公告发布之日起，生产磷化铝农药产品应当采用内外双层包装。外包装应具有良好密闭性，防水防潮防气体外泄。内包装应具有通透性，便于直接熏蒸使用。自 2018 年 10 月 1 日起，禁止销售、使用其他包装的磷化铝产品。

硫酰氟（sulfuryl fluoride）

【产品规格】 50％、99％、99.8％气体制剂，99％熏蒸剂，99.8％原药。产品首家登记证号 PD86185。

【单用技术】 施用方式为密闭熏蒸或由主蚁道注入气体熏蒸。99.8％硫酰氟原药登记情况见表 3-4 所示。

表 3-4　99.8％硫酰氟原药登记情况（参见 PD86185）

作物/场所	防治对象	用药量（制剂量）	施用方式
种子	蛀虫	$20\sim30g/m^3$	密闭熏蒸
棉花	仓储害虫	$40\sim50g/m^3$	密闭熏蒸
衣料	蛀虫	$30g/m^3$	密闭熏蒸
文史档案及图书	蛀虫	$30\sim40g/m^3$	密闭熏蒸
林木	蛀虫	$25\sim30g/m^3$	密闭熏蒸
木材	蛀虫	$25\sim30g/m^3$	密闭熏蒸
建筑物	白蚁	$30g/m^3$	密闭熏蒸
堤围	黑翅土白蚁	$800\sim1000g/巢$	由主蚁道注入气体熏蒸
土坝	黑翅土白蚁	$800\sim1000g/巢$	由主蚁道注入气体熏蒸

硼酸（boric acid）

【单剂规格】 6％、8％、15％、30％、35％、50％饵剂，还有膏剂、粉剂、可溶液剂等剂型。制剂首家登记证号 WL99894。

【单用技术】 登记用于防治蜚蠊、蚂蚁等。

【混用技术】 已登记混剂如 14.4％硼酸·杀螟硫磷饵剂（13.5％＋0.9％）。

硼酸锌 （zinc borate）

【单剂规格】 98.8％粉剂。制剂首家登记证号 WP20130204。

【单用技术】 登记用于木材，防治白蚁、腐朽菌，制剂量 0.85％ （w/w，按板材重量比），施用方式为板材加工中添加。

石硫合剂 （lime sulfur）

【产品特点】 本品具有杀灭菌、虫、螨作用，是冬春两季果树清园剂。能达到一次用药多种效果，降低后期用药成本的目的。成本低、效果好。

【适用范围】 柑橘、葡萄、观赏植物等。

【防治对象】 杀害谱广，对多种菌、虫、螨有效。

【单剂规格】 29％水剂，45％结晶（结晶粉、固体）。制剂首家登记证号 PD88112。

【单用技术】 南方果树冬春两季休眠期清园，北方果树花前防治，其它作物在发病初期使用。无须配制母液，直接兑水喷施。石硫合剂部分产品登记情况见表 3-5。

表 3-5　石硫合剂部分产品登记情况

登记作物	防治对象	用药量	施用方法	产品规格	登记证号
麦类	白粉病	35 倍液	喷雾	29％水剂	PD88112-6
茶树	红蜘蛛	35～70 倍液	喷雾		
柑橘树	白粉病、红蜘蛛	35 倍液	喷雾		
观赏植物	白粉病、介壳虫	70 倍液	喷雾		
核桃树	白粉病	35 倍液	喷雾		
苹果树	白粉病	70 倍液	喷雾		
葡萄	白粉病	7～12 倍液	喷雾		
柑橘	红蜘蛛	200～300 倍液	喷雾	结晶粉	PD20098445
柑橘	锈壁虱	300～500 倍液	喷雾	结晶粉	
柑橘	介壳虫	346～400 倍液	喷雾	结晶	PD20141668

登记作物	防治对象	用药量	施用方法	产品规格	登记证号
茶树	叶螨	150 倍液	喷雾		
柑橘树	介壳虫	①180～300 倍液 ②300～500 倍液	①早春喷雾 ②晚秋喷雾		
柑橘树	锈壁虱	300～500 倍液	晚秋喷雾	结晶粉	PD90105
柑橘树	螨	①180～300 倍液 ②300～500 倍液	①早春喷雾 ②晚秋喷雾		
麦类	白粉病	150 倍液	喷雾		
苹果树	叶螨	20～30 倍液	萌芽前喷雾		

【混用技术】 本品碱性强,一般不与其他农药混用。已登记混剂仅有 30％矿物油·石硫合剂微乳剂 1 种 1 个产品,参见 PD20101198。

【注意事项】 稀释用水水温应低于 30℃,热水会降低药效。不得与波尔多液等铜制剂、机械乳油及在碱性条件下易分解的农药混合使用。气温达到 32℃ 以上时慎用,稀释倍数应提高至 1000 倍以上;38℃ 以上禁用。已经用水配制好的药液,夏天要在 3 天内用完,冬季7 天内用完。

四水八硼酸二钠（disodium octaborate tetrahydrate）

【单剂规格】 98％可溶粉剂。制剂首家登记证号 WP20120209。

【单用技术】 登记用于木材,防治白蚁,制剂量 8.4～8.6kg/m³,施用方式加压浸泡;防治腐朽菌,制剂稀释 436 倍,施用方式浸泡。

第四节 有机矿物杀虫剂品种 ▶▶▶

矿物油是分馏石油或干馏页岩等矿物所得到的油质产品,如汽油、煤油、柴油、润滑油等。

机油（petroleum oil）

【单剂规格】 已登记单剂 95％乳油，首家登记证号 PD90104。

【单用技术】 用于柑橘防治介壳虫，稀释 50～60 倍；防治蚜虫、锈壁虱，稀释 100～200 倍。用于杨梅防治介壳虫，稀释 50～60 倍。用于枇杷防治介壳虫，稀释 50～60 倍。

【混用技术】 已登记混剂较多，但所有单剂和混剂均未续展。

柴油（diesel fuel）

【混用技术】 无单剂登记。已登记混剂如 24.5％阿维菌素·柴油乳油（0.2％＋24.3％），用于柑橘防治红蜘蛛，稀释 1000～2000 倍；参见 PD20095915。

矿物油（mineral oil）

【产品名称】 绿颖、锐护等。

【产品特点】 本品杀虫机理为物理窒息和行为改变。物理窒息——矿物油一般采用喷淋方式施用，使矿物油在虫体或卵壳表面形成油膜，并通过毛细作用进入幼虫、蛹、成虫的气门和气管，使虫害窒息而死；通过穿透卵壳，干扰卵的新陈代谢和呼吸系统作用，达到杀卵目的。物理窒息对于固定和移动缓慢的小虫（如螨类、介壳虫、部分蚜虫和粉虱）灭杀效果非常理想；而杀卵对于控制烟粉虱、白粉虱、小菜蛾等暴发性害虫有极大的价值。行为改变——植食性昆虫和螨类通常利用触角、口器、足或腹部的感觉器来探测植物的化学物质，从而辨认可取食和产卵的特定寄主植物。矿物油膜可以封闭害虫身上的感觉器官，阻碍其找到寄主；同时，在植物表面也可形成保护膜，从而降低害虫的取食和产卵能力，甚至还可以改变其交配行为，直接降低害虫种群数量，保护作物。

本品杀菌机理为干扰作用。干扰作用——矿物油可以破坏病菌的细胞壁，干扰其呼吸，并可干扰病原体对寄主植物的附着；还可控制菌丝体，防止孢子的萌发和感染，例如在白粉病的防治上，矿物油通过最基本的物理性接触，与白粉病孢子接触片刻即可导致其死亡，具有铲除和保护的效果。

【单剂规格】 38％微乳剂，80％油乳剂，94％、95％、96.5％、97％、99％乳油。

【适用范围】 适用于果树（如柑橘、苹果）、茶树、蔬菜（如番茄、黄瓜）等。

【防治对象】 能防治害虫、害螨、病害。

【单用技术】 采用喷雾法作茎叶处理。防治介壳虫，于若虫孵化初期时施药；防治茶橙瘿螨，于若虫发生盛期用药。部分产品登记情况见表3-6。

表3-6 矿物油部分产品登记情况

产品规格	作物/场所	防治对象	用药量（制剂量）	登记证号
99％乳油	柑橘树	介壳虫	100～200 倍液	PD20095615
	柑橘树	红蜘蛛	150～300 倍液	
	苹果树	红蜘蛛	100～200 倍液	
	茶树	茶橙瘿螨	300～500g/亩	
	番茄	烟粉虱	300～500g/亩	
	黄瓜	白粉病	200～300g/亩	
97％乳油	柑橘树	介壳虫	100～150 倍液	PD20096069
	柑橘树	潜叶蛾	100～150 倍液	
	柑橘树	蚜虫	100～150 倍液	
	柑橘树	红蜘蛛	100～150 倍液	
	苹果树	蚜虫	100～150 倍液	
	苹果树	红蜘蛛	100～150 倍液	
	梨树	红蜘蛛	100～150 倍液	
	茶树	茶橙瘿螨	300～500mL/亩	
95％乳油	柑橘树	介壳虫	100～200 倍液	PD20121225
	茶树	茶橙瘿螨	300～450mL/亩	

【混用技术】 已登记混剂逾145个，如24.5％阿维菌素·矿物油乳油（0.2％＋24.3％）、44％矿物油·丙溴磷乳油（33％＋11％）。

【注意事项】 药液随配随用，搅拌均匀，喷药期间，应每隔10min搅拌一次，防止油水分层降低药效或导致药害。药液应均匀喷施于叶面、叶背、新梢、枝条和果实的表面。在花蕾期、花芽期慎用（应避开嫩梢期、花期、幼果生理落果期）。在气温极低或极高期间慎用（当气温高于35℃或土壤干旱和作物缺水时，不要使用。夏季高温时，请在早晨和傍晚使用）。勿与离子化的叶面肥混用，勿与不相容的农药混用，如硫黄和部分含硫的杀虫剂和杀菌剂，在这类药剂使用前后至少间隔7天以上再使用。

第五节 ▏有机合成杀虫剂品种 ▶▶▶

有机合成杀虫剂是目前杀虫剂市场的主力军，类型齐全、品种众多、应用广泛。下面介绍双酰胺类、新烟碱类、拟除虫菊酯类、有机磷类、氨基甲酸酯类、沙蚕毒素类、苯甲酰脲类、有机氯类、其他等9大类型中的相关品种。

一、双酰胺类

2007年氟苯虫酰胺上市，是该类杀虫剂中第一个商品化产品，它的诞生标志着一个新时代的到来，开启了双酰胺类杀虫剂发展的新纪元。双酰胺类杀虫剂备受全球关注，成为杀虫剂市场继新烟碱类之后的新热门，尤其是在鳞翅目害虫和抗性害虫防治领域，双酰胺类出手不凡。双酰胺类现已成为杀虫剂四大重要类型之一，2019年新烟碱类、拟除虫菊酯类、双酰胺类、有机磷类销售额分别占杀虫剂市场的16.9%、15.5%、13.5%、11.8%。全球开发的双酰胺类杀虫剂部分品种见表3-7所示。

双酰胺是这类化合物重要的结构特征，鱼尼丁受体作用是它们的主要作用机理。然而，由于化学结构上的变化，这类产品并非都是鱼尼丁受体作用剂［溴虫氟苯双酰胺的作用机理则显著不同，它是 γ-氨基丁酸（GABA）受体拮抗剂］。

从结构上看，有邻苯二甲酰胺（如氟苯虫酰胺、氯氟氰虫酰胺）、邻甲酰氨基苯甲酰胺（如氯虫苯甲酰胺、溴氰虫酰胺、四唑虫酰胺、四氯虫酰胺、环丙虫酰胺）、间甲酰氨基苯甲酰胺（如溴虫氟苯双酰胺、环丙氟虫胺）等 3 类。

氟氯虫双酰胺由海利尔药业集团自主创制研发，为双酰胺类（或吡啶基吡唑类）杀虫剂，分子中含有邻甲酰氨基苯甲酰胺类化学结构。环丙虫酰胺又叫环溴虫酰胺等，由石原产业株式会社研发。环丙氟虫胺由南通泰禾化工股份有限公司自主研发，分子结构中含有 12 个氟原子、1 个溴原子，是全球继溴虫氟苯双酰胺之后开发的第 2 个间二酰胺类化合物，两者具有相同的作用机理，皆为 γ-氨基丁酸（GABA）门控氯离子通道变构调节剂，都被归类为 IRAC 第 30 组。氯氟氰虫酰胺是浙江省化工研究院有限公司自主研发的邻苯二甲酰胺结构的化合物。上述 4 个品种目前均尚无产品在中国获得登记。

表 3-7　全球开发的双酰胺类杀虫剂部分品种

中文通用名称	国际通用名称	其他名称	中国首登年份	研发单位
氟苯虫酰胺	flubendiamide	垄歌、护城、氟虫双酰胺	2008	日本农药 & 拜耳
氯虫苯甲酰胺	chlorantraniliprole	康宽、普尊、奥得腾、优福宽	2008	杜邦
溴氰虫酰胺	cyantraniliprole	倍内威	2012	杜邦
四氯虫酰胺	tetrachlorantraniliprole	中化 9080	2013	沈阳化工研究院
四唑虫酰胺	tetraniliprole	国腾、氟氰虫酰胺	2020	拜耳
溴虫氟苯双酰胺	broflanilide	格力高、芙利亚、爱利可多	2020	日本三井化学
硫虫酰胺	thiotraniliprole		2021	青岛科技大学
环丙氟虫胺	cyproflanilide		—	南通泰禾化工有限公司
氯氟氰虫酰胺	cyhalodiamide		—	浙江省化工研究院
氟氯虫双酰胺	fluchlordiniliprole		—	海利尔药业集团
环丙虫酰胺	cyclaniliprole	环溴虫酰胺	—	日本石原

对幼虫以胃毒作用为主，兼有触杀作用（胃毒作用强于触杀作用，触杀作用不低于其他触杀性杀虫剂）。对成虫以触杀作用为主。这类杀虫剂内吸性不强，如35％氯虫苯甲酰胺水分散粒剂标签上写道，"本品为酰胺类内吸杀虫剂，以胃毒为主，兼具触杀，害虫摄入后数分钟内即停止取食"，参见PD20110463；又如20％氟苯虫酰胺水分散粒剂写道，"具有胃毒和触杀作用"，参见PD20120600。

对低龄幼虫具有极高活性，对高龄幼虫高活性。对成虫中等活性。对卵/幼活性极高。卵/幼指卵即将孵化出幼虫的阶段，此时卵壳尚未破裂，但里面已经孵化形成幼虫。双酰胺类杀虫剂的卵/幼活性包括两方面：一是此类杀虫剂渗透进入卵壳内触杀幼虫，二是幼虫咬破或吞食卵壳时因胃毒作用而致死。注意卵/幼活性不同于卵活性（此类杀虫剂作用于鱼尼丁受体，使肌肉不可逆收缩，而卵无肌肉，所以对卵无效）。

氟苯虫酰胺（flubendiamide）

【产品名称】 垄歌、护城、氟虫双酰胺等。

【产品特点】 分子结构中含有7个氟原子、1个碘原子。本品具有胃毒、触杀作用。见效较快，持效期较长，对幼虫阶段的害虫防效尤佳。

【适用范围】 玉米、甘蓝、白菜、甘蔗等。还用于非作物领域。由于本品在水稻上使用对无脊椎动物（大型溞）存在不可接受的风险，对水生生态环境存在极大风险，我国于2016年9月7日起撤销氟苯虫酰胺在水稻上使用的农药登记；自2018年10月1日起，禁止氟苯虫酰胺在水稻作物上使用。

【防治对象】 可有效防治许多鳞翅目害虫。

【单剂规格】 10％、20％悬浮剂，20％水分散粒剂。制剂首家登记证号LS20082888。

【单用技术】 通常作茎叶处理，有效成分用量25～90g/hm²。

（1）玉米 防治玉米螟，在玉米心叶末期或喇叭口期、害虫卵孵盛期至低龄幼虫时施药，每亩用10％悬浮剂20～30mL或20％悬浮剂8～12mL。20％悬浮剂每季最多使用2次，施药间隔期30天。

（2）甘蓝 防治小菜蛾，于害虫卵孵盛期至低龄幼虫期施药，每亩用 10％悬浮剂 20～25mL。每季最多使用 2 次，一般连续施药间隔期 7～10 天；依据害虫发生情况，可适当调整施药间隔期。

（3）白菜　防治小菜蛾、甜菜夜蛾，于害虫卵孵盛期至低龄幼虫期施药，每亩用 20％水分散粒剂 15～17g。每季最多使用 2～3 次，施药间隔期 7～10 天。

（4）甘蔗　防治蔗螟，害虫卵孵盛期至低龄幼虫期施药，每亩用 20％水分散粒剂 15～20g。每季最多使用 2 次，施药间隔期 30 天。

【混用技术】　已登记混剂如 12％氟苯虫酰胺·甲氨基阿维菌素苯甲酸盐微乳剂（8％＋4％）、80％杀虫单·氟苯虫酰胺可湿性粉剂（76.4％＋3.6％）。

【注意事项】　在靶标昆虫的一个世代内可以使用双酰胺类产品（28 族化合物）2 次。一般施药间隔期 7～10 天，依据害虫发生情况，可适当调整施药间隔期，在防治同一靶标昆虫的下一代时，应与其他不同作用机理的杀虫剂产品（非 28 族化合物）轮换使用。

硫虫酰胺 (thiotraniliprole)

【产品特点】　是由青岛科技大学自主研发的邻甲酰氨基硫代苯甲酰胺结构的化合物，作用机理与氯虫苯甲酰胺相同，均为鱼尼丁受体调节剂。该类杀虫剂通过与鱼尼丁受体结合，打开钙离子通道，使细胞内的钙离子持续释放到肌浆中。钙离子与肌浆中的基质蛋白相结合，引起肌肉持续收缩，靶标昆虫因此表现出抽搐、麻痹和拒食等症状，最终死亡。本品具有胃毒和根部内吸活性。

【适用范围】　甘蓝、水稻、玉米等。

【防治对象】　对稻纵卷叶螟、二化螟、大螟、小菜蛾、菜青虫、斜纹夜蛾、甜菜夜蛾、黏虫、棉铃虫、玉米螟等鳞翅目害虫的杀虫活性或田间防效多优于氯虫苯甲酰胺或与之相当。在低浓度时，对甜菜夜蛾仍具有优异的防治效果。对美国白蛾具有很高的生物活性，可以用于防治美国白蛾。

【单剂规格】　10％悬浮剂。制剂首家登记证号 PD20211367。

【单用技术】　甘蓝，防治小菜蛾，于低龄幼虫期施药，每亩用 30～40mL，对水喷雾。每季最多使用 2 次。

【注意事项】　本品有皮肤刺激性，请按照农药安全使用准则用药。

氯虫苯甲酰胺（chlorantraniliprole）

【产品名称】 康宽、普尊、奥得腾、优福宽等。

【产品特点】 本品具有较强的渗透性（有的资料说有内吸传导性），药剂能穿过植物茎部表皮细胞进入木质部，从而沿木质部传导至未施药的其他部位，有利于保护新生组织；以胃毒为主（害虫取食后迅速停止取食，慢慢死亡），触杀作用次之（有一定触杀性，但不是主要杀虫途径）；对初孵幼虫有强力杀伤性，害虫孵出咬破卵壳接触卵面药剂中毒而死。作用于昆虫的鱼尼丁受体，使其过度释放平滑肌和横纹肌细胞内储存的钙离子，引起害虫肌肉调节功能衰弱、麻痹，影响昆虫行为，使其迅速停止取食，最终致死。

【适用范围】 水稻、玉米、甘蔗、棉花、菜用大豆、苹果、甘蓝、花椰菜、辣椒、西瓜、豇豆等，也用于非作物领域。

【防治对象】 可防治大多数咀嚼式口器害虫，尤其是鳞翅目害虫，对鳞翅目的夜蛾科、螟蛾科、蛀果蛾科、卷叶蛾科、粉蛾科、菜蛾科、麦蛾科、细蛾科等均有很好的防治效果；对部分鞘翅目、双翅目、等翅目害虫也有较高的活性。

【单剂规格】 0.01％、0.03％、0.4％、1％颗粒剂，5％超低容量液剂，5％、30％悬浮剂，200g/L悬浮剂，35％水分散粒剂，50％种子处理悬浮剂。制剂首家登记证号 LS20080236。

【单用技术】 有效成分用量 10～60g/hm²。

（1）茎叶处理 登记作物和防治对象很多，见表 3-8～表 3-10所示。

表 3-8 200g/L 氯虫苯甲酰胺悬浮剂登记情况（参见 PD20100677）

作物	防治对象	用药量（制剂量）	施用时期、施用方法
水稻	稻纵卷叶螟	5～10mL/亩	卵孵高峰期，每亩兑水 30kg 均匀茎叶喷雾。害虫严重发生时，可于 14 天后（按当地实际情况可适当缩短）再施用 1 次
水稻	二化螟	5～10mL/亩	卵孵高峰期，每亩兑水 30kg 均匀茎叶喷雾

作物	防治对象	用药量（制剂量）	施用时期、施用方法
水稻	三化螟	5～10mL/亩	卵孵高峰期，每亩兑水 30kg 均匀茎叶喷雾
水稻	大螟	8.3～10mL/亩	卵孵高峰期，每亩兑水 30kg 均匀茎叶喷雾
水稻	稻水象甲	6.67～13.3mL/亩	成虫开始出现时/移栽后 1～2 天，每亩兑水 30kg 均匀茎叶喷雾
玉米	玉米螟	3～5mL/亩	卵孵高峰期，每亩兑水 30kg 均匀茎叶喷雾
玉米	小地老虎	3.3～6.6mL/亩	害虫发生的早期/玉米 2～3 叶期，每亩兑水 30kg 茎基部均匀喷雾
玉米	二点委夜蛾	7～10mL/亩	玉米 2～3 叶期，每亩兑水 30kg 茎叶喷淋，淋透植株
玉米	黏虫	10～15mL/亩	发生初期，亩兑水 30kg 均匀茎叶喷雾
甘蔗	小地老虎	6.7～10mL/亩	害虫发生的早期/甘蔗幼苗期，甘蔗移栽后 30 天左右
甘蔗	蔗螟	15～20mL/亩	害虫发生的早期，蔗螟卵孵盛期/甘蔗移栽后 30 天左右
棉花	棉铃虫	6.67～13.3mL/亩	卵孵盛期，每亩兑水 45kg 均匀茎叶喷雾
菜用大豆	豆荚螟	6～12mL/亩	成虫产卵高峰期，每亩兑水 45kg 均匀茎叶喷雾

表 3-9　5％氯虫苯甲酰胺悬浮剂登记情况（参见 PD20110172）

作物	防治对象	用药量（制剂量）	施用时期、施用方法
甘蓝	甜菜夜蛾	30～55mL/亩	卵孵高峰期，每亩兑水 45L 全株均匀茎叶喷雾。害虫严重发生时，可于 7～10 天后再施用 1 次
甘蓝	小菜蛾	30～55mL/亩	
花椰菜	斜纹夜蛾	45～54mL/亩	
辣椒	棉铃虫	30～60mL/亩	
辣椒	甜菜夜蛾	30～60mL/亩	
西瓜	棉铃虫	30～60mL/亩	
西瓜	甜菜夜蛾	45～60mL/亩	

作物	防治对象	用药量（制剂量）	施用时期、施用方法
豇豆	豆荚螟	30～60mL/亩	成虫产卵高峰期（豇豆始花期）。每亩兑水45L全株均匀茎叶喷雾。害虫严重发生时，可于7～10天后再施用1次

表 3-10　35%氯虫苯甲酰胺水分散粒剂登记情况（参见 PD20110463）

作物	防治对象	用药量（制剂量）	施用时期、施用方法
水稻	二化螟	4～6g/亩	卵孵高峰期，每亩兑水30L均匀茎叶喷雾
水稻	三化螟	4～6g/亩	卵孵高峰期，每亩兑水30L均匀茎叶喷雾
水稻	稻纵卷叶螟	4～6g/亩	卵孵高峰期，每亩兑水30L均匀茎叶喷雾。害虫严重发生时，可于14天后（按当地实际情况可适当缩短）再施用1次
苹果树	金纹细蛾	稀释17500～25000倍	蛾量急剧上升时即刻使用，提前1～2天使用效果更好。常规每亩兑水200L
苹果树	桃小食心虫	稀释7000～10000倍	蛾量急剧上升时即刻使用，提前1～2天使用效果更好。常规每亩兑水200L
苹果树	苹果蠹蛾	稀释7000～10000倍	幼虫发生期即刻使用，提前1～2天使用效果更好。常规每亩兑水200L

　　（2）土壤处理　用于水稻防治稻纵卷叶螟、二化螟，于卵孵高峰期前5～7天施药，每亩用0.4%颗粒剂600～700g，拌沙（土）均匀撒施。防治稻水象甲，在水稻分蘖期和孕穗期并结合虫情，于成虫羽化高峰期、卵孵高峰期至1～2龄若虫发生期施药，每亩用0.4%颗粒剂700～1000g，拌沙（土）均匀撒施。田块要平整，施药时田内灌有3～5cm深的水层，施药后保持水层5～7天，以确保药效。

　　防治玉米螟，在玉米心叶末期或喇叭口期、玉米螟孵化高峰期时开始施药，每亩用0.4%颗粒剂350～450g，可直接丢心（撒施）或拌细沙后撒施。

　　（3）种子处理　50%种子处理悬浮剂登记用于水稻防治二化螟，制剂量400～1200mL/100kg种子，拌种使用；用于玉米防治小地老虎、黏虫、蛴螬，制剂量380～530g/100kg种子，拌种使用；参见 PD20171109。

【混用技术】 已登记混剂产品逾 30 个，如 40％噻虫嗪·氯虫苯甲酰胺水分散粒剂（20％＋20％）、6％阿维菌素·氯虫苯甲酰胺悬浮剂（1.7％＋4.3％）。

四氯虫酰胺（tetrachlorantraniliprole）

【产品名称】 中化 9080、SYP-9080 等。

【产品特点】 本品以胃毒为主，兼具触杀作用，有一定的杀卵活性。

【适用范围】 甘蓝、水稻、玉米等。

【防治对象】 甘蓝甜菜夜蛾、稻纵卷叶螟、玉米螟等。

【单剂规格】 10％悬浮剂。制剂首家登记证号 LS20130225。

【单用技术】 作茎叶处理。采用喷雾法。

（1）甘蓝 防治甜菜夜蛾，于低龄幼虫盛发期施药，每亩用 30～40mL。

（2）水稻 防治稻纵卷叶螟，于卵孵高峰期至 2 龄幼虫期施药，每亩用 10～20mL，兑水 30～45L 喷雾。

（3）玉米 防治玉米螟，于卵孵高峰期至低龄幼虫期施药，每亩用 20～40mL。

【注意事项】 禁止在蚕室和桑园附近用药，禁止在河塘等水域内清洗施药器具。水产养殖区、河塘等水体附近禁用。对虾、蟹毒性高。鱼、虾、蟹套养稻田禁用，施药后的田水不得直接排入水体。不可与强酸、强碱性物质混用。

四唑虫酰胺（tetraniliprole）

【产品名称】 国腾、氟氰虫酰胺等。

【产品特点】 本品为双酰胺类杀虫剂。作用方式主要为胃毒和触杀（以胃毒作用为主，胃毒活性是触杀活性的 10 倍左右），具有适中水平的水溶性和脂溶性，内吸活性中等。作用于害虫的鱼尼丁受体（鱼尼丁受体是控制细胞内钙离子释放的通道蛋白，调节细胞内外钙离子的浓度，起着阀门的作用），引起细胞内钙离子无节制释放，导致肌肉收缩、麻痹、停止进食等症状，最终导致害虫死亡。施药后，幼虫很快（数分钟至数小时内）便失去对肌肉的控制，不能活动，并立即停止取食。施药后 1～2h，幼虫身体收缩到只有空白对照的一半大小，此症状不能恢复。

【适用范围】　甘蓝、番茄、辣椒、柑橘、苹果、水稻、玉米、甘蔗等。

【防治对象】　甜菜夜蛾、柑橘潜叶蛾、二化螟、稻纵卷叶螟等。

【单剂规格】　200g/L 悬浮剂。制剂首家登记证号 PD20200659。

【单用技术】　茎叶喷雾后可被叶片吸收并向顶性传导，保护新生组织免受害虫为害。土壤处理、种子处理能够有效地被根部吸收并传导到作物的地上部。

（1）甘蓝　防治甜菜夜蛾，于低龄幼虫发生初期施药，每亩用 7.5～10mL。

（2）番茄（保护地）　防治棉铃虫，每亩用 7.5～10mL。

（3）辣椒（保护地）　防治烟青虫，每亩用 7.5～10mL。

（4）柑橘　防治潜叶蛾，于卵孵盛期施药，稀释 10000～20000 倍。

（5）苹果　防治桃小食心虫，于卵孵盛期至低龄幼虫期施药，稀释 5000～7000 倍。施药间隔期 14 天。

（6）水稻　防治稻纵卷叶螟，于卵孵盛期至低龄幼虫始盛期施药，每亩用 7～10mL。施药间隔期 14 天。防治二化螟，于卵孵盛期至低龄幼虫始盛期施药，每亩用 7～10mL。施药间隔期 14 天。

（7）玉米　防治玉米螟，在玉米大喇叭口期施药，每亩用 7.5～10mL。

【混用技术】　混配性强，可与阿维菌素、甲氨基阿维菌素苯甲酸盐、喹硫磷等杀虫剂混用，可与丙森锌等杀菌剂混用。目前尚无混剂获准登记。

【综合评价】　国腾具有五大独特价值，对鳞翅目害虫活性更高、使害虫快速停止取食、持效期长、对 1～3 龄幼虫活性稳定、无惧温度和 pH 值变化。

溴虫氟苯双酰胺（broflanilide）

【产品名称】　格力高、芙利亚、爱利可多等。

【产品特点】 本品属于具双酰胺结构的全新作用机理的杀虫剂。分子结构中含有 11 个氟原子、1 个溴原子。具有胃毒、触杀作用。作为昆虫 γ-氨基丁酸（GABA）受体拮抗剂，可抑制害虫的神经传递，阻止正常的信号传递，使害虫不能平息兴奋，导致抽搐，最终死亡。本品为间二酰胺类杀虫剂，其作用机理新颖，完全不同于氯虫苯甲酰胺等邻二酰胺类杀虫剂。国际杀虫剂抗性行动委员会（IRAC）将其划分至第 30 组，这是第 1 个进入该组中的有效成分。本品与现有其他杀虫剂无交互抗性，可有效防治对其他杀虫剂产生抗性的害虫，是防治抗性咀嚼式口器害虫的重要利器，尤其是对氟虫腈产生抗性的害虫，在害虫抗性管理（IRM）中可以发挥重要作用。

【适用范围】 白菜、甘蓝等。

【防治对象】 黄条跳甲、小菜蛾、甜菜夜蛾等。

【单剂规格】 5%悬浮剂，100g/L 悬浮剂。制剂首家登记证号 PD20200660。

【单用技术】

(1) 甘蓝 防治黄条跳甲，于成虫发生期施药，每亩用 100g/L 悬浮剂 14～16mL，对水喷雾。防治小菜蛾，于卵孵盛期至低龄幼虫期施药，每亩用 5%悬浮剂 20～30mL 或 100g/L 悬浮剂 7～10mL，对水喷雾。防治甜菜夜蛾，于卵孵盛期至低龄幼虫期施药，每亩用 5%悬浮剂 20～30mL，对水喷雾。

(2) 白菜 防治黄条跳甲，于成虫发生期施药，每亩用 100g/L 悬浮剂 14～16mL，对水喷雾。防治小菜蛾，于卵孵盛期至低龄幼虫期施药，每亩用 100g/L 悬浮剂 7～10mL，对水喷雾。

【注意事项】 本品对水生生物、家蚕、蜜蜂、赤眼蜂、瓢虫高毒。水产养殖区、河塘等水体附近禁用。水旱轮作区、稻鱼共生区、蜜源植物集中分布区、蚕室及桑园附近禁用。白菜、甘蓝及（周围）开花植物花期禁用。赤眼蜂、瓢虫等天敌放飞区域禁用。

【综合评价】 ①新专利化合物：全新化合物，首次在中国登记上市。②新作用机理：全球第一个被归类为第 30 组的杀虫剂，与其他类别杀虫剂无交互抗性。③杀虫谱广：对鳞翅目、鞘翅目以及部分蓟马类害虫具有很好的效果，尤其是鳞翅目，如小菜蛾、甜菜夜蛾、斜纹夜蛾等。④击倒速度快：鳞翅目害虫如小菜蛾、甜菜夜蛾等药后 1 小时，虫体抽搐从植株上掉落。⑤持效期长：持效期可达 14～21 天。

⑥耐雨水冲刷：据日本在实验室条件下模拟 20mm/30min 降雨量，5％悬浮剂施用 30min 后降雨，对药效发挥没有影响。

溴氰虫酰胺（cyantraniliprole）

【产品名称】 倍内威等。

【产品特点】 本品是氯虫苯甲酰胺的姊妹产品，两者仅为一个取代基的差别。本品为新型双酰胺类内吸性杀虫剂（具有内吸、渗透作用，可分布于整个植株），胃毒为主，兼具触杀。害虫摄入后数分钟内即停止取食，迅速保护作物。

【适用范围】 登记作物逾 8 种。

【防治对象】 本品作为氯虫苯甲酰胺的类似物，具有更广泛的杀虫谱，是第一个具有交叉防治谱的双酰胺类杀虫剂，可同时防治咀嚼式、刺吸式、锉吸式口器害虫。不仅能够防治鳞翅目害虫，而且还能防治半翅目、鞘翅目、双翅目害虫。对粉虱（包括 B 型烟粉虱和 Q 型烟粉虱等）、潜叶蝇和甲虫等活性佳。

【单剂规格】 0.5％饵剂，10％悬乳剂，10％可分散油悬浮剂，19％悬浮剂，48％种子处理悬浮剂。制剂首家登记证号 LS20120328。

【单用技术】 施用方式多样。

（1）茎叶处理 登记作物和防治对象很多，见表 3-11。本品在作物早期施用，可有效防治已登记的害虫，例如 10％可分散油悬浮剂在水稻、黄瓜、番茄、大葱、小白菜上推荐的用药时期为作物生长早期，西瓜上为授粉前期，棉花上为现蕾期/蕾铃期，豇豆上为始花期。

表 3-11　10％溴氰虫酰胺可分散油悬浮剂登记情况（参见 PD20140322）

作物	防治对象	用药量（制剂量）	施用时期、施用方法
大葱	甜菜夜蛾	10～18mL/亩	卵孵盛期施药
大葱	蓟马	18～24mL/亩	害虫初现时施药，害虫严重发生时可于 7 天后（或根据当地害虫发生情况适当调整）再施用 1 次
大葱	美洲斑潜蝇	14～24mL/亩	害虫初现时施药，害虫严重发生时可于 7 天后（或根据当地害虫发生情况适当调整）再施用 1 次

作物	防治对象	用药量（制剂量）	施用时期、施用方法
番茄	棉铃虫	14～18mL/亩	卵孵盛期施药
番茄	蚜虫	33.3～40mL/亩	害虫初现时施药，害虫严重发生时可于7天后（或根据当地害虫发生情况适当调整）再施用1次
番茄	烟粉虱	33.3～40mL/亩	害虫初现时施药，害虫严重发生时可于7天后（或根据当地害虫发生情况适当调整）再施用1次
番茄	白粉虱	43～57mL/亩	害虫初现时施药，害虫严重发生时可于7天后（或根据当地害虫发生情况适当调整）再施用1次
番茄	美洲斑潜蝇	14～18mL/亩	害虫初现时施药，害虫严重发生时可于7天后（或根据当地害虫发生情况适当调整）再施用1次
黄瓜	蚜虫	18～40mL/亩	害虫初现时施药，害虫严重发生时可于7天后（或根据当地害虫发生情况适当调整）再施用1次
黄瓜	烟粉虱	33.3～40mL/亩	害虫初现时施药，害虫严重发生时可于7天后（或根据当地害虫发生情况适当调整）再施用1次
黄瓜	白粉虱	43～57mL/亩	害虫初现时施药，害虫严重发生时可于7天后（或根据当地害虫发生情况适当调整）再施用1次
黄瓜	蓟马	33.3～40mL/亩	害虫初现时施药，害虫严重发生时可于7天后（或根据当地害虫发生情况适当调整）再施用1次
黄瓜	美洲斑潜蝇	14～18mL/亩	害虫初现时施药，害虫严重发生时可于7天后（或根据当地害虫发生情况适当调整）再施用1次
棉花	棉铃虫	19.3～24mL/亩	卵孵盛期施药
棉花	蚜虫	33.3～40mL/亩	害虫初现时施药，害虫严重发生时可于7天后（或根据当地害虫发生情况适当调整）再施用1次

作物	防治对象	用药量（制剂量）	施用时期、施用方法
棉花	烟粉虱	33.3～40mL/亩	害虫初现时施药，害虫严重发生时可于7天后（或根据当地害虫发生情况适当调整）再施用1次
水稻	稻纵卷叶螟	20～26mL/亩	卵孵盛期施药
水稻	二化螟	20～26mL/亩	卵孵盛期施药
水稻	三化螟	20～26mL/亩	卵孵盛期施药
水稻	蓟马	30～40mL/亩	害虫初现时施药，害虫严重发生时可于7天后（或根据当地害虫发生情况适当调整）再施用1次
西瓜	棉铃虫	19.3～24mL/亩	卵孵盛期施药
西瓜	甜菜夜蛾	19.3～24mL/亩	卵孵盛期施药
西瓜	蚜虫	33.3～40mL/亩	害虫初现时施药，害虫严重发生时可于7天后（或根据当地害虫发生情况适当调整）再施用1次
西瓜	烟粉虱	33.3～40mL/亩	害虫初现时施药，害虫严重发生时可于7天后（或根据当地害虫发生情况适当调整）再施用1次
西瓜	蓟马	33.3～40mL/亩	害虫初现时施药，害虫严重发生时可于7天后（或根据当地害虫发生情况适当调整）.再施用1次
小白菜	菜青虫	10～14mL/亩	卵孵盛期施药
小白菜	小菜蛾	10～14mL/亩	卵孵盛期施药
小白菜	斜纹夜蛾	10～14mL/亩	卵孵盛期施药
小白菜	蚜虫	30～40mL/亩	害虫初现时施药，害虫严重发生时可于7天后（或根据当地害虫发生情况适当调整）再施用1次
小白菜	黄条跳甲	24～28mL/亩	害虫初现时施药，害虫严重发生时可于7天后（或根据当地害虫发生情况适当调整）再施用1次

作物	防治对象	用药量（制剂量）	施用时期、施用方法
豇豆	豆荚螟	14～18mL/亩	害虫初现时施药，害虫严重发生时可于 7 天后（或根据当地害虫发生情况适当调整）再施用 1 次
豇豆	蚜虫	33.3～40mL/亩	害虫初现时施药，害虫严重发生时可于 7 天后（或根据当地害虫发生情况适当调整）再施用 1 次
豇豆	蓟马	33.3～40mL/亩	害虫初现时施药，害虫严重发生时可于 7 天后（或根据当地害虫发生情况适当调整）再施用 1 次
豇豆	美洲斑潜蝇	14～18mL/亩	害虫初现时施药，害虫严重发生时可于 7 天后（或根据当地害虫发生情况适当调整）再施用 1 次

（2）土壤处理 19％悬浮剂登记用于苗床，见表 3-12。移栽前 2 天苗床喷淋（喷壶/去掉喷头的喷雾器等喷淋），带土移栽。喷淋前需适当晾干苗床，喷淋时需浸透土壤，做到湿而不滴，根据苗床土壤的湿度情况，每平方米苗床使用 2～4kg 药液。害虫摄入药剂后数分钟内即停止取食，迅速保护作物，同时控制带毒或传毒害虫的进一步为害，抑制病毒病蔓延。在作物苗床期使用，可有效控制本田靶标昆虫保护幼苗健康生长。

表 3-12 19％溴氰虫酰胺悬浮剂登记情况（参见 PD20190179）

作物	防治对象	用药量（制剂量）	施用方式
番茄（苗期）	甜菜夜蛾	2.4～2.9mL/m^2	苗床喷淋
番茄（苗期）	烟粉虱	4.1～5mL/m^2	苗床喷淋
番茄（苗期）	蓟马	3.8～4.7mL/m^2	苗床喷淋
辣椒（苗床）	甜菜夜蛾	2.4～2.9mL/m^2	苗床喷淋
辣椒（苗床）	烟粉虱	4.1～5mL/m^2	苗床喷淋
辣椒（苗床）	蓟马	3.8～4.7mL/m^2	苗床喷淋
黄瓜（苗床）	瓜绢螟	2.6～3.3mL/m^2	苗床喷淋

作物	防治对象	用药量（制剂量）	施用方式
黄瓜（苗床）	烟粉虱	$4.1\sim5mL/m^2$	苗床喷淋
黄瓜（苗床）	蓟马	$3.8\sim4.7mL/m^2$	苗床喷淋
黄瓜（苗床）	美洲斑潜蝇	$2.8\sim3.6mL/m^2$	苗床喷淋

（3）种子处理　48%种子处理悬浮剂登记用于玉米防治小地老虎，制剂使用量为 $60\sim120mL/100kg$ 种子，施用方式为种子包衣；用于玉米防治甜菜夜蛾、二点委夜蛾，制剂使用量为 $120\sim240mL/100kg$ 种子，施用方式为种子包衣；参见 PD20200295。

【混用技术】　已登记混剂如 40%噻虫嗪·溴氰虫酰胺种子处理悬浮剂（20%＋20%）、23%溴氰虫酰胺·三氟苯嘧啶悬浮剂（14.7%＋8.3%）。

【注意事项】　10%可分散油悬浮剂使用时，需将溶液调节至 pH 值 4～6，不推荐在苗床上使用，不推荐与乳油类农药混用。

二、新烟碱类

烟碱作为杀虫剂使用的历史可以追溯到 17 世纪，最初人们用烟草浸取液喷雾防治害虫。1893 年确定烟碱的化学结构。1902 年人工合成烟碱。

1991 年吡虫啉成功开发上市。由于吡虫啉具有卓越的杀虫活性、新颖的作用机理，烟碱引起了人们的注意，在全世界范围内掀起了研发热潮，合成了许多产品，从而形成了新的杀虫剂系列。人们将吡虫啉等通过天然生物碱结构优化得到的杀虫剂，称之为新烟碱类杀虫剂。2003 年全球新烟碱类杀虫剂销售额居有机磷类、拟除虫菊酯类之后，位列第三；吡虫啉销售额位列所有杀虫剂之首，位列所有农药第二（仅次于草甘膦）。

70%吡虫啉湿拌种剂首家登记证号 LS95020，20%浓可溶剂首家登记证号 LS96009，60%悬浮种衣剂首家登记证号 LS99041，70%水分散粒剂首家登记证号 LS200032。我国先后登记含吡虫啉的产品累计逾 3200 个。

目前已开发品种有吡虫啉（1991 年拜耳）、烯啶虫胺（1995 年武田、住友）、啶虫脒（1996年曹达）、氯噻啉（1997年江山）、噻虫嗪（1998年诺华、先正达）、噻虫啉（2000年拜耳）、噻虫胺（拜耳、武田）、呋虫胺（2002年三井化学）、哌虫啶（2004年江苏克胜、华东理工大学）、戊吡虫胍（2017年中国农业大学）、环氧虫啶（2018年上海生农生化、华东理工大学）等。

根据取代基的不同将新烟碱类杀虫剂分为三代，第一代为氯代吡啶基类（如吡虫啉、烯啶虫胺、啶虫脒、噻虫啉），第二代为硫代噻唑基类（如噻虫嗪、噻虫胺），第三代为呋喃基类（如呋虫胺）。

（1）作用方式　本类产品属于内吸性杀虫剂，具有胃毒、触杀作用。啶虫脒具有渗透作用，击倒速度较快，表现速效杀虫力效果。

（2）杀虫范围　杀虫谱广，能防治多种刺吸式、锉吸式害虫，如蚜虫、飞虱、梨木虱、柑橘木虱、粉虱、叶蝉、茶小绿叶蝉、蓟马；也能防治一些鞘翅目、鳞翅目等害虫，如蛴螬、蝼蛄、黄条跳甲、稻象甲、稻负泥虫、二化螟、柑橘潜叶蛾、韭蛆、橘小实蝇；还能防治蝇、蚤蠓、跳蚤、臭虫、蚂蚁、白蚁等卫生害虫。

（3）施用方式　可作茎叶处理，也可作种苗、土壤、空间处理。

（4）用药量低　70%吡虫啉水分散粒剂防治水稻稻飞虱，有效成分登记用量仅为 $21\sim31.5g/hm^2$，参见 PD20050011；25%噻虫嗪水分散粒剂防治水稻稻飞虱，有效成分登记用量低至 $7.5\sim15g/hm^2$，参见 PD20060003；20%啶虫脒可溶粉剂登记防治棉花蚜虫，稀释倍数高达 $11111\sim22222$ 倍，参见 PD20081633。

吡虫啉（imidacloprid）

【产品名称】　康复多、艾美乐、高巧、一遍净、大功臣等。

【单剂规格】　本品发展迅猛，登记众多，目前在有效状态的仍然逾1400个。产品规格如2%颗粒剂，2.15%饵剂，10%乳油，10%可湿性粉剂，200g/L可溶液剂，350g/L悬浮剂，600g/L悬浮种衣剂，70%水分散粒剂。

【单用技术】　施用方式灵活多样。本品内吸性良好，被植物根系吸收进入植株后的代谢产物杀虫活性更高，即由吡虫啉原体及其代谢产物共同起杀虫作用，因而防效更高。

（1）茎叶处理　以70%水分散粒剂为例，登记防治小麦、甘蓝、棉花、杭白菊蚜虫，苹果黄蚜，番茄白粉虱，水稻稻飞虱，草坪蝼蛄、蛴螬，施用方法喷雾，参见 PD20120072。

（2）种苗处理　以 600g/L 悬浮种衣剂，登记防治水稻蓟马、小麦蚜虫、玉米蚜虫、玉米蛴螬、花生蛴螬，种子包衣使用；防治马铃薯蛴螬，种薯包衣使用；防治棉花蚜虫，拌种使用；参见 PD20121181。

（3）土壤处理　以 2% 颗粒剂为例，登记防治韭菜韭蛆，施用方法为撒施；参见 PD20161169。

（4）空间处理　以 2.15% 饵剂为例，登记防治室内蜚蠊，施用方法为投放；参见 WP20220014。

【混用技术】　已登记混剂逾 470 个，如 15% 吡虫啉·高效氯氟氰菊酯悬浮剂（10%＋5%）、32% 吡虫啉·戊唑醇种子处理悬浮剂（30.9%＋1.1%）。

啶虫脒（acetamiprid）

【产品名称】　莫比朗、乙虫脒等。

【单剂规格】　如 5% 乳油，5%、20% 可湿性粉剂，10% 微乳剂，20% 可溶液剂，20% 可溶粉剂，40%、50%、70% 水分散粒剂。已登记产品逾 750 个。首家登记证号 LS96018。

【单用技术】　20% 可溶粉剂登记防治黄瓜蚜虫，每亩用 6～7.5g；防治棉花蚜虫，稀释 11111～22222 倍；防治柑橘蚜虫、苹果蚜虫，稀释 13333～16666 倍；参见 PD20081633。

【混用技术】　已登记混剂组合如阿维菌素·啶虫脒、啶虫脒·联苯菊酯。

呋虫胺（dinotefuran）

【产品名称】　护瑞等。

【单剂规格】　0.15% 饵剂，10% 可溶液剂，20% 悬浮剂，20% 水分散粒剂，25% 可湿性粉剂。首家登记证号 LS20130077。

【单用技术】　20% 水分散粒剂登记防治水稻稻飞虱，每亩用30～40g，防治二化螟，每亩用 40～50g；防治黄瓜（保护地）白粉虱，每亩用 30～50g，防治蓟马，每亩用 20～40g；防治茶树茶小绿叶蝉，每亩用 30～40g；参见 PD20160354。

【混用技术】 已登记混剂组合如呋虫胺·烯啶虫胺、毒死蜱·呋虫胺。

环氧虫啶（cycloxaprid）

【单剂规格】 25％可湿性粉剂。首家登记证号 LS20150097。

【单用技术】 登记防治水稻稻飞虱，每亩用 16～24g，建议在卵孵高峰期至低龄若虫盛发期施药（避开水稻扬花期）；防治甘蓝蚜虫，每亩用 8～16g；参见 PD20184014。

氯噻啉（imidaclothiz）

【单剂规格】 10％可湿性粉剂，20％可分散油悬浮剂，40％水分散粒剂。首家登记证号 LS20022058。

【单用技术】 10％可湿性粉剂登记防治甘蓝蚜虫，每亩用 10～15g；防治水稻稻飞虱，每亩用 10～20g；防治小麦蚜虫，每亩用 15～20g；防治番茄（大棚）白粉虱，每亩用 15～30g；防治茶树茶小绿叶蝉，每亩用 20～30g；防治柑橘蚜虫，稀释 4000～5000 倍；参见 PD20082527。

【混用技术】 目前尚无混剂获准登记。

哌虫啶（paichongding）

【单剂规格】 10％悬浮剂，首家登记证号 LS20091271。

【单用技术】 10％可湿性粉剂登记防治小麦蚜虫，每亩用 20～25mL；防治水稻稻飞虱，每亩用 25～35mL；参见 PD20171719。

【混用技术】 已登记组合如吡蚜酮·哌虫啶。

噻虫胺（clothianidin）

【单剂规格】 0.06％、0.5％、1％颗粒剂，5％可湿性粉剂，8％、18％、48％种子处理悬浮剂，16％可溶粒剂，20％、30％悬浮剂，30％、50％水分散粒剂。首家登记证号 LS20082590。

【混用技术】 已登记混剂组合如螺虫乙酯·噻虫胺、高效氟氯氰菊酯·噻虫胺。

噻虫啉 （thiacloprid）

【单剂规格】 1％微囊粉剂，3％微囊悬浮剂，25％、36％、50％水分散粒剂，40％、48％悬浮剂。首家登记证号 LS20091463。

【混用技术】 已登记混剂组合如螺虫乙酯·噻虫啉、联苯菊酯·噻虫啉。

噻虫嗪 （thiamethoxam）

【产品特点】 施药后可被作物根或叶片迅速内吸，并传导到植株各部位，害虫取食后很快停止取食，逐渐死亡，药后 2～3 天出现死亡高峰，持效期长达 2～5 周。

【单剂规格】 0.01％饵剂，21％悬浮剂，25％水分散粒剂，30％、46％种子处理悬浮剂，70％种子处理可分散粉剂。首家登记证号 LS200012。

【单用技术】 25％噻虫嗪水分散粒剂登记情况见表 3-13 所示。

表 3-13　25％噻虫嗪水分散粒剂登记情况（参见 PD20060003）

作物	防治对象	用药量（制剂量）	施用方式
芹菜	蚜虫	4～8g/亩	喷雾
菠菜	蚜虫	6～8g/亩	喷雾
油菜	蚜虫	4～8g/亩	喷雾
棉花	蚜虫	4～8g/亩	喷雾
柑橘树	蚜虫	10000～12000 倍液	喷雾
西瓜	蚜虫	8～10g/亩	喷雾
烟草	蚜虫	4～8g/亩	喷雾
甘蔗	棉蚜	10000～12000 倍液	喷雾
花卉	蚜虫	4～6g/亩	喷雾
番茄	白粉虱	①7～15g/亩；②0.12～0.2g/株，2000～4000 倍液	①苗期（定植前 3～5 天）喷雾；②灌根
茄子	白粉虱	①7～15g/亩；②0.12～0.2g/株，2000～4000 倍液	①苗期（定植前 3～5 天）喷雾；②灌根

作物	防治对象	用药量（制剂量）	施用方式
辣椒	白粉虱	①7～15g/亩；②0.12～0.2g/株，2000～4000倍液	①苗期（定植前3～5天）喷雾；②灌根
甘蓝	白粉虱	①7～15g/亩；②0.12～0.2g/株，2000～4000倍液	①苗期（定植前3～5天）喷雾；②灌根
黄瓜	白粉虱	10～12.5g/亩	喷雾
马铃薯	白粉虱	8～15g/亩	喷雾
棉花	白粉虱	7～15g/亩	喷雾
水稻	稻飞虱	2～4g/亩	喷雾
豇豆	蓟马	15～20g/亩	喷雾
节瓜	蓟马	8～15g/亩	喷雾
棉花	蓟马	8～15g/亩	喷雾
花卉	蓟马	8～15g/亩	喷雾
柑橘树	介壳虫	4000～5000倍液	喷雾
葡萄	介壳虫	4000～5000倍液	喷雾
茶树	茶小绿叶蝉	4～6g/亩	喷雾
油菜	黄条跳甲	10～15g/亩	喷雾

30%种子处理悬浮剂登记防治小麦苗期蚜虫、玉米蚜虫、马铃薯蚜虫、棉花蚜虫、向日葵蚜虫、水稻蓟马、油菜黄条跳甲，施用方法为拌种，参见PD20160110。

【混用技术】 已登记混剂组合如高效氯氟氰菊酯·噻虫嗪、氯虫苯甲酰胺·噻虫嗪、噻虫嗪·溴氰虫酰胺。

烯啶虫胺（nitenpyram）

【单剂规格】 10%、20%水剂，20%水分散粒剂，30%、50%可溶粒剂，20%、60%可湿性粉剂。首家登记证号LS20052436。

【混用技术】 已登记混剂组合如烯啶虫胺·吡蚜酮、阿维菌素·烯啶虫胺、氟啶虫酰胺·烯啶虫胺。

三、拟除虫菊酯类

第一个拟除虫菊酯类杀虫剂烯丙菊酯 1950 年合成，此后陆续合成了胺菊酯、苄呋菊酯、炔呋菊酯、苯醚菊酯。但它们对光不稳定，尚不能用于田间防治农业害虫。

第一个光稳定的拟除虫菊酯类杀虫剂氯菊酯 1973 年合成。氯氰菊酯、溴氰菊酯、氰戊菊酯 1974 年合成。目前已开发品种近百个。我国先后登记含拟除虫菊酯类杀虫剂的产品逾 15000 个。

拟除虫菊酯类杀虫剂品种众多，特点显著，优点突出，用途广泛，已成为防治农林害虫和卫生害虫的重要杀虫剂类型。

（1）作用方式　目前常用品种均无内吸作用，只有触杀、胃毒作用，且触杀作用强于胃毒作用（故击倒作用强，杀虫速度快），例如氰戊菊酯对斜纹夜蛾的触杀毒力比胃毒毒力大 8～9 倍。因此，施药时只有把药液直接喷到虫体上，或是均匀喷到作物体表面，使作物体表面均匀覆盖一层药剂，害虫在作物体表面爬行沾着药剂抑或吃了带药的作物，才会中毒死亡。

氯氰菊酯具有强触杀和胃毒作用，还有驱避作用，对某些鳞翅目害虫的卵还有一定杀伤作用。氰戊菊酯对害虫主要是触杀作用，也有胃毒和杀卵作用，在致死浓度下有忌避作用，但无熏蒸和内吸作用。

（2）适用范围　许多品种在防治农林害虫和防治卫生害虫两大方面均进行了登记，例如先正达公司共登记高效氯氟氰菊酯单剂产品 6 个，分别用于防治农林害虫和卫生害虫。

醚菊酯登记用于水稻防治稻飞虱、稻象甲，参见 PD149-92。除此之外，其他拟除虫菊酯类品种无一登记用于水稻田。

（3）防治对象　杀虫谱广，对包括咀嚼式、刺吸式口器等在内的多种害虫均有良好防效，例如 1993 年底前 5% S-氰戊菊酯乳油登记作物即多达 8 种、防治对象多达 11 种，参见 PD118-90。农林业上广泛使用的一些拟除虫菊酯类杀虫剂见表 3-14 所示。

氟丙菊酯又叫杀螨菊酯、罗速发，是最早发现的拟除虫菊酯类杀螨剂，对多种害螨具有高活性，对若螨、成螨具有触杀、胃毒作用，曾登记防治柑橘叶螨、苹果叶螨、棉花棉红蜘蛛、茶树茶短须螨、茶树茶小绿叶蝉，参见 LS92009。

多数品种对害螨毒力差，在我国应用较多能兼治害螨的拟除虫菊酯类杀虫剂主要有3种，就防治鳞翅目害虫的活性而言，高效氯氟氰菊酯＞联苯菊酯＞甲氰菊酯；就防治害螨的活性而言，联苯菊酯＞甲氰菊酯＞高效氯氟氰菊酯。三者的施用，均有利于抑制害螨的猖獗，但只能用于虫螨兼治，都不宜作专用杀螨剂。

联苯菊酯：拟除虫菊酯类杀虫、杀螨剂，可有效防治棉花、果树、蔬菜、茶叶等作物上的鳞翅目幼虫、粉虱、潜叶蛾、叶蝉、叶螨等害虫、害螨，用于虫螨并发时，省时省药。

甲氰菊酯：杀虫谱广，持效期长，对多种叶螨有良好效果是其最大特点。可用于棉花等作物上防治鳞翅目等害虫以及多种害螨，尤其在害虫害螨并发时，可虫螨兼治。此药虽有杀螨作用，但不能作为专用杀螨剂使用，只能做替代品种或用于虫螨兼治。

高效氯氟氰菊酯：杀虫谱广，活性较高。对刺吸式口器害虫及害螨有一定防效，但对螨的使用剂量要比常规用量增加1～2倍。此药为杀虫剂兼有抑制害螨作用，因此不要作为杀螨剂专用于防治害螨。

表3-14　农林业上广泛使用的7种拟除虫菊酯类杀虫剂

序号	中文通用名称	商标名称举例	产品规格与登记证号举例
1	联苯菊酯	天王星、虫螨灵	10% EC、2.5% EC，参见 LS87003、PD81-88、LS88010、PD96-89
2	氰戊菊酯	速灭杀丁	20%EC，参见 PD17-86
	S-氰戊菊酯	来福灵	5%EC，参见 LS87009、PD118-90
3	氯氰菊酯	安绿宝、博杀特、赛波凯、阿锐克、韩乐宝、兴棉宝、灭百可	10% EC、25% EC、5% EC，参见 LS83085、PD49-87、PD222-97、LS86019、PD94-89、PD216-97、LS95032、LS84005、PD14-86、PD10-85
	高效氯氰菊酯	歼灭	2.5% EC、5% EC、10% EC，参见 LS97024
	高效反式氯氰菊酯		20%EC，参见 LS20031432
	顺式氯氰菊酯	高效安绿宝、高效灭百可、百事达、快杀敌、奋斗呐	10% EC、5% EC、3% EC、5% WP，参见 LS87004、PD84-88、PD121-90、PD39-87、PD40-87、PD99-89
	zeta-氯氰菊酯	富锐	18.1%EC，参见 LS20011394

序号	中文通用名称	商标名称举例	产品规格与登记证号举例
4	溴氰菊酯	敌杀死、凯安保、凯素灵	2.5%EC、2.5% WP，参见 LS86022、LS84012、PD1-85、PD136-91
5	甲氰菊酯	灭扫利	20%EC，参见 LS86006、PD77-88
6	氯氟氰菊酯		
	高效氯氟氰菊酯	功夫、三氟氯氰菊酯	2.5%EC，参见 PD80-88
	精高效氯氟氰菊酯	安绿丰	1.5%CS，参见 LS20040073
7	氟氯氰菊酯	百树得、百树菊酯	5.7%EC，参见 LS83062、PD140-91
	高效氟氯氰菊酯	保得、保富	2.5% EC、12.5% SC，参见 LS93101、LS99027

注：EC 为乳油；WP 为可湿性粉剂；CS 为微囊悬浮剂；SC 为悬浮剂。

（4）抗性发展　拟除虫菊酯类杀虫剂比较容易引起害虫产生耐药性，而且发展快、水平高，我国黄河中下游地区使用仅三四年，到 1985 年棉花蚜虫就对氰戊菊酯、溴氰菊酯产生了上千倍的抗性，1990 年棉铃虫的抗性也增长到几十倍。2019 年的《全国农业有害生物抗药性监测报告》显示，"目前监测地区棉蚜所有种群对拟除虫菊酯类高效氯氰菊酯、溴氰菊酯均处于高水平抗性（对高效氯氰菊酯抗性倍数＞10000 倍、对溴氰菊酯抗性倍数＞4500 倍）"。

溴氰菊酯（deltamethrin）

【产品名称】　敌杀死、凯素灵、凯安保、粮虫克等。

【产品特点】　具有触杀、胃毒作用（触杀大于胃毒），兼有杀卵效果，对某些害虫的成虫有驱避作用，在低浓度时对幼虫表现出一定的拒食作用。是目前拟除虫菊酯类杀虫剂中杀虫效力最高的一种。

【适用范围】　既可用于农林作物生长期间，也可用于贮运期间，还可用于防治卫生害虫。

【单剂规格】　0.006%粉剂，0.05%毒饵，0.14%长效防蚊帐，

2%水乳剂，2.5%、5%可湿性粉剂，2.5%微乳剂，2.5%、2.8%、25g/L乳油，2.5%、25g/L、50g/L悬浮剂等。制剂首家登记证号PD1-85。

【单用技术】 施用方法多样。

（1）用于农林植物生长期间 适用作物多，防治对象多。25g/L乳油登记情况见表3-15。

表3-15 **25g/L溴氰菊酯乳油登记情况（参见 PD1-85）**

作物/场所	防治对象	用药量（制剂量）	施用方式
小麦	害虫	10～15mL/亩	喷雾
玉米	蚜虫	10～20mL/亩	喷雾
玉米	玉米螟	20～28mL/亩	拌毒沙土撒喇叭口
谷子	黏虫	20～25mL/亩	喷雾
花生	棉铃虫	25～30mL/亩	喷雾
花生	蚜虫	20～25mL/亩	喷雾
大豆	食心虫	16～24mL/亩	喷雾
油菜	蚜虫	10～20mL/亩	喷雾
大白菜	主要害虫	20～40mL/亩	喷雾
茶树	害虫	10～20mL/亩	喷雾
柑橘树	害虫	2500～5000 倍液	喷雾
荔枝树	椿象	3000～5000 倍液	喷雾
苹果树	害虫	2500～5000 倍液	喷雾
梨树	梨小食心虫	2500～5000 倍液	喷雾
棉花	主要害虫	20～40mL/亩	喷雾
烟草	烟青虫	20～24mL/亩	喷雾
森林	松毛虫	①3571～6250 倍液；②1250～2500 倍液	①喷雾；②弥雾、涂药环
荒地	飞蝗	28～32mL/亩	喷雾

（2）用于农林植物或农林产品贮运期间 25g/L乳油登记用于小麦原粮、稻谷原粮，防治仓储害虫，制剂使用量为 20～40mL/1000kg 原粮，施用方式为喷雾或拌糠；参见 PD136-91。喷雾——对

水稀释 50 倍，即 1L 药剂对水 50L，可处理约 50t 原粮。将药液均匀地喷洒在入库输送带的原粮上，边喷边入库。该办法适用于大型粮库。拌糠——将 1L 制剂均匀喷到 50kg 糠上，50kg 药糠约可处理 50t 原粮。将药糠与粮食混匀或每隔 20～30cm 粮食放置一层药糠。该办法适用于农户储粮。一般一次处理可保护储粮 9～12 个月。

（3）用于防治卫生害虫　25g/L 悬浮剂登记用于室内，防治蚊、蝇、跳蚤，制剂使用量为 0.4mL/m²，施用方式为滞留喷洒；防治蜚蠊，制剂使用量为 0.6mL/m²，施用方式为滞留喷洒；参见 WP20170015。建议对水稀释 100 倍（稀释倍数可根据不同表面的吸水量酌情调整，以表面达到湿润为宜），即 10mL 药剂兑水 1L。可喷洒在害虫经常活动和隐藏的地方。为了药效更持久，施药后尽量不要擦洗。

【混用技术】　已登记混剂如 30% 溴氰菊酯·螺虫乙酯悬浮剂（5%＋25%）。

四、有机磷类

20 世纪 30 年代德国拜耳公司首先发现了具有杀虫杀螨作用的有机磷杀虫剂。1943 年第一个有机磷类杀虫剂特普（TEPP）进入市场。对硫磷（代号 1605）1944 年合成，1947 年拜耳公司首先开发；内吸磷（代号 1059）1950 年拜耳公司首先开发。1950～1965 年为此类杀虫剂开发盛期。迄今已有数百个品种问世。但由于毒性、残留等原因，不少品种已被禁用或限用。

截至 2022 年 9 月 30 日，我国禁用的有机磷杀虫剂有 13 种（甲胺磷、对硫磷、甲基对硫磷、久效磷、磷胺、苯线磷、地虫硫磷、甲基硫环磷、硫线磷、蝇毒磷、治螟磷、特丁硫磷、杀扑磷）、限用的有机磷杀虫剂 12 种（甲拌磷、甲基异柳磷、水胺硫磷、氧乐果、灭线磷、内吸磷、硫环磷、氯唑磷、乙酰甲胺磷、乐果、毒死蜱、三唑磷）。甲拌磷、甲基异柳磷、水胺硫磷、灭线磷自 2024 年 9 月 1 日起禁止使用，届时禁用的有机磷杀虫剂将多达 17 种。

2022 年 3 月 16 日农业农村部公告第 536 号规定，"自 2022 年 9 月 1 日起，撤销甲拌磷、甲基异柳磷、水胺硫磷、灭线磷原药及制剂产品的农药登记，禁止生产。已合法生产的产品在质量保证期内可以销售和使用，自 2024 年 9 月 1 日起禁止销售和使用"。

目前仍然取得登记的有机磷杀虫剂有倍硫磷、丙溴磷、哒嗪硫磷、稻丰散、敌百虫、敌敌畏、毒死蜱、二嗪磷、伏杀硫磷、甲基嘧啶磷、喹硫磷、乐果、氯胺磷、马拉硫磷、三唑磷、杀螟硫磷、双硫磷、硝虫硫磷、辛硫磷、亚胺硫磷、氧乐果、乙酰甲胺磷等 20 余种。

有机磷杀虫剂品种繁多，历史悠久，使用广泛，存在抗药性和交互抗药性问题，因此目前它们的防效较早前资料所说的有所降低，持效期有所缩短，使用时需要注意。

倍硫磷（fenthion）

【产品名称】 百治屠等。

【产品特点】 具有触杀、胃毒作用。有一定的渗透作用，但无内吸传导作用。杀虫谱广，对螨类也有效。持效期达 40 天左右。

【单剂规格】 5％颗粒剂，50％乳油，50％微乳剂。制剂首家登记证号 PD86167。

丙溴磷（profenofos）

【产品名称】 库龙、赛立克等。

【产品特点】 具有触杀、胃毒作用。虽无内吸作用，但有横向转移的能力，故可以杀死未着药一侧叶片上的害虫。有一定杀卵作用，表现为卵孵化抑制率并不高，但对初孵幼虫杀伤力强，这是因为初孵幼虫首先会吃掉卵壳，因把沾在卵壳上的药剂吃掉而被杀死。防治多种害虫害螨。

哒嗪硫磷（pyridaphenthione）

【产品名称】 哒净松等。

【产品特点】 具有触杀、胃毒作用。杀虫谱广，之前对水稻害虫、棉叶螨防效特别突出。

【单剂规格】 20％乳油。制剂首家登记证号 PD85139。

稻丰散（phenthoate）

【产品名称】 爱乐散、益尔散等。

【产品特点】 具有触杀、胃毒作用。适用于水稻、棉花、果树、蔬菜等作物。

【单剂规格】 40％、50％、60％乳油。制剂首家登记证号 PD34-87。

敌百虫（trichlorfon）

【产品特点】 具有很强的胃毒作用，兼有触杀作用。对植物有渗透性，但无内吸传导作用。在弱碱液中可变成敌敌畏，但很不稳定，很快分解失效。防治多种咀嚼式口器害虫，也可防治卫生害虫和家畜寄生虫。

【单剂规格】 30％、40％乳油，80％、90％可溶粉剂。制剂首家登记证号 PD85162。

敌敌畏（dichlorvos）

【产品特点】 具有熏蒸、胃毒、触杀作用。蒸气压高，对害虫击倒力强。防治多种咀嚼式、刺吸式口器害虫。易分解，残效期短。

【适用范围】 适用于茶、桑、烟草、蔬菜和临近收获的果树，也可防治卫生害虫、仓储害虫。

【单剂规格】 48％、50％、80％乳油，80％、90％可溶液剂，2％烟剂。制剂首家登记证号 PD85105。

毒死蜱（chlorpyrifos）

【产品名称】 乐斯本、毒丝本、杀死虫蓝珠等。

【产品特点】 具有触杀、胃毒、熏蒸作用。在叶片上存留时间不长，但在土壤中存留期则较长，因此对地下害虫防效较好。在推荐剂量下对多数作物安全，但对烟草敏感。防治多种害虫害螨。

【单剂规格】 0.5％颗粒剂，25％微乳剂，30％微囊悬浮剂，40％、480g/L乳油。制剂首家登记证号 PD47-87。

【注意事项】 目前已禁止在蔬菜上应用。

二嗪磷 （diazinon）

【产品名称】 地亚农、二嗪农等。

【产品特点】 具有触杀、胃毒、熏蒸和一定的内吸作用。

【单剂规格】 0.1％、4％、5％、10％颗粒剂，20％超低容量液剂，25％、30％、50％、60％乳油，40％微囊悬浮剂等。制剂首家登记证号 PD68-88。

【单用技术】 25％乳油登记用于水稻，防治二化螟、三化螟，每亩用 160～240mL；参见 PD20083110。使用敌稗除草剂前后 2 周内不得施用本品。5％颗粒剂登记用于花生，防治蛴螬，每亩用 800～1200g；用于白术，防治小地老虎，每亩用 2000～3000g；参见 PD20082315。

伏杀硫磷 （phosalone）

【产品名称】 佐罗纳等。

【产品特点】 以触杀、胃毒作用为主。对植物有渗透性，但无内吸传导作用。药效发挥速度较慢，持效期约 14 天。防治多种害虫并兼治螨类。

【单剂规格】 35％乳油。制剂首家登记证号 PD52-87。

甲拌磷 （phorate）

【产品名称】 三九一一等。

【产品特点】 本品为内吸性药剂，有触杀、胃毒、熏蒸作用。对刺吸式、咀嚼式口器害虫都有效，但对鳞翅目幼虫药效较差。

【单剂规格】 5％颗粒剂，30％粉剂，60％乳油。制剂首家登记证号 PD84101。

甲基嘧啶磷 （pirimiphos-methyl）

【产品名称】 安得利等。

【产品特点】 兼有胃毒、熏蒸作用。在木材、麻袋、砖石等惰性物面上药效持久，在原粮和其他农产品上可较好地保持生物活性；在高温和较高湿度下是相当稳定的谷物防虫保护剂。主要用于防治仓储害虫。

【单剂规格】 0.5％、1％颗粒剂，20％水乳剂，30％微囊悬浮剂，5％粉剂，55％乳油。制剂首家登记证号 PD85-88。

喹硫磷（quinalphos）

【产品名称】 爱卡士、喹噁磷等。

【产品特点】 具有胃毒、触杀作用。有良好的渗透性。有一定杀卵作用。在植物上降解速度快，持效期短。杀虫谱广。

【单剂规格】 10％、25％乳油。制剂首家登记证号 LS83043。

乐果（dimethoate）

【产品特点】 本品为内吸性药剂，具有强烈的触杀、一定的胃毒作用。用于防治多种刺吸式口器害虫。对螨类也有一定防效。

【单剂规格】 1.5％粉剂，40％、50％乳油。制剂首家登记证号 PD85120。

氯胺磷（chloramine phosphorus）

【产品特点】 具有触杀、胃毒和熏蒸作用，并有一定的内吸作用，对螨类还有杀卵作用。

【单剂规格】 30％乳油。制剂首家登记证号 LS20051354。

马拉硫磷（malathion）

【产品名称】 马拉松、防虫磷等。

【产品特点】 有良好的触杀和一定的熏蒸作用。持效期短，对刺吸式、咀嚼式口器害虫都有效。

【单剂规格】 1.2％、1.8％粉剂，45％、70％乳油等。制剂首家登记证号 PD84105。

【单用技术】 1.2％粉剂登记用于仓储原粮，防治储粮害虫，施用方法为撒施（拌粮）；参见 PD20085944。

【混用技术】 已登记混剂逾 250 个，如 20％高效氯氰菊酯·马拉硫磷乳油。

三唑磷（triazophos）

【产品特点】　具有较强的触杀、胃毒作用，并可渗入植物组织，但不是内吸作用。防治多种害虫害螨。

【单剂规格】　15％微乳剂，15％水乳剂，20％、40％乳油。制剂首家登记证号 LS92311。

杀螟硫磷（fenitrothion）

【产品特点】　具有触杀、胃毒作用。持效期中等。

【防治对象】　早前对三化螟等鳞翅目幼虫有特效。防治多种害虫，也可防治棉花红蜘蛛，但杀卵活性低，对仓储害虫也有效。

【单剂规格】　0.8％饵剂，45％、50％乳油。制剂首家登记证号 PD84102。

【注意事项】　对萝卜、油菜、青菜、卷心菜等十字花蔬菜和高粱易产生药害，使用时需注意。

双硫磷（temephos）

【单剂规格】　1％颗粒剂，50％乳油。制剂首家登记证号 WL20040238。

【单用技术】　1％颗粒剂登记用于防治卫生害虫孑孓，制剂用量为干净水 $0.5\sim1g/m^2$，中度污染水 $1\sim2g/m^2$，高度污染水 $2\sim5g/m^2$，施用方法为投入水中；参见 WP20080054。

水胺硫磷（isocarbophos）

【产品特点】　具有触杀、胃毒和杀卵作用。持效期 $7\sim14$ 天。在土壤中持久性差，易于分解。

【防治对象】　对鳞翅目、同翅目害虫和螨类等具有很好防效。

【单剂规格】　20％、40％乳油。制剂首家登记证号 PD88101。

硝虫硫磷（xiaochongliulin）

【产品特点】 具有触杀、胃毒作用，兼具杀卵作用。有较强的渗透作用。

【单剂规格】 20％水乳剂，30％乳油。制剂首家登记证号 LS20020408。

【单用技术】 30％乳油登记用于柑橘，防治矢尖蚧，在第一代若虫高峰期后、二龄若虫始发期开始施药，稀释 600～800 倍；参见 PD20080772。每季最多使用 2 次，安全间隔期 28 天。

辛硫磷（phoxim）

【产品特点】 以触杀、胃毒作用为主，对害虫卵也有一定杀伤作用。击倒力强。因对光不稳定，很快分解失效，所以持效期短，叶面喷雾一般持效期仅 2～3 天。施入土中则持效期很长，可达 1～2 个月。适合用于防治地下害虫，也可用于防治仓储害虫和卫生害虫。

【单剂规格】 0.3％、3％、5％、10％ 颗粒剂，20％ 微乳剂，30％、35％微囊悬浮剂，40％、50％、70％乳油等。制剂首家登记证号 PD84157。

亚胺硫磷（phosmet）

【产品特点】 具有触杀、胃毒作用。用于水稻、棉花等多种作物防治害虫，并兼治叶螨。持效期较长。

【单剂规格】 20％乳油。制剂首家登记证号 PD84112。

氧乐果（omethoate）

【产品名称】 氧化乐果等。

【产品特点】 具有较强的内吸、触杀和一定的胃毒作用。击倒力强。防治多种害虫害螨。在低温下仍能保持较强灭杀活性。

【单剂规格】 40％乳油。制剂首家登记证号 PD84111。

乙酰甲胺磷 （acephate）

【产品名称】 高灭磷等。

【产品特点】 本品为内吸性杀虫剂，具有胃毒、触杀作用，并可杀卵，有一定的熏蒸作用。施药后初期药效缓慢，2～3天效果显著，后期药效强。防治多种咀嚼式、刺吸式口器害虫和害螨。

【单剂规格】 1％、2％、2.5％、3％饵剂，20％、30％、40％乳油，25％可湿性粉剂，75％、90％、92％、95％可溶粉剂，97％水分散粒剂等。制剂首家登记证号PD86138。

【单用技术】 30％乳油登记用于水稻，防治螟虫，于卵孵高峰期至低龄幼虫1～3龄期施药，每亩用100～125mL；防治叶蝉，于若虫发生高峰期施药，每亩用100～125mL。用于棉花，防治棉铃虫，于卵孵盛期至低龄幼虫钻蛀期间施药，每亩用100～125mL；防治棉蚜，于蚜虫发生期施药，每亩用100～125mL。用于玉米，防治玉米螟、黏虫（于1～3龄幼虫期施药），稀释500～1000倍。视虫情可连续施药2次，间隔期7天。参见PD86152-3。施药后应设立警示标志，注明施药时间，并注明施药后48h才允许人畜进入。

97％水分散粒剂登记用于棉花，防治棉铃虫，在棉铃虫卵孵盛期或低龄幼虫1～2龄幼虫盛期施药，每亩用50～60g；防治盲椿象，每亩用45～60g；参见PD20130218。每季最多使用1次，安全间隔期21天。施药后应设立警示标志，人畜允许进入的间隔时间为8h。

五、氨基甲酸酯类

地麦威1951年合成，次年发现其杀虫活性。甲萘威1953年合成，1956年投产，这是真正成为商品并被广泛应用的第一个氨基甲酸酯类杀虫剂。涕灭威、灭多威、克百威、抗蚜威、丁硫克百威分别于1965年、1966年、1967年、1969年、1974年开发。通过抑制昆虫体内乙酰胆碱酯酶，阻断正常神经传导，引起整个生理生化过程失调，使昆虫中毒死亡。目前涕灭威、灭多威、克百威等已被限制使用。

丙硫克百威 （benfuracarb）

【产品名称】 安克力等。

【产品特点】 是一种具有广谱、内吸作用的杀虫剂，对害虫以胃毒作用为主。

【单剂规格】 5％颗粒剂，20％乳油，5％种子处理乳剂。制剂首家登记证号 PD115-90。

【单用技术】 5％颗粒剂曾登记用于水稻，防治二化螟，每亩用 2000～2500g；用于棉花，防治蚜虫，每亩用 2000g。

丁硫克百威（carbosulfan）

【产品名称】 好年冬等。

【产品特点】 具有触杀、胃毒和内吸作用。持效期长。杀虫谱广。

【单剂规格】 5％、10％颗粒剂，5％、20％、200g/L 乳油，35％种子处理干粉剂，40％水乳剂，47％种子处理乳剂。制剂首家登记证号 LS90012。

【单用技术】 20％乳油登记用于水稻，防治三化螟、褐飞虱，每亩用 200～250mL，喷雾；用于棉花，防治蚜虫，每亩用 30～60mL；参见 PD194-94。

噁虫威（bendiocarb）

【产品名称】 快康、高卫士等。

【产品特点】 具有触杀、胃毒和一定内吸作用。

【单剂规格】 20％、80％可湿性粉剂。制剂首家登记证号 WL96604。

【防治对象】 用于节瓜，防治蓟马；用于防治害虫蚊、蝇、蜚蠊等。

混灭威（dimethacarb）

【产品特点】 本品由 2 种同分异构体混合而成。具有强烈的触杀作用。击倒速度快，一般施药后 1h 左右大部分害虫即跌落水中。但持效期只有 2～3 天。药效不受温度影响，低温下仍有很好防效。

【单剂规格】 3％粉剂，25％乳粉，50％乳油。制剂首家登记证号 PD84114。

【单用技术】 50％乳油登记用于水稻，防治飞虱、叶蝉，每亩用50～100mL，喷雾；参见 PD85168。

甲萘威 （carbaryl）

【产品名称】 西维因、胺甲萘等。

【产品特点】 具有触杀、胃毒作用。见效较慢，一般在施药后 2 天才开始发挥药效，持效期 7 天左右。

【单剂规格】 25％、85％可湿性粉剂，5％颗粒剂。制剂首家登记证号 PD85171。

【单用技术】 25％可湿性粉剂登记用于水稻，防治飞虱、叶蝉，每亩用 200～260g；用于豆类，防治造桥虫，每亩用 200～260g；用于棉花，防治蚜虫、红铃虫，每亩用 100～260g；用于烟草，防治烟青虫，每亩用 100～260g；参见 PD85171。

5％颗粒剂登记用于水稻，防治二化螟、稻蓟马、稻瘿蚊，每亩用 2500～3000g，施用方法为撒施；参见 PD20141017。另有厂家登记用于甘蓝，防治蜗牛，每亩用 2750～3000g；参见 PD20150612。

【注意事项】 瓜类对本品敏感，易发生药害。

抗蚜威 （pirimicarb）

【产品名称】 辟蚜雾等。

【产品特点】 具有触杀、熏蒸和渗透叶面作用。见效迅速，施药后数分钟即可迅速杀死蚜虫，因而对预防蚜虫传播的病毒病有较好的作用。持效期短。对作物安全，对蜜蜂安全，不伤天敌（因保护了天敌，可有效地延长对蚜虫的控制期）。

【单剂规格】 25％、50％水分散粒剂，25％、50％可湿性粉剂。制剂首家登记证号 PD38-87。

【防治对象】 登记用于小麦、大豆、油菜、甘蓝、烟草等防治蚜虫。

克百威 （carbofuran）

【产品名称】 呋喃丹、大扶农等。

【产品特点】 本品是一种广谱、内吸性杀虫剂、杀线虫剂，具有触杀、胃毒作用。作用机理是抑制胆碱酯酶，但与其他氨基甲酸酯类品种不同的是，它与胆碱酯酶的结合不可逆，因此毒性甚高。能被植物根系吸收，并能输送到植株各器官，以叶部积累较多，特别是叶缘，而果实中较少。在土壤中半衰期为 30～60 天。稻田水面撒药，残效期较短，若施于土壤中则残效期较长。在棉花、甘蔗田药效期可维持 40 天左右。

【单剂规格】 3％颗粒剂，35％种子处理剂等。制剂首家登记证号 PD11-86。

【单用技术】 3％颗粒剂曾登记用于水稻，防治螟虫、瘿蚊，每亩用 2000～3000g，施用方法为撒施；用于棉花，防治蚜虫，每亩用 1500～2000g，施用方法为条施或沟施；用于花生，防治线虫，每亩用 4000～5000g，施用方法为条施或沟施；参见 PD20085339。水稻每季最多使用 2 次，安全间隔期为 60 天；棉花、花生每季最多使用 1 次。

【注意事项】 施药后需设立警示标志，允许人畜进入的间隔时间为 2 天。注意在稻田不能与敌稗等除草剂同时混用。

硫双威（thiodicarb）

【产品名称】 拉维因、硫双灭多威等。

【产品特点】 它是在灭多威的基础上进一步改进而来的，即通过一个硫醚链连接两个灭多威分子，形成双氨基甲酸酯类。以胃毒作用为主，兼具触杀作用。杀虫作用发挥较慢，一般施药后 2～3 天才达到最高药效；在规定剂量下，持效期 7～10 天。既能杀卵，也能杀幼虫和某些成虫。杀卵活性极高，表现在以下方面：药液接触未孵化的卵，可阻止卵的孵化或孵化后幼虫发育到 2 龄前即死亡；施药后 3 天内产的卵不能孵化或不能完成幼期发育；卵孵后出壳时因咀嚼卵膜而能有效地毒杀初孵幼虫。

【防治对象】 能防治许多鳞翅目害虫和部分鞘翅目、双翅目害虫，但对蚜虫、飞虱、叶蝉、蓟马、螨类等基本无效。

【单剂规格】 25％、75％、80％可湿性粉剂，350g/L、375g/L、37.5％悬浮剂，375g/L 悬浮种衣剂，50％种子处理悬浮剂，80％水分散粒剂等。制剂首家登记证号 PD173-93。

【单用技术】 80％水分散粒剂登记用于棉花，防治棉铃虫，每亩用 35～45g，兑水 40～50L 喷雾；参见 PD20121843。在棉铃虫产卵比较集中、孵化相对整齐的情况下，于卵孵盛期用药；如用于防治棉铃虫大龄幼虫，则应选用推荐剂量的高量。

【混用技术】 已登记混剂如 50％吡虫啉·硫双威种子处理悬浮剂（12.5％＋37.5％）。

灭多威（methomyl）

【产品名称】 万灵等。

【产品特点】 具有很强的触杀、胃毒作用。对许多鳞翅目害虫还具有良好的杀卵作用。杀虫作用发挥很快，一般施药后 1h 内见效，2 天内达到最高药效，但持效期一般仅 3～4 天。

【单剂规格】 10％、20％可湿性粉剂，10％、20％、40％、90％可溶粉剂，20％、40％乳油，24％可溶液剂。制剂首家登记证号 PD133-91。

【防治对象】 曾登记用于棉花，防治棉铃虫、蚜虫；用于烟草，防治烟青虫。

【单用技术】 20％乳油登记用于棉花，防治棉铃虫，每亩用 50～75mL；防治蚜虫，每亩用 25～50mL；参见 PD20082884。90％可溶粉剂登记用于棉花，防治棉铃虫，每亩用 15 ～ 18g；参见 PD20082013。

速灭威（metolcarb）

【产品特点】 具有触杀、熏蒸作用。击倒力强，持效期较短，一般只有 3～4 天。对稻田蚂蟥有良好杀伤作用。

【单剂规格】 20％乳油，25％、70％可湿性粉剂。制剂首家登记证号 PD85136。

【单用技术】 25％可湿性粉剂登记用于水稻，防治飞虱、叶蝉，每亩用 100～200g，施用方法为喷雾；每季最多使用 3 次，安全间隔期 14 天（南方）、不少于 25 天（北方）；参见 PD85136。

【注意事项】 某些水稻品种对本品敏感，施药前应做试验，以免发生药害。

异丙威 （isoprocarb）

【产品名称】 叶蝉散、灭扑威等。

【产品特点】 具有较强的触杀作用。击倒力强，见效迅速，但持效期较短，一般只有 3～5 天。可兼治蓟马、蚜螨。

【单剂规格】 2%、4%、10%粉剂，10%、20%烟剂，20%乳油，20%悬浮剂，40%可湿性粉剂。制剂首家登记证号 LS84105。

【单用技术】 20%乳油登记用于水稻，防治飞虱、叶蝉，于害虫发生始盛期施药，每亩用 150～200mL，喷雾；每季最多使用 3 次，安全间隔期 14 天；参见 PD86148。

【注意事项】 本品对薯类有药害，不宜使用。不能与敌稗同时混用，前后使用须间隔 10 天以上，否则易引起药害。

仲丁威 （fenobucarb）

【产品名称】 巴沙、扑杀威等。

【产品特点】 具有强烈的触杀作用，并具有一定胃毒、熏蒸和杀卵作用。见效迅速，但持效期短，一般只能维持 4～5 天。

【单剂规格】 20%、25%、50%、80%乳油，20%微乳剂，20%水乳剂。制剂首家登记证号 PD86133。

【单用技术】 25%乳油登记用于水稻，防治飞虱、叶蝉，于害虫发生始盛期施药，每亩用 100～150mL，兑水 50～70kg 喷雾；参见 PD86133。

六、沙蚕毒素类

1941 年日本人从沙蚕体内找到了具有杀虫作用的物质，取名为沙蚕毒素，1962 年确定了其化学结构。第一个沙蚕毒素类杀虫剂杀螟丹 1965 年合成。杀虫双日本 1970 年合成，中国 1974 年开发。目前开发的品种有杀虫安、杀虫单、杀虫单铵、杀虫丁、杀虫环、杀虫磺、杀虫双、杀螟丹、多噻烷等。

杀虫安 （profurite-aminium）

【产品特点】 本品与杀虫双的分子结构基本骨架相同，不同之处是杀虫安为铵盐、杀虫双为钠盐。

【单剂规格】 18%水剂，50%、78%可溶粉剂。制剂首家登记证号 LS96441。

杀虫单 （monosultap）

【产品名称】 杀虫丹、单钠盐等。

【产品特点】 本品与杀虫双的化学结构极为相似，不同之处是杀虫单为单钠盐、杀虫双为双钠盐。二者作用机理、防治对象、使用方法等相同。由于杀虫单的分子量比杀虫双小，在同等剂量时，杀虫单的分子个数比杀虫双多，所以药效更好些。

【单剂规格】 3.6%颗粒剂，20%水乳剂，45%、50%、80%、90%、95%可溶粉剂，50%泡腾粒剂等。制剂首家登记证号 LS92350。

【防治对象】 登记用于水稻，防治二化螟、三化螟、蓟马等。

【混用技术】 已登记混剂如 60%吡虫啉·杀虫单可湿性粉剂（2%＋58%）。

杀虫单铵

【产品特点】 杀虫安为双铵盐，杀虫单铵为单铵盐，二者作用机理、生物活性、杀虫谱、应用范围、使用方法等均相似。

【单剂规格】 单剂规格 60%可溶粉剂，制剂首家登记证号 LS992304，用于水稻，防治三化螟。

杀虫环 （thiocyclam-hydrogenoxalate）

【产品名称】 易卫杀等。

【产品特点】 具有触杀和胃毒作用，并有一定的内吸作用，且能杀卵。杀虫性能与杀虫双、杀螟丹相同，但对害虫作用迟缓，中毒轻的害虫能复活。持效期短。

【单用技术】　50％可溶粉剂登记用于水稻，防治二化螟、三化螟、稻纵卷叶螟，每亩用50～100g；用于大葱，防治蓟马，每亩用35～40g；参见PD44-87。

【混用技术】　已登记混剂如28％啶虫脒·杀虫环可湿性粉剂（3％＋25％）。

杀虫双（bisultap）

【产品特点】　具有胃毒、触杀、内吸和一定的熏蒸、杀卵作用。本品是神经毒剂，能使昆虫的神经对于外来的刺激不产生反应，因而昆虫中毒后不出现兴奋现象，只表现瘫痪麻痹状态。据观察，昆虫接触和取食药剂后，最初并无任何反应，但表现出迟钝、行动缓慢、失去侵害作物的能力、停止发育、虫体软化、瘫痪，直至死亡。

本品具有很强的内吸作用，能被作物叶、根等吸收和传导。通过根部吸收的能力比叶片吸收要大得多。据测定，被根部吸收1天后即可分布到整个植株的各个部位，而叶部吸收要经过4天才能传送到整个地上部分。

【单剂规格】　3.6％大粒剂，18％、20％、25％、29％、36％水剂，18％可溶液剂等。制剂首家登记证号PD84104。

【单用技术】　可作茎叶处理，也可作土壤处理。登记用于水稻、小麦、玉米、甘蔗、果树、蔬菜等，防治多种害虫。在水稻田防治螟虫，若使用液体产品，于卵孵化盛期施药最佳，施药时田间要有3～5cm浅水层，喷于稻株下部；防治蓟马、稻纵卷叶螟要喷叶面和叶顶部。在水稻田防治螟虫，若使用粒剂产品，于卵孵化盛期施药最佳，施药时田间要有3～5cm浅水层，施药后保水5～7天，切忌干田用药，以免影响药效。

【混用技术】　已登记混剂如26％甲氨基阿维菌素苯甲酸盐·杀虫双微乳剂（0.5％＋25.5％）、22％井冈霉素·杀虫双水剂（2％＋20％）。

杀螟丹（cartap）

【产品名称】　巴丹、派丹等。

【产品特点】　是第一个商品化的沙蚕毒素类杀虫剂品种。具有触杀和胃毒作用，并有一定的内吸、杀卵作用。对鳞翅目、鞘翅目、半翅目、双翅目等多种害虫具有较强的杀虫效果而且持效时间较长。

【单剂规格】 50％、95％、98％可溶粉剂，0.8％、4％、6％颗粒剂等。制剂首家登记证号 PD20-86。

【单用技术】 98％可溶粉剂登记用于水稻，防治二化螟，每亩用40～60g；用于甘蓝、白菜，防治菜青虫，每亩用 30～40g，防治小菜蛾，每亩用 30～50g；用于柑橘，防治潜叶蛾，稀释 1800～1960倍；用于茶树，防治茶小绿叶蝉，稀释 1500～2000 倍；用于甘蔗，防治螟虫，稀释 6500～9800 倍；参见 PD72-88。

【混用技术】 已登记混剂如 7％ 吡虫啉·杀螟丹颗粒剂（1％＋6％）。

七、苯甲酰脲类

20 世纪 70 年代，人们在寻找新除草剂时，合成了一个苯甲酰脲类新化合物，意外发现它对昆虫具有一种特殊生物活性，即它被昆虫摄入以后，昆虫不能正常蜕皮，出现畸形，直至死亡。其作用机制是抑制昆虫几丁质合成。除虫脲于 1972 年发现，灭幼脲于 1976 年在中国开发，1979 年日本公司获得氟啶脲合成专利权。

目前开发的品种有除虫脲（1975 年）、灭幼脲、杀铃脲（1979年）、氟苯脲（1986 年）、氟啶脲（1989 年）、氟铃脲（1989 年）、虱螨脲（1993 年）、氟虫脲（1989 年）、氟酰脲（1999 年）。

苯甲酰脲类对昆虫主要是胃毒作用，兼有一定的触杀作用。作用机理是抑制昆虫几丁质合成。本品进入虫体后，抑制幼虫表皮几丁质的合成，使虫子长不出新皮，而死于蜕皮障碍。有的不能蜕皮，立即死亡；有的头、胸背面能蜕皮，而口器、胸腹面、胸足、腹部很难蜕皮；少数幼虫虽能蜕皮，但长出的新皮薄而脆，易破，体液流出而死亡；有些 5 龄幼虫，在蜕皮前取食药剂后，由于新皮已经长成，虽能蜕皮进入 6 龄，但老熟幼虫难于蜕皮化蛹；6 龄幼虫取食药剂后，不能蜕皮化蛹，或头胸蜕皮为蛹态而腹部仍保持幼虫态，形成畸形的半幼虫半蛹的中间类型。各龄幼虫吃药后都可被杀死，但中毒后不再取食为害，却不会立即死亡，一般要在施药后 4～5 天害虫蜕不了皮才会大量死亡。成虫不蜕皮，故此类药剂对成虫无效。但对成虫有不育作用，使之产卵量减少，所产卵孵化率降低。能抑制卵内胚胎发育过程中几丁质的形成，使卵不能孵化。

杀虫作用缓慢，一般要在施药后 4～5 天害虫才会大量死亡，有的甚至要长达 7～15 天，因此施药应掌握在幼虫低龄期，施药过迟防效下降。当害虫严重发生时，应与速效性药剂混用。

噻嗪酮、灭蝇胺虽然从化学结构上看不属于苯甲酰脲类，但它的作用机理与苯甲酰脲类相同，都是抑制昆虫几丁质合成。

除虫脲（diflubenzuron）

【产品名称】 敌灭灵、灭幼脲一号等。

【产品特点】 对鳞翅目害虫有特效（但对棉铃虫防效不好），对双翅目害虫、鞘翅目害虫和柑橘锈螨等多种害虫害螨也有效。

【单剂规格】 5％乳油，5％、25％可湿性粉剂，20％、40％悬浮剂。首家登记证号 PD127-90。

氟苯脲（teflubenzuron）

【产品名称】 农梦特、伏虫隆等。

【产品特点】 对害虫的毒力较其他品种高；杀虫速度稍快，药后第 2 天开始显效；持效期相对较短。

【单剂规格】 曾有 300g/L 悬浮剂获准登记，登记证号 EX20220066，但仅限出口到巴拉圭。

氟虫脲（flufenoxuron）

【产品名称】 卡死克等。

【产品特点】 除了具有苯甲酰脲类一般特性外，还具有自己的特点。能防治多种鳞翅目害虫，对叶螨属、全爪螨属等多种螨类也有良好防效。杀幼螨、若螨效果好，对成螨效果差；虽不能直接杀死成螨，但能使接触药液的雌成螨不育或产卵量减少，所产的卵不孵化或孵化出的幼螨很快死亡。杀虫速度慢，一般药后 10 天左右药效才明显上升，但持效期长，对鳞翅目害虫持效期达 15～20 天，对螨可达 30 天以上。

【单剂规格】 50g/L 可分散液剂，10％悬浮剂。首家登记证号 LS90023。

【混用技术】 已登记混剂组合如 20％氟虫脲・炔螨特微乳剂（1％＋19％）。

氟啶脲（chlorfluazuron）

【产品名称】 抑太保、定虫脲、定虫隆等。

【产品特点】 作用速度较慢，幼虫接触药剂后不会很快死亡，但取食活动明显减弱，一般在药后 5～7 天才能充分发挥药效。对多种鳞翅目害虫和直翅目、鞘翅目、膜翅目、双翅目等害虫有很高活性。

【单剂规格】 0.1％浓饵剂，5％乳油，25％悬浮剂。首家登记证号 PD141-91。

【混用技术】 已登记混剂组合如 22％氟啶虫酰胺・氟啶脲悬浮剂（17.6％＋4.4％）。

氟铃脲（hexaflumuron）

【产品名称】 六伏隆、盖虫散、抑杀净、伏虫灵、果蔬保、太宝等。

【产品特点】 以胃毒作用为主，兼有触杀、拒食作用。药后幼虫食叶量大幅度降低，基本不再造成为害，待 3～5 天才显示杀虫效果，7 天后达到药效高峰，持效期 15 天左右。

【单剂规格】 5％乳油，10％、20％悬浮剂，20％水分散粒剂。首家登记证号 LS20021599。

【混用技术】 已登记混剂组合如 4％氟铃脲・甲氨基阿维菌素苯甲酸盐乳油（3.5％＋0.5％）。

氟酰脲（novaluron）

【单剂规格】 曾有 10％乳油获准登记，首家登记证号 WL20100109，但专供出口，不得在国内销售。

【混用技术】 已登记混剂组合如 10％氟酰脲・联苯菊酯悬浮剂（5％＋5％）。

灭幼脲 （chlorbenzuron）

【产品名称】 灭幼脲3号、苏脲1号、降蛾风等。

【单剂规格】 20％、25％悬浮剂，25％可湿性粉剂。首家登记证号 LS87309。

【混用技术】 已登记混剂组合如 30％阿维菌素·灭幼脲悬浮剂（1％＋29％）。

虱螨脲 （lufenuron）

【产品名称】 美除等。

【产品特点】 对害虫主要是胃毒作用，有一定的触杀作用，但无内吸作用。属于昆虫几丁质合成抑制剂，能使昆虫不能正常蜕皮变态而死亡，还能杀卵和减少成虫产卵量。能防治鳞翅目害虫、粉虱、锈螨等。一般药后2～3天见效，高龄幼虫受药后虽能见到虫子，但虫口大大减少，并停止取食，3～5天后死亡，无须补喷其他杀虫剂。

【单剂规格】 5％水乳剂，5％、10％悬浮剂，10％水分散粒剂，50g/L、20％乳油，首家登记证号 LS20050852。

【单用技术】 施药适期较宽（害虫各虫态均可使用），以产卵初期至幼虫3龄前使用为佳。在作物旺盛生长期或害虫世代重叠时，可间隔7～10天再施药1次。登记情况见表3-16。

表3-16　50g/L 虱螨脲乳油登记情况 （参见 PD20070344）

作物	防治对象	用药量（制剂量）	施用方式
甘蓝	甜菜夜蛾	30～40mL/亩	喷雾
玉米	草地贪夜蛾	40～60mL/亩	喷雾
柑橘	潜叶蛾	1500～2500 倍液	喷雾
苹果	小卷叶蛾	1000～2000 倍液	喷雾
马铃薯	马铃薯块茎蛾	40～60mL/亩	喷雾
菜豆	豆荚螟	40～50mL/亩	喷雾
番茄	棉铃虫	50～60mL/亩	喷雾

作物	防治对象	用药量（制剂量）	施用方式
棉花	棉铃虫	50～60mL/亩	喷雾
柑橘	锈壁虱	1500～2500倍液	喷雾

【混用技术】　已登记混剂组合如 10％甲氨基阿维菌素苯甲酸盐·虱螨脲悬浮剂（2％＋8％）、18％虫螨腈·虱螨脲悬浮剂（15％＋3％）。

八、有机氯类

有机氯类杀虫剂是发现和应用最早的一类人工合成杀虫剂。20世纪 40～70 年代全世界广泛应用，在防治农林、卫生害虫方面发挥过重要作用。70 年代后大部分品种相继被禁用或限用。

滴滴涕是第一个人工合成杀虫剂，1874 年合成，1939 年发现其杀虫活性，1940 年瑞士嘉基公司开始生产。六六六 1825 年合成，1941 年发现其杀虫活性。我国 1944 年开始合成滴滴涕，1946 年有少量试生产，1949 年开始研究六六六，1951 年投入工业化生产。

我国滴滴涕产品首家登记证号为 PD84128，六六六原粉为 PD84126，林丹为 PD84127，三氯杀虫酯 20％乳油为 PD86136，毒杀芬 50％乳油为 PD85115，氯丹 50％乳油为 PD85161，硫丹 35％乳油为 LS94514。

三氯杀虫酯还有 1 个产品在登记状态（2026 年 10 月截止），三氯杀螨砜、氯丹登记全部失效，六六六、滴滴涕、毒杀芬、艾氏剂、狄氏剂、林丹、三氯杀螨醇、硫丹等已被列入我国禁止生产和使用的农药品种名单。10 多个有机氯类杀虫剂圆满完成其历史使命，即将悉数退出杀虫剂历史舞台。

九、其他

有的资料还分出了双酰肼类（如抑食肼、虫酰肼、环虫酰肼、呋喃虫酰肼、甲氧虫酰肼）、吡唑类（如氟虫腈）等类型。

苯氧威（fenoxycarb）

【产品特点】 具有触杀、胃毒作用。作用位点较多，不仅能抑制胆碱酯酶活性，还具有强烈的保幼活性，阻止昆虫蜕皮和发育成熟，是一种优良的昆虫生长调节剂。对多种昆虫有强烈的保幼活性，可杀卵、控制成虫期的变态和幼虫期的蜕皮，造成幼虫后期或蛹期死亡。

【单剂规格】 5%粉剂，250g/L悬浮剂。制剂首家登记证号LS20001398。

【单用技术】 5%粉剂曾登记用于仓储原粮，防治仓储害虫。250g/L悬浮剂登记用于柑橘，防治潜叶蛾，于卵孵盛期或低龄幼虫钻蛀前施药，稀释420～600倍，均匀喷雾；参见PD20181608。

【混用技术】 已登记混剂如25%苯氧威·噻嗪酮悬浮剂。

吡丙醚（pyriproxyfen）

【产品名称】 灭幼宝等。

【产品特点】 本品为昆虫生长调节剂，具有强烈的保幼活性，可抑制幼虫蜕皮、蛹羽化、成虫繁殖，抑制胚胎发育及卵孵化。具有强烈杀卵活性，雌虫产卵量减少或所产卵没有活力，不能孵化，据测试，用100mg/L药液处理小菜蛾雌成虫，其产卵量减少58.3%；用50mg/L药液浸渍带有小菜蛾卵的叶片，卵的孵化率下降90.3%。

【单剂规格】 0.5%颗粒剂，1%粉剂，5%水乳剂，5%微乳剂，10%乳油，10%悬浮剂，20%水分散粒剂。制剂首家登记证号WP15-94。

【防治对象】 主要用于防治卫生害虫，也用于防治农林害虫。对同翅目、缨翅目、双翅目、鳞翅目的一些害虫高效。

【单用技术】 0.5%粉剂登记用于室外，防治蚊（幼虫），制剂用量为10g/m²，施用方法为撒施；防治蝇（幼虫），制剂用量为20g/m²，施用方法为撒施；参见WP20210050。直接将药剂撒施于所需处理的水面或苍蝇孳生地。

1%粉剂登记用于姜，防治姜蛆，制剂用量为1000～1500g/t姜，施用方法为撒施；参见PD20183843。在姜窖内使用时，将药剂与细河沙按照1:10比例混匀后均匀撒施于生姜表面。生姜储藏期撒施1

次，安全间隔期 180 天。

100g/L 乳油登记用于柑橘，防治木虱、介壳虫，于若虫孵化初期施药，稀释 1000～1500 倍液；用于番茄，防治白粉虱，于白粉虱发生初期施药，每亩用 47.5～60mL；参见 PD20131935。柑橘每季最多使用 2 次，施药间隔期 7～15 天，安全间隔期 28 天。番茄每季最多使用 2 次，施药间隔期 7～10 天，安全间隔期 7 天。

【混用技术】 已登记混剂如 10% 吡丙醚·吡虫啉悬浮剂（2.5%＋7.5%）。

吡蚜酮（pymetrozine）

【产品名称】 顶峰等。

【产品特点】 对害虫没有直接毒杀作用，也不具有击倒效果。研究表明，无论是点滴、饲喂或注射，只要害虫接触到药剂，会立即导致口针的控制肌肉麻痹，进而引起口针阻塞，使害虫停止取食饥饿而死。在停食死亡之前的一段时间里，害虫可能会表现为活动正常。在植物体内传导性强，能在韧皮部和木质部内进行向顶和向下双向传导，因而施药对新生的植物组织也有保护作用。主要防治同翅目蚜虫科、粉虱科、叶蝉科、飞虱科等害虫，对若虫和成虫都有良好防效。

【单剂规格】 10% 颗粒剂，25% 悬浮剂，25%、40%、50% 可湿性粉剂，50%、70% 水分散粒剂。制剂首家登记证号 PD20094118。

【单用技术】 50% 水分散粒剂登记用于水稻，防治稻飞虱，每亩用 12～20g；用于马铃薯，防治蚜虫，每亩用 20～30g；参见 PD20161466。

25% 悬浮剂登记用于水稻，防治稻飞虱，每亩用 20～24mL；用于菊科观赏花卉，防治烟粉虱，每亩用 20～25mL；参见 PD20130028。

【混用技术】 已登记混剂很多，如 40% 吡蚜酮·烯啶虫胺可湿性粉剂（30%＋10%）、40% 吡蚜酮·溴氰虫酰胺水分散粒剂（30%＋10%）。

虫螨腈（chlorfenapyr）

【产品名称】 除尽等。

【产品特点】 具有胃毒作用和一定的触杀作用、内吸活性，在植物叶面渗透性强。本品进入虫体细胞的线粒体，通过多功能氧化酶起作用，转变为具有强杀虫活性的化合物，主要抑制二磷酸腺苷（ADP）向三磷酸腺苷（ATP）的转化。而三磷酸腺苷贮存细胞维持其生命机能所必需的能量，当其合成受到抑制，就使细胞因缺少能量而衰竭，导致害虫死亡。

【单剂规格】 2%粉剂，5%、10%微乳剂，10%、21%、30%、240g/L、360g/L悬浮剂等。制剂首家登记证号LS97001。

【单用技术】 240g/L悬浮剂登记用于甘蓝，防治甜菜夜蛾、小菜蛾，每亩用25～33mL；用于茄子，防治蓟马、朱砂叶螨，每亩用20～30mL；用于黄瓜，防治斜纹夜蛾，每亩用30～50mL；用于茶树，防治茶小绿叶蝉，每亩用20～30mL；用于苹果，防治金纹细蛾，稀释4000～6000倍；用于梨树，防治梨木虱，稀释1250～2500倍；参见PD20130533。

【混用技术】 已登记混剂很多，如12%虫螨腈·甲氨基阿维菌素苯甲酸盐悬浮剂（10%＋2%）、25%虫螨腈·联苯菊酯微乳剂（14%＋11%）。

虫酰肼（tebufenozide）

【产品名称】 米满、阿隆索、天地扫等。

【产品特点】 以胃毒作用为主。施药后6～8h害虫就停止取食，不再为害作物，3～4天后开始死亡。对低龄、高龄幼虫均有效。作用机理、防治对象与抑食肼相同，但活性更高。

【单剂规格】 10%乳油，20%、24%悬浮剂。制剂首家登记证号LS9803。

【适用范围】 适用于水稻、玉米、甘蓝等。

【单用技术】 24%悬浮剂登记用于甘蓝，防治甜菜夜蛾，每亩用50～60mL，对甘蓝叶片正反面均匀喷雾，于低龄幼虫发生期施药1～2次，施药间隔期7～14天；用于森林，防治马尾松毛虫，宜在低龄幼虫期施药，稀释2000～4000倍，如发生量特别大，可间隔14天再施用1次；参见PD363-2001。

丁虫腈（flufiprole）

【产品名称】　丁烯氟虫腈等。

【产品特点】　以胃毒作用为主，兼有触杀作用和一定内吸作用。阻碍昆虫 γ-氨基丁酸控制的氯化物代谢，干扰氯离子通道，从而破坏中枢神经系统正常传递，使昆虫死亡。防治鳞翅目、同翅目、鞘翅目等害虫。

【单剂规格】　0.2％粉剂，5％乳油，80％水分散粒剂。制剂首家登记证号 LS20072656。

【单用技术】　0.2％粉剂登记用于室内，防治蜚蠊。5％乳油登记用于水稻，防治二化螟，于卵孵盛期至低龄幼虫（1～3 龄）发生初期施药，每亩用 30～50mL；用于甘蓝，防治小菜蛾，每亩用 20～40mL。已登记混剂 5％阿维菌素·丁虫腈乳油（3.5％＋1.5％）。

丁醚脲（diafenthiuron）

【产品特点】　以触杀、胃毒作用为主，有良好的熏蒸、内吸作用，并有杀卵作用。在紫外光下转变为具有强杀虫活性的碳二亚胺，它是线粒体 ATP 酶的抑制剂。

【单剂规格】　10％微乳剂，25％乳油，25％、50％、500g/L 悬浮剂，50％可湿性粉剂，70％水分散粒剂等。

【单用技术】　500g/L 悬浮剂登记用于甘蓝，防治小菜蛾，于初孵幼虫至 2 龄幼虫盛发期施药，每亩用 50～60mL；用于观赏月季，防治二斑叶螨，每亩用 38～50mL；参见 PD20121942。

【混用技术】　已登记混剂很多，如 45％丁醚脲·乙螨唑悬浮剂（30％＋15％）。

呋喃虫酰肼（fufenozide）

【产品特点】　具有胃毒、触杀、拒食作用，以胃毒为主，触杀次之。一般施药后 2～3 天显出防效，5～7 天防效达到高峰，持效期 7 天以上。若害虫龄期复杂，可于间隔 5～7 天后再施用 1 次。

【单剂规格】　10％悬浮剂。制剂首家登记证号 LS20041537。

【单用技术】 10%悬浮剂登记用于甘蓝，防治甜菜夜蛾，每亩用60～100mL；参见 PD20121676。

氟虫腈（fipronil）

【产品特点】 以胃毒作用为主，兼有触杀和一定的内吸作用。持效期长。

【单剂规格】 0.05%饵剂，2.5%、5%、6%悬浮剂，3%、6%微乳剂，0.5%粉剂，25g/L乳油，0.25%喷射剂等。制剂首家登记证号 LS94007。

【单用技术】 2009年2月25日发布的农业部公告第1157号规定，"自2009年10月1日起，除卫生用、玉米等部分旱田种子包衣剂外，在我国境内停止销售和使用用于其他方面的含氟虫腈成分的农药制剂"。防治卫生害虫方面，登记用于室内防治德国小蠊、美洲大蠊，用于建筑物防治白蚁，等等。在种子处理方面，5%悬浮种衣剂登记用于玉米，防治蛴螬，药种比1∶25～1∶75，施用方法为种子包衣；参见 PD20142162。

氟啶虫胺腈（sulfoxaflor）

【产品名称】 特福力、可立施、砜虫啶等。

【产品特点】 具有胃毒和触杀作用，作用于昆虫神经系统。

【单剂规格】 22%悬浮剂，50%水分散粒剂。制剂首家登记证号 LS20130290。

【单用技术】 采用喷雾法作茎叶处理。

（1）水稻 防治稻飞虱，于稻飞虱低龄若虫期施药，施药时应重点对稻株茎叶基部均匀喷雾，每亩用22%悬浮剂15～20mL。

（2）小麦 防治蚜虫，于蚜虫发生初盛期，即达到防治指标500头/百株时开始施药，每亩用50%水分散粒剂2～3g，施药时应对小麦穗部和叶片均匀喷雾。

（3）马铃薯 防治蚜虫，于蚜虫发生始盛期施药，每亩用22%悬浮剂10～12mL，施药时应对叶片均匀喷雾。

（4）棉花 防治蚜虫，于蚜虫发生始盛期施药，每亩用22%悬浮剂 10～20mL，或 50％水分散粒剂 2～4g；施药时应对叶片均匀喷雾。防治盲椿象，于低龄若虫期施药，每亩用 50％水分散粒剂 7～10g/亩，施药 1～2 次，间隔 7 天。防治烟粉虱，每亩用 50％水分散粒剂 10～13g。田间烟粉虱世代重叠现象严重，应在烟粉虱成虫始盛期或卵孵始盛期施药 2 次，喷雾时应对黄瓜叶片背面均匀喷雾，建议施药间隔期 7 天，连续施药可取得较好的防效。

（5）黄瓜 防治蚜虫，于蚜虫发生始盛期施药，每亩用 22％悬浮剂 7.5～12.5mL；烟粉虱，每亩用 22％悬浮剂 15～23mL。田间烟粉虱世代重叠现象严重，应在烟粉虱成虫始盛期或卵孵始盛期施药 2 次，喷雾时应对黄瓜叶片背面均匀喷雾，建议施药间隔期 7 天，连续施药可取得较好的防效。

（6）白菜 防治蚜虫，于蚜虫发生始盛期施药，每亩用 22％悬浮剂 7.5～12.5mL，施药时应对叶片均匀喷雾。

（7）柑橘 防治矢尖蚧，于第一代低龄若虫始盛期施药，22％悬浮剂稀释 4500～6000 倍，施药时应对叶片均匀喷雾。

（8）桃 防治桃蚜，于蚜虫发生始盛期施药，22％悬浮剂稀释 5000～10000 倍，或 50％水分散粒剂稀释 15000～20000 倍，施药时应对叶片均匀喷雾。

（9）葡萄 防治盲椿象，于低龄若虫期施药，22％悬浮剂稀释 1000～1500 倍，施药时应对葡萄叶片及藤蔓均匀喷雾。

（10）苹果 防治黄蚜，于蚜虫发生始盛期施药，22％悬浮剂稀释 10000～15000 倍，施药时应对叶片均匀喷雾。

（11）西瓜 防治蚜虫，于蚜虫发生始盛期施药，每亩用 50％水分散粒剂 3～5g。

【混用技术】 已登记混剂如 37％毒死蜱·氟啶虫胺腈悬乳剂（33.6％＋3.4％）、40％氟啶虫胺腈·乙基多杀菌素水分散粒剂（20％＋20％）。

氟啶虫酰胺（flonicamid）

【产品名称】 隆施等。

【产品特点】 具有良好的内吸传导作用。害虫吸食带药的植物汁液后，即被迅速阻止再吸汁，使其因饥饿而死。速效性较差，一般施药后 2～3 天才见死虫（不必担心药效，注意不要重复施药），但持效性较好，一次施药可维持 14 天左右的药效。防治蚜虫、粉虱、蓟马、稻飞虱、叶蝉等刺吸式口器害虫。

【单剂规格】　8％、30％可分散油悬浮剂，10％、20％、25％悬浮剂，10％、20％、50％水分散粒剂。制剂首家登记证号 LS20070732。

【单用技术】　50％水分散粒剂登记用于黄瓜，防治蚜虫，于蚜虫发生初盛期施药，每亩用 30～50g；用于马铃薯，防治蚜虫，于蚜虫发生初盛期施药，每亩用 35～50g；用于苹果，防治蚜虫，于蚜虫发生初盛期施药，稀释 2500～5000 倍；参见 PD20110324。黄瓜每季最多使用 3 次，安全间隔期 3 天；马铃薯每季最多使用 2 次，安全间隔期 7 天；苹果每季最多使用 2 次，安全间隔期 21 天。

【混用技术】　已登记混剂如 46％啶虫脒·氟啶虫酰胺水分散粒剂（12％＋34％）。

甲氧虫酰肼（methoxyfenozide）

【产品名称】　美满等。

【产品特点】　具有胃毒、触杀作用，胃毒强于触杀。具有较好的根内吸性，特别是水稻等单子叶作物的根内吸作用更为明显，但无叶面内吸作用。施药后 4～16 小时害虫即停止取食，处于昏迷状态，体节间出现浅色区或带状，几天后死亡。对成虫无活性，但对成虫产卵和所产卵的孵化有一定影响。

【防治对象】　仅对鳞翅目幼虫有效，对低龄、高龄幼虫均高效。对抗性害虫也有效，对夜蛾科害虫防效尤佳。

【单剂规格】　24％、240g/L 悬浮剂。制剂首家登记证号 LS200137。

【单用技术】　作茎叶处理。240g/L 悬浮剂的登记情况如下，参见 PD20050197。

（1）水稻　防治二化螟，每亩用 19～28mL。防治枯鞘和枯心，一般在蚁螟孵化高峰前 2～3 天施药；防治枯孕穗、白穗、虫伤株，一般在蚁螟孵化始盛期至高峰期施药。每季最多使用 2 次，安全间隔期 45 天。

（2）甘蓝　防治甜菜夜蛾，宜在低龄幼虫期施药 1～2 次，间隔 5～7 天，每亩用 10～20mL。每季最多使用 4 次，安全间隔期 7 天。

（3）苹果　防治小卷叶蛾，在新梢抽发时低龄幼虫期施药 1～2 次，间隔 7 天，稀释 3000～5000 倍。每季最多使用 2 次，安全间隔期 70 天。

【混用技术】　已登记混剂如 34％甲氧虫酰肼·乙基多杀菌素（28.3％＋5.7％）悬浮剂、20％甲氨基阿维菌素苯甲酸盐·甲氧虫酰肼悬浮剂（2％＋18％）。

螺虫乙酯（spirotetramat）

【产品名称】　亩旺特等。

【产品特点】　具有很好的内吸性，双向传导，既可通过木质部和韧皮部向上传导，也可在植物体内由上向下传导。作用机理独特，通过干扰脂肪生物合成阻断能量代谢，导致若虫死亡，降低成虫繁殖能力。持效期长。

【适用范围】　蔬菜、果树等。

【防治对象】　可防治烟粉虱、梨木虱、柑橘木虱、柑橘介壳虫、柑橘红蜘蛛、苹果棉蚜、甘蓝上蚜虫、甘蓝上蓟马等刺吸式、锉吸式口器害虫及害螨等。

【单剂规格】　22.4％、30％、40％、50％悬浮剂，50％、70％、80％水分散粒剂。制剂首家登记证号 LS20091051。

【单用技术】　下面以 22.4％悬浮剂为例进行介绍；参见 PD20110281。

（1）番茄　防治烟粉虱，于烟粉虱产卵初期施药，每亩用 20～30mL。安全间隔期 5 天。

（2）柑橘　防治木虱，于卵孵高峰期施药，稀释 4000～5000 倍；防治介壳虫，于孵化初期施药，稀释 4000～5000 倍；防治红蜘蛛，于种群始建期施药，稀释 4000～5000 倍。安全间隔期 20 天。

（3）苹果　防治棉蚜，在苹果落花后棉蚜产卵初期施药，稀释 3000～4000 倍。安全间隔期 20 天。

（4）梨　防治梨木虱，于卵孵高峰期施药，稀释 4000～5000 倍。安全间隔期 20 天。

【混用技术】　已登记混剂如 22% 螺虫乙酯·噻虫啉悬浮剂（11%＋11%）、28% 阿维菌素·螺虫乙酯悬浮剂（4%＋24%）、33% 螺虫乙酯·噻嗪酮悬浮剂（11%＋22%）。

氰氟虫腙（metaflumizone）

【产品名称】　艾法迪等。

【产品特点】　具有胃毒、触杀作用。阻断害虫神经系统钠离子通道，抑制神经冲动，使虫体过度放松、麻痹（施药 15min 至 12h 后开始瘫痪），直至最终死亡（1～72h 内死亡）。持效期 7～10 天。主要防治鳞翅目、鞘翅目害虫，对鳞翅目幼虫和鞘翅目成虫都有很好防效。

【单剂规格】　0.25%、0.5% 饵剂，20% 乳油，22%、33%、240g/L 悬浮剂。制剂首家登记证号 LS20082601。

【单用技术】　22% 悬浮剂登记用于甘蓝，防治甜菜夜蛾，于低龄幼虫高发期开始用药，每亩用 60～80mL，防治小菜蛾，于低龄幼虫高发期开始用药，每亩用 70～80mL；用于水稻，防治稻纵卷叶螟，于低龄幼虫高发期开始用药，每亩用 30～50mL；参见 PD20101191。甘蓝每季最多使用 2 次（施药间隔期 7～10 天），安全间隔期为 5 天；水稻每季最多使用药 1 次，安全间隔期为 21 天。

0.25% 饵剂登记用于室内，防治蜚蠊，参见 WP20200065。

【混用技术】　已登记混剂如 30% 甲氧虫酰肼·氰氟虫腙悬浮剂（15%＋15%）。

三氟苯嘧啶（triflumezopyrim）

【产品名称】　佰靓珑、沙图等。

【产品特点】　具有良好的内吸传导特性，可在木质部移动，既能用于叶面喷雾，也可用于育苗箱土壤处理。为新型介离子类杀虫剂，通过与烟碱乙酰胆碱受体的正性位点结合，阻断靶标昆虫的神经传递而发挥杀虫活性。在摄入药剂后 15min 至数小时，褐飞虱、美洲大蠊、桃蚜等害虫即出现中毒症状，呆滞不动，无兴奋或痉挛现象，随后麻痹、瘫痪，直至死亡。可有效防治各种稻飞虱。

【单剂规格】　10% 悬浮剂，20% 水分散粒剂。制剂首家登记证号 LS20170033。

【单用技术】 在水稻营养生长期（分蘖期至幼穗分化期前），于稻飞虱低龄若虫始盛期施药，每亩用 10%悬浮剂 10～16mL，或 20%水分散粒剂 7～9g。每亩对水 20～30L/亩，对水稻茎叶均匀喷雾。为减缓害虫抗性发生，每季水稻使用 1 次，21～25 天后根据虫情施用其它具有不同作用机理的产品。安全间隔期 21 天。

【混用技术】 已登记产品如 11%阿维菌素·三氟苯嘧啶悬浮剂（3%＋8%）、19%氯虫苯甲酰胺·三氟苯嘧啶悬浮剂（10.7%＋8.3%）。

三氟甲吡醚（pyridalyl）

【单剂规格】 10%悬浮剂，10.5%乳油。制剂首家登记证号 LS20071624。

【防治对象】 主要防治鳞翅目害虫。

【单用技术】 10.5%乳油登记用于甘蓝，防治小菜蛾，于卵孵盛期至低龄幼虫期开始施药，每亩用 50～70mL；参见 PD20110255。每季最多使用 2 次；安全间隔期 21 天。

【混用技术】 已登记混剂如 24%甲氧虫酰肼·三氟甲吡醚悬浮剂（15%＋9%）。

双丙环虫酯（afidopyropen）

【产品名称】 英威等。

【产品特点】 具有胃毒和触杀作用，还具有优秀的叶片渗透能力。本品属同翅目昆虫摄食阻滞剂的 9D 亚族，具有全新作用机理，通过快速阻止害虫进食，导致害虫饥饿死亡。被认为作用机理与吡啶甲亚胺衍生物杀虫剂吡蚜酮和 pyrifluquinazon 类似，属于弦振器官香草素受体亚家族通道调节剂，通过作用于神经系统的一种或多种蛋白质而显示出杀虫活性。与现有杀虫剂和虫害管理系统无交互抗性。

与常规杀虫剂的作用机理不同，双丙环虫酯通过干扰靶标昆虫香草酸瞬时受体通道复合物的调控，导致昆虫对重力、平衡、声音、位置和运动等失去感应，使其丧失协调性和方向感，进而不能取食，然后失水，最终导致昆虫饥饿而亡。施药后数小时内即能使昆虫停止取食，但其击倒作用较慢。持效期长，对蚜虫的持效作用长达21天。对成虫和幼虫均有效，但对卵无效，推荐在幼虫阶段用药，防效更好。

【适用范围】 粮食、蔬菜、水果、花卉等多种作物。

【防治对象】 蚜虫、烟粉虱等刺吸式口器害虫。

【单剂规格】 50g/L可分散液剂。制剂首家登记证号PD20190012。

【单用技术】 可作茎叶处理，也可作种子处理或土壤处理。目前登记采用喷雾法作茎叶处理。傍晚施药更有利于药效充分发挥。

（1）小麦 于蚜虫发生初期施药，每亩用10～16mL，每季最多使用2次，安全间隔期21天。

（2）棉花 于棉蚜发生初期施药，每亩用10～16mL，每季最多使用2次，安全间隔期21天。

（3）番茄 于烟粉虱发生初期施药，每亩用55～65mL，每季最多使用2次，安全间隔期3天。

（4）辣椒 防治烟粉虱，于烟粉虱发生初期施药，每亩用55～65mL，每季最多使用2次，安全间隔期3天。防治蚜虫，于蚜虫发生始盛期施药，每亩用10～16mL，每季最多使用1次，安全间隔期3天。

（5）黄瓜 于蚜虫发生初期施药，每亩用10～16mL，每季最多使用2次，安全间隔期3天。

（6）豇豆 于蚜虫发生初期施药，每亩用10～16mL，每季最多使用2次，安全间隔期3天。

（7）甘蓝 于蚜虫发生初期施药，每亩用10～16mL，每季最多使用2次，安全间隔期7天。

（8）苹果 于蚜虫发生初期施药，稀释12000～20000倍，每季最多使用2次，安全间隔期21天。

（9）桃 于蚜虫发生初期施药，稀释8000～15000倍，每季最多使用2次，安全间隔期14天。

（10）西瓜 于蚜虫发生始盛期施药，每亩用10～16mL，每季最多使用2次，安全间隔期14天。

（11）观赏月季 于蚜虫发生初期施药，每亩用10～16mL，每季最多使用2次。

【混用技术】 已登记混剂如75g/L阿维菌素·双丙环虫酯可分散液剂（25g/L＋50g/L），参见PD20190012。

【注意事项】 本品对皮肤有刺激性，注意安全防护。水产养殖区、河塘等水体附近禁用。蚕室及桑园附近禁用。赤眼蜂等天敌放飞区域禁用。

【综合评价】 全新（全球杀虫剂机制 9D 类首个成分，全新机理）、速效（蚜虫快速停止取食，减少病害传播，减少叶片卷曲及蜜露污染）、持效（杀虫活性较高，持效期较长）。

松脂酸钠（sodium pimaric acid）

【产品特点】 本品系由松脂油、碳酸钠、氢氧化钠反应生成的强碱弱酸盐。作用机理是堵塞害虫害螨气门，腐蚀蜡质层。对多种介壳虫具有显著杀灭效果。

【单剂规格】 20％、45％可溶粉剂，30％水乳剂，30％乳剂。制剂首家登记证号 LS93348。

【单用技术】 45％可溶粉剂登记用于柑橘，防治矢尖蚧，稀释80～100 倍，在冬季清园时、春季新梢抽发前清园时使用，也可在生长期使用，一般将少量水与本药剂搅拌均匀后，再加足量水搅拌稀释至喷施浓度；用于杨梅，防治介壳虫，稀释 100～160 倍；参见PD20097385。建议下午 4 时后施用。花期禁用，高温季节提高稀释倍数。

乙虫腈（ethiprole）

【产品名称】 酷毕等。

【产品特点】 具有触杀作用。阻碍昆虫 γ-氨基丁酸控制的氯化物代谢，干扰氯离子通道，从而破坏中枢神经系统正常传递，致昆虫死亡。速效性较差，持效期可达 14 天左右。对多种咀嚼式、刺吸式口器害虫均有效。

【单剂规格】 9.7％、100g/L 悬浮剂。

【单用技术】 100g/L 悬浮剂登记用于水稻（仅限在水稻灌浆期使用），防治稻飞虱，于卵孵高峰期每亩用 30～40mL，对水 40～60L喷雾，注意对水稻植株中下部进行喷雾；参见 PD20130380。每季最多使用 1 次，安全间隔期 21 天。

【混用技术】 已登记混剂如 60％乙虫腈·异丙威可湿性粉剂

（10％＋50％）。

【注意事项】 本品对罗氏沼虾高毒，严禁在养鱼、虾和蟹的稻田以及临近池塘的稻田使用。严禁将施用过本品的稻田水直接排入养鱼、虾和蟹的池塘。稻田施药后 7 天内，不得把田水排入河、湖、水渠和池塘等水源。

抑食肼

【产品名称】 虫死净等。

【产品特点】 是第一个商品化的蜕皮激素类杀虫剂。以胃毒作用为主。害虫吃了适量的喷洒过抑食肼的作物鲜叶，在短期内就会停止取食，再也不吃没喷过药的鲜叶，以致饿死。施药后 2～3 天见效，持效期较长。

【单剂规格】 20％、25％ 可湿性粉剂。制剂首家登记证号LS92528。

【适用范围】 适用于水稻、蔬菜、果树等。

【单用技术】 20％可湿性粉剂登记用于水稻，防治稻纵卷叶螟，于卵孵高峰到 2 龄幼虫高峰期施药，每亩用 50～100g；参见PD20084730。每季最多使用 2 次，安全间隔期 30 天。

【混用技术】 已登记混剂如 42％甲氨基阿维菌素苯甲酸盐·抑食肼水分散粒剂（2％＋40％）。

茚虫威（indoxacarb）

【产品名称】 安打、安美、全垒打等。

【产品特点】 仅 S 异构体具有杀虫活性，R 异构体没有杀虫活性。具有触杀、胃毒作用。本品本身对害虫毒力并不高，而进入虫体后能快速被活化并与神经细胞中的钠离子通道蛋白结合，从而破坏神经系统正常传导，导致害虫麻痹、协调力差，最终死亡。药剂通过接触或取食进入虫体后，0～4h 内即停止取食，随即被麻痹，协调力下降（可导致幼虫从作物上跌落下地），一般施药后 24～60h 内死亡。

【单剂规格】 15％、23％、30％、150g/L 悬浮剂、30％水分散粒剂，15％、20％、150g/L 乳油，0.045％、0.05％、0.1％、0.5％饵剂，3％超低容量液剂等。制剂首家登记证号 LS200142。

【单用技术】　下面以150g/L乳油为例进行介绍，参见PD20101870。

（1）水稻　防治稻纵卷叶螟，于卵孵盛期至低龄幼虫始盛期施药，每亩用12～16mL。依害虫发生情况可重复施药1次，施药间隔期7～10天。安全间隔期14天。

（2）棉花　防治棉铃虫，于卵孵盛期至1～2龄幼虫期施药，每亩用15～18mL。依害虫发生情况可重复施药1次，施药间隔期7～10天。安全间隔期为14天。

（3）甘蓝　防治小菜蛾，于卵孵盛期至1～2龄幼虫期施药，每亩用10～18mL。依害虫发生情况可重复施药1次，施药间隔期5～7天。安全间隔期5天。

（4）茶树　防治茶小绿叶蝉，于若虫盛发期施药（每100张叶片有3～5头若虫时即为若虫始盛期），每亩用17～22mL。依害虫发生情况可重复施药1次，施药间隔期5～7天。安全间隔期10天。

【混用技术】　已登记混剂很多，如10％甲氨基阿维菌素苯甲酸盐·茚虫威悬浮剂（2％＋8％）、30％联苯菊酯·茚虫威悬浮剂（15％＋15％）。

唑虫酰胺（tolfenpyrad）

【产品特点】　具有触杀作用。阻碍线粒体代谢系统中的电子传达系统复合体Ⅰ，从而使电子传达受到阻碍，使昆虫不能提供和贮存能量。经室内活性测定，对小菜蛾（2龄）、花蓟马（1龄）有较高活性。持效期长，对小菜蛾整个生育期，从卵到成虫都有较高的活性，并抑制害虫取食。对抗性害虫也有效果。

【单剂规格】　15％悬浮剂，50％水分散粒剂。制剂首家登记证号LS20090929。

【单用技术】　采用喷雾法作茎叶处理。

（1）甘蓝　15％悬浮剂登记用于甘蓝，防治小菜蛾，于甘蓝小菜蛾幼虫发生始盛期施药，每亩用30～50mL；参见PD20190043。50％水分散粒剂登记用于甘蓝，防治蓟马，于若虫始盛期喷雾施药，每亩用10～20g；每季最多使用1次，安全间隔期为7天；参见PD20211294。

（2）茄子　曾有产品获准登记防治蓟马；参见LS20090929。

（3）柑橘　防治锈壁虱，15%悬浮剂稀释 3000～4000 倍；参见
PD20211520。锈壁虱主要为害果实，在其发生关键时期，观察背光
的果面，当果面灰暗像有一层灰时（或用 20 倍手持放大镜随机观察
果面背光一面，当虫口密度达到 1～2 头/视野时）施药。每季最多使
用 1 次，安全间隔期为 28 天。

【混用技术】　已登记混剂如 30%丁醚脲·唑虫酰胺悬浮剂
（20%＋10%）。

【注意事项】　本品对温度敏感，温度越高效果越好，气温低于
22℃时防效不佳（冬季和早春低温时使用效果差），建议气温在 25℃
及以上使用，可获得最佳防效。对柑橘安全，花期、嫩梢期、幼果
期、着色期、高温期都可以使用，最好在柑橘开花后使用，以利于保
护蜜蜂。可混性强，可与常用的弱酸性、中性杀菌剂、杀虫剂混用。
严禁在小叶菜上和蔬菜幼苗期使用。

第六节 ｜ 生物杀虫剂品种 ≫≫≫

一、微生物源/活体型生物杀虫剂品种

本书收录微生物源/活体型生物杀虫剂品种 28 个，其中源于真菌
的 5 个（耳霉菌、假丝酵母、金龟子绿僵菌、金龟子绿僵菌
CQMa421、球孢白僵菌），源于细菌的 7 个［短稳杆菌、类产碱假单
胞菌、球形芽孢杆菌、球形芽孢杆菌（2362 菌株）、苏云金杆菌、苏
云金杆菌（以色列亚种）、苏云金杆菌 G033A］，源于病毒的 15 个
（菜青虫颗粒体病毒、草原毛虫核多角体病毒、茶尺蠖核型多角体病
毒、茶毛虫核型多角体病毒、稻纵卷叶螟颗粒体病毒、甘蓝夜蛾核型
多角体病毒、棉铃虫核型多角体病毒、苜蓿银纹夜蛾核型多角体病
毒、黏虫核型多角体病毒、松毛虫质型多角体病毒、甜菜夜蛾核型多
角体病毒、小菜蛾颗粒体病毒、斜纹夜蛾核型多角体病毒、油桐尺蠖
核型多角体病毒、蟑螂病毒），源于原生动物的 1 个（蝗虫微孢
子虫）。

菜青虫颗粒体病毒（*Pieris rapae* granulosis virus）

【混用技术】 已登记混剂如 1 亿 PIB/g·16000IU/mg 菜青虫颗粒体病毒·苏云金杆菌可湿性粉剂；参见 LS20011367。又如 1 万 PIB/mg·16000IU/mg 菜青虫颗粒体病毒·苏云金杆菌可湿性粉剂，1000 万 PIB/mL·2000IU/μL 菜青虫颗粒体病毒·苏云金杆菌悬浮剂；参见 LS2000674、LS2001321。

草原毛虫核多角体病毒

【混用技术】 已登记混剂如 200 亿个活菌/mL 草原毛虫核多角体病毒·苏云金杆菌悬浮剂；参见 LS97993。

茶尺蠖核型多角体病毒
（*Ectropis oblique* hypulina nuclear polyhedrosis virus）

【混用技术】 已登记混剂如 1000 万 PIB/mL·2000IU/mL 茶尺蠖核型多角体病毒·苏云金杆菌悬浮剂；参见 LS20020579。

茶毛虫核型多角体病毒
（*Euproctis pseudoconspersa* nucleopolyhedogsis virus）

【混用技术】 已登记混剂如 1 万 PIB/μL·2000IU/μL 茶毛虫核型多角体病毒·苏云金杆菌悬浮剂；参见 LS20110214。

稻纵卷叶螟颗粒体病毒
（*Cnaphalocrocis medinalis* granulovirus）

【混用技术】 已登记混剂如 10 万 OB/mg·16000IU/mg 稻纵卷叶螟颗粒体病毒·苏云金杆菌可湿性粉剂，用于水稻，防治稻纵卷叶螟，每亩用 50～100g；参见 PD20184031。

短稳杆菌（*Empedobacter brevis*）

【单用技术】 已登记单剂如 100 亿孢子/mL 悬浮剂，用于十字花科蔬菜上防治小菜蛾、斜纹夜蛾，800～1000 倍液喷雾使用；参见 LS20100031。

耳霉菌（*Conidioblous thromboides*）

【产品名称】 块状耳霉菌等。

【产品特点】 蚜虫吞食药剂后感染耳霉菌，菌体侵入虫体内大量繁殖，孢子萌发，大量蚜虫互相传染发生流行病，停食染病而死亡。制剂外观为黄色悬浮液体，pH 4.0～5.5。

【单用技术】 已登记单剂如 200 万个/mL 耳霉菌悬浮剂，用于小麦，防治蚜虫，亩用 150～200g，喷雾使用；参见 LS991406。

甘蓝夜蛾核型多角体病毒（*Mamestra brassicae* multiple NPV）

【单用技术】 已登记单剂如 20 亿 PIB/mL 甘蓝夜蛾核型多角体病毒悬浮剂，用于甘蓝，防治小菜蛾，亩用 90～120mL，喷雾；参见 LS20110165。

蝗虫微孢子虫（*Nosema locustae*）

【单用技术】 已登记单剂如 0.2 亿孢子/mL 蝗虫微孢子虫悬浮剂，用于非耕地，防治蝗虫，亩用制剂 65～80mL，喷雾使用；参见 LS20140230。

假丝酵母

【单用技术】 已登记单剂如 20％饵剂，专供检验检疫用，防治地中海实蝇，使用时稀释 50 倍，放在特定的诱捕器中；参见 PD20101331。

金龟子绿僵菌（*Metarhizium anisopliae*）

【产品名称】 绿僵菌、克洛卡、百澳克等。

【单用技术】 25 亿孢子/g 可湿性粉剂，用于滩涂，防治蝗虫，用药量为 1500 亿～2000 亿孢子/亩，喷雾使用；用于椰树，防治椰心叶甲，用药量为 375 亿～500 亿孢子/株，喷雾使用；参见 LS20110306。

100 亿活孢子/mL 绿僵菌油悬浮剂，用于滩涂，防治飞蝗，亩用 16.7～33.3mL，超低容量喷雾使用；参见 LS20040015。

100 亿孢子/g 可湿性粉剂，用于草地，防治蝗虫，亩用 20～30g，喷雾使用；参见 LS20100048。5 亿孢子/g 金龟子绿僵菌杀蟑饵剂，用于卫生上防治蜚蠊，施用方法为投放；参见 WL20021110。

金龟子绿僵菌 CQMa421（*Metarhizium anisopliae* CQMa421）

【产品特点】 本品有效成分为杀虫真菌——绿僵菌分生孢子，能直接通过害虫体壁侵入体内，使害虫取食量递减最终死亡。

【单剂规格】 1 亿孢子/g 饵剂，2 亿孢子/g 颗粒剂，80 亿孢子/mL 可分散油悬浮剂，80 亿孢子/mL 可湿性粉剂，制剂首家登记证号 PD20171744。80 亿孢子/mL 可分散油悬浮剂登记情况见表 3-17。

【单用技术】 于害虫卵孵化盛期或低龄幼虫期使用。因作用方式为触杀，故喷雾应尽量全面、周到，尽量使药剂喷在虫体上或易与害虫接触的植物表面部位。采用二次稀释法，现配现用，先加少量清水至瓶身刻度线，摇匀至瓶壁无墨绿色附着物，再加水搅拌均匀后喷雾。施药后 12h 内下雨，要补施。

表 3-17　80 亿孢子/mL 可分散油悬浮剂（参见 PD20171744）

作物/场所	防治对象	用药量（制剂量）	施用方式
水稻	二化螟	60～90mL/亩	喷雾
水稻	稻纵卷叶螟	60～90mL/亩	喷雾
水稻	稻飞虱	60～90mL/亩	喷雾
水稻	叶蝉	60～90mL/亩	喷雾
小麦	蚜虫	60～90mL/亩	喷雾
玉米	草地贪夜蛾	60～90mL/亩	喷雾
油菜	菜青虫	60～90mL/亩	喷雾
棉花	盲椿象	60～90mL/亩	喷雾
番茄	白粉虱	60～90mL/亩	喷雾
茄子	蓟马	60～90mL/亩	喷雾

作物/场所	防治对象	用药量（制剂量）	施用方式
黄瓜	蚜虫	40～60mL/亩	喷雾
苦瓜	蚜虫	40～60mL/亩	喷雾
豇豆	甜菜夜蛾	40～60mL/亩	喷雾
甘蓝	菜青虫	40～60mL/亩	喷雾
甘蓝	黄条跳甲	60～90mL/亩	喷雾
茎瘤芥	菜青虫	60～90mL/亩	喷雾
柑橘树	木虱	1000～2000倍	喷雾
苹果树	棉蚜	500～1000倍液	喷雾
核桃树	尺蠖	500～1000倍	喷雾
桃树	蚜虫	1000～2000倍液	喷雾
烟草	蚜虫	60～90mL/亩	喷雾
茶树	茶小绿叶蝉	40～60mL/亩	喷雾
花椒树	蚜虫	500～1000倍	喷雾
林木	松毛虫	400～800倍	喷雾
林木	天牛	400～800倍	喷雾
草地	蝗虫	40～60mL/亩	喷雾

类产碱假单胞菌（*Pseudomonas pseudoalcaligenes*）

【混用技术】 已登记混剂如 200 亿个活菌/mL 类产碱假单胞菌·苏云金杆菌悬乳剂，用于草场牧草，防治草地蝗虫；参见 LS9799。

棉铃虫核型多角体病毒

（*Helicoverpa armigera* nucleopolyhedrovirus）

【单用技术】 已登记单剂如 10 亿 PIB/g 可湿性粉剂，用于棉花，防治棉铃虫，每亩次用 12000 亿～15000 亿 PIB，喷雾；参见 LS93619。

苜蓿银纹夜蛾核型多角体病毒
(*Autographa californica* NPV)

【单用技术】 已登记单剂如 10 亿 PIB/mL 苜蓿银纹夜蛾核型多角体病毒悬浮剂，用于十字花科蔬菜防治甜菜夜蛾，亩用 100～150mL；参见 LS981572。

【混用技术】 已登记混剂如 1000 万 PIB/mL·2000IU/μL 苜蓿银纹夜蛾核型多角体病毒·苏云金杆菌悬浮剂；参见 LS2001712。

黏虫核型多角体病毒
(*Mythimna separata* nuclear polyhedrosis virus)

【混用技术】 已登记混剂如 1000PIB/mg·16000IU/mg 黏虫核型多角体病毒·苏云金杆菌可湿性粉剂；参见 LS94832。

球孢白僵菌 (*Beauveria bassiana*)

【单用技术】 已登记单剂较多。

2 亿孢子/cm² 挂条，用于马尾松防治松褐天牛；参见 LS20061306。

2 亿孢子/cm² 挂条，用于马尾松防治松褐天牛，用药量为 2～3 条/15 株，施用方法为缠绕挂条；参见 LS20100063。

150 亿个孢子/g 可湿性粉剂，用于马尾松防治松毛虫，亩用 200～260g，喷雾使用；用于花生防治蛴螬，亩用 250～300g，拌毒土撒施；参见 PD20102133。

300 亿孢子/g 可分散油悬浮剂，用于水稻防治稻纵卷叶螟，亩用 500～700mL，喷雾使用；参见 PD20120147。

400 亿/g 可湿性粉剂，用于马尾松防治松毛虫，亩用 66.7g，喷雾使用；参见 LS20061305。

400 亿个孢子/g 可湿性粉剂，用于竹子防治竹蝗，1500～2500 倍液，喷雾使用；用于林木防治光肩星天牛，1500～2500 倍液，施用方法为喷雾（防治成虫）或者产卵孔注射（防治幼虫）；用于林木防治美国白蛾，1500～2500 倍液，喷雾使用；用于杨树防治杨小舟蛾，1500～2500 倍液，喷雾使用；用于马尾松防治松毛虫，亩用 80～100g，喷雾使用；参见 PD20102134。

400 亿个孢子/g 水分散粒剂，用于小白菜防治小菜蛾，亩用 26～35g，喷雾使用；用于水稻防治稻纵卷叶螟，亩用 26～35g，喷雾使用；参见 PD20110965。

球形芽孢杆菌（*Bacillus sphaericus* H5a5b）

【单用技术】 已登记单剂如 80ITU/mg 杀蚊幼虫悬浮剂，用于卫生上防治孑孓，使用量为 $3mL/m^2$，喷洒使用；参见 WL2001182。

球形芽孢杆菌（2362 菌株）

【单用技术】 已登记单剂如 268ITU/mg 杀蚊幼虫悬浮剂，用于卫生上防治蚊（幼虫），使用量为 8～16mL 制剂/m^2 水面，喷洒使用；参见 WL200111。

松毛虫质型多角体病毒
（*Dendrolimus punctatus* cytoplasmic polyhedrosis virus）

【混用技术】 已登记混剂如 1 万 PIB/mg·16000IU/mg 松毛虫质型多角体病毒·苏云金杆菌可湿性粉剂；参见 LS20011183。

苏云金杆菌（*Bacillus thuringiensis*）

【产品特点】 对低龄幼虫防效好。主要用于防治鳞翅目害虫的幼虫。

【单剂规格】 已登记单剂较多。如 2000IU/μL、4000IU/μL、8000IU/μL、100 亿活芽孢/mL 悬浮剂，4000IU/mg、0.2% 颗粒剂，4000IU/mg 粉剂，7300IU/μL 悬乳剂，8000IU/μL 油悬浮剂，8000IU/mg、16000IU/mg、32000IU/mg、100 亿活芽孢/g、3.2% 可湿性粉剂，15000IU/mg、16000IU/mg 水分散粒剂。

对于可湿性粉剂，早前标注为 100 亿活芽孢/g（参见农业部农药检定所内部刊印的《农药登记公告 1993》中 PD86109），后来多数标

注为 8000IU/mg 可湿性粉剂，少数标注为 16000IU/mg 可湿性粉剂
或 100 亿活芽孢/g 可湿性粉剂［参见《农药管理信息汇编》（2008）
中 PD86109-6、PD86109-16、PD86109-5 等］，其登记作物、防治对
象、用药量、施用方法等完全相同。

【单用技术】 苏云金杆菌可湿性粉剂登记的使用剂量见表 3-18
所示。

表 3-18　苏云金杆菌可湿性粉剂登记的使用剂量

制剂浓度	8000IU/mg、16000IU/mg、100 亿活芽孢/g	16000IU/mg	32000IU/mg
使用技术	白菜、萝卜、青菜上菜青虫和小菜蛾，100～300g/亩	十字花科蔬菜上菜青虫，25～50g/亩；十字花科蔬菜上小菜蛾，50～150g/亩	十字花科蔬菜上小菜蛾，30～50g/亩
	茶树上茶毛虫，100～500g/亩	茶树上茶毛虫，800～1600 倍液	
	大豆、甘薯上天蛾，100～150g/亩		
	柑橘上柑橘凤蝶，150～250g/亩		
	高粱、玉米上玉米螟，250～300g/亩		
	梨树上天幕毛虫，100～250g/亩		
	林木上尺蠖、柳毒蛾、松毛虫，150～500g/亩	森林中松毛虫，1200～1600 倍液	
	棉花上棉铃虫、造桥虫，100～500g/亩	棉花上二代棉铃虫，100～150g/亩	
	苹果上巢蛾，150～250g/亩		
	水稻上稻苞虫、稻纵卷叶螟，100～400g/亩	水稻上稻纵卷叶螟，100～150g/亩	

制剂浓度	8000IU/mg、16000IU/mg、100亿活芽孢/g	16000IU/mg	32000IU/mg
使用技术	烟草上烟青虫，250～500g/亩	烟草上烟青虫，50～100g/亩	
	枣树上尺蠖，250～300g/亩	枣树上尺蠖，1200倍液	
	参见 PD86109	参见 LS2001109	

【混用技术】　苏云金杆菌与生物农药混用，已登记混剂如1.5%（0.1%＋1.4%）阿维菌素·苏云金杆菌可湿性粉剂、2%（0.4%＋1.6%）多杀霉素·苏云金杆菌悬浮剂、1万PIB/mg菜青虫颗粒体病毒·16000IU/mg苏云金杆菌可湿性粉剂。

苏云金杆菌与化学农药混用，已登记预混剂如55%（54%＋1%）杀虫单·苏云金杆菌可湿性粉剂、3.6%（1.6%＋2%）虫酰肼·苏云金杆菌可湿性粉剂。已登记桶混剂如18%杀虫双水剂＋4000IU/μL苏云金杆菌悬浮剂桶混剂。

【注意事项】　施用时期一般比使用化学农药提前2～3天。30℃以上施药防效最好。不能与内吸性有机磷杀虫剂或杀菌剂混用。

苏云金杆菌（以色列亚种）
(*Bacillus thuringiensis* subsp. *israelnsis*)

【单用技术】　已登记单剂如600ITU/mg杀蚊幼虫悬浮剂，用于卫生上防治蚊（幼虫），使用剂量为2～5mL制剂/m² 水面，喷洒使用；参见WL200110。

苏云金杆菌 G033A

【产品特点】　本品是微生物Bt工程菌株，作用方式为胃毒。

【单剂规格】　32000IU/mg可湿性粉剂，制剂首家登记证号PD20171726。

【防治对象】　用于防治马铃薯甲虫，番茄棉铃虫，玉米草地贪夜蛾，小白菜黄条跳甲、小菜蛾、甜菜夜蛾、斜纹夜蛾，甘蓝小菜蛾、甜菜夜蛾、斜纹夜蛾，花椰菜黄条跳甲、小菜蛾、甜菜夜蛾、斜纹夜蛾，萝卜黄条跳甲、小菜蛾，芥菜黄条跳甲等。

甜菜夜蛾核型多角体病毒
(*Spodoptera exigua* nucleopolyhedrovirus)

【混用技术】 已登记混剂如 1 万 PIB/mg·16000IU/mg 甜菜夜蛾核型多角体病毒·苏云金杆菌可湿性粉剂；参见 LS20001556。

小菜蛾颗粒体病毒 (*Plutella xylostella* granulosis virus)

【单用技术】 已登记单剂如 40 亿 PIB/g 可湿性粉剂，用于十字花科蔬菜防治小菜蛾，亩用 150～200g，喷雾使用；参见 LS97959。

【混用技术】 已登记混剂如 1 亿 PIB/g·1.9% 小菜蛾颗粒体病毒·苏云金杆菌可湿性粉剂；参见 LS20011367。

斜纹夜蛾核型多角体病毒 (*Spodoptera litura* NPV)

【单用技术】 已登记单剂如 10 亿 PIB/g 斜纹夜蛾核型多角体病毒可湿性粉剂，用于十字花科蔬菜防治斜纹夜蛾，亩用 400 亿～500 亿 PIB；参见 LS98637。

【混用技术】 已登记混剂如 1000 万 PIB/g·0.6%·1000 万 PIB/g 苜蓿银纹夜蛾核型多角体病毒·苏云金杆菌·斜纹夜蛾核型多角体病毒水剂；参见 LS20011729。

油桐尺蠖核型多角体病毒
(*Buzura suppressaria* nuclear polyhedrosis virus)

【混用技术】 已登记混剂如 2000IU/μL·0.1 亿个 PIB/μL 苏云金杆菌·油桐尺蠖核型多角体病毒悬浮剂；参见 LS20140263。

蟑螂病毒 (*Periplaneta* fuliginosa densovirus)

【产品名称】 毒力岛等。

【单用技术】 已登记单剂如 1% 蟑螂病毒（生物杀蟑饵剂），用于卫生上防治蜚蠊，施用方法为投放；参见 WL99920。

二、微生物源/抗体型生物杀虫剂品种

阿维菌素（avermectin）

【产品名称】 害极灭、阿巴丁、虫螨克等。

【产品特点】 阿维菌素是灰色链霉菌（*Streptomyces avermitilis*）发酵后的产物。组分有 8 种，主要有 4 种，即 A_{1a}、A_{2a}、B_{1a}、B_{2a}，其总含量$\geqslant 80\%$；对应的 4 个比例较小的同系物是 A_{1b}、A_{2b}、B_{1b} 和 B_{2b}，其总含量$\leqslant 20\%$。B_{1a} 的活性最高。目前市售阿维菌素的主要成分是 B_{1a}，其中 B_{1a} 不少于 80%，B_{1b} 不超过 20%，并以 B_{1a} 计算有效成分含量。本品具有杀虫、杀螨、杀线虫等多种作用。对昆虫、螨类具有胃毒、触杀作用，并有微弱的熏蒸作用，无内吸作用（但它对植物叶片有很强的渗透作用，可杀死表皮下的害虫，且持效期长），不能杀卵。作用机理与一般杀虫剂不同，它干扰神经生理活动，刺激释放 γ-氨基丁酸，而 γ-氨基丁酸对节肢动物的神经传导有抑制作用，螨类的成螨、若螨和昆虫的幼虫与药剂接触后即出现麻痹症状，不活动不取食，2～4 天后死亡。因不引起昆虫迅速脱水，所以它的致死作用较慢。对捕食性和寄生性天敌虽有直接杀伤作用，但因植物表面残留少，因此对益虫的损伤小。对根结线虫作用明显。

【单剂规格】 已登记单剂产品逾 1500 个，剂型有乳油、颗粒剂、可溶液剂、水乳剂、微乳剂、悬浮剂、微囊悬浮剂、可湿性粉剂、水分散粒剂、泡腾片剂等，含量低的 0.2%、高的 10%。制剂首家登记证号 LS91020。

【单用技术】 可作茎叶处理、土壤处理。

（1）作为杀虫剂 已登记单剂如 1.8% 乳油，用于十字花科蔬菜防治小菜蛾，亩用 33.3～50mL，喷雾使用；用于柑橘防治潜叶蛾，使用浓度 3～4.5mg/kg，喷雾使用；参见 PD199-95。

（2）作为杀螨剂 1.8% 乳油登记用于棉花防治红蜘蛛，每亩用 30～40mL；用于十字花科蔬菜防治小菜蛾，每亩用 33.3～50mL；参见 LS91020。

1.8% 乳油登记用于苹果防治红蜘蛛，稀释 3000～6000 倍；用于柑橘防治锈壁虱，稀释 4000～8000 倍；用于枸杞防治瘿螨，稀释

2000～3000 倍；参见 PD20083129。

1.8％乳油登记用于柑橘防治红蜘蛛，稀释 2000～4000 倍，用于柑橘防治锈壁虱，稀释 4000～8000 倍；用于苹果防治红蜘蛛，稀释 3000～6000 倍，用于苹果防治二斑叶螨，稀释 3000～4000 倍；用于枸杞防治瘿螨，稀释 2000～3000 倍；参见 PD20085783。

5％乳油登记用于柑橘防治红蜘蛛，稀释 6000～7500 倍；参见 PD20132450。

（3）作为杀线虫剂　已登记单剂如 0.5％颗粒剂，用于黄瓜防治根结线虫，亩用 3000～3500g；参见 LS20051522。

【混用技术】　阿维菌素可混性极强，已登记预混剂组合逾 50 种（如阿维菌素·氯虫苯甲酰胺）、混剂产品逾 2500 个。

多杀霉素（spinosad）

【产品名称】　菜喜等。

【产品特点】　作用机理新颖，可以持续激活靶标昆虫乙酰胆碱烟碱型受体，但是其结合位点不同于烟碱和吡虫啉。也可以影响 GABA 受体，但作用机制不清。

【单用技术】　已登记单剂如 2.5％悬浮剂，用于甘蓝防治小菜蛾，亩用 33.3～66.7mL；用于茄子防治蓟马，亩用 66.7～100mL；参见 LS98070。48％悬浮剂，用于棉花防治棉铃虫，亩用 4.2mL，喷雾使用；参见 LS98071。

【混用技术】　已登记混剂如 52.5％毒死蜱·多杀霉素乳油（50％＋2.5％）；参见 PD20070195。

三、植物源/抗体型生物杀虫剂品种

2017 年发布的《农药登记资料要求》规定，植物源农药名称可以用"植物名称加提取物"表示。2021 年 3 月 20 日农业农村农药管理司发出《关于藜芦碱和梨小性迷向素相关产品有效成分更名的通知》，含藜芦碱的农药登记产品，农药名称变更为藜芦根茎提取物，有效成分为藜芦胺，同时将白藜芦醇、藜芦托素作为标志性成分，在产品质量标准中加以规定。已登记的含藜芦碱制剂，登记证持有人应于 2021 年 6 月 30 日前申请登记变更。

目前中国农药信息网上显示的以"植物名称加提取物"作为农药名称的产品已有很多，如博落回提取物（含血根碱、博落回生物总碱）、除虫菊提取物（有效成分除虫菊素）、苦参提取物（有效成分苦参碱）、苦皮藤提取物（有效成分苦皮藤素）、藜芦根茎提取物（有效成分藜芦胺）、印楝提取物（有效成分印楝素）、印楝籽提取物（有效成分印楝素）、银杏果提取物（有效成分十三烷苯酚酸、十五烯苯酚酸）。

d-柠檬烯（*d*-limonene）

【产品特点】 本品有效成分系用专业冷压技术从橙皮中提取的橙油。对害虫害螨作用方式为物理触杀作用，与常用化学农药无交互抗性。对害虫害螨的作用机理是溶解害虫害螨体表蜡质层，快速击倒，使其呈现明显失水状态而死，并可抑制害虫害螨产卵，降低种群数量。对病菌的作用机理是使病菌磷脂双分子层脱水干燥而起到杀菌效果。

【单剂规格】 5%可溶液剂，制剂首家登记证号 PD20184008。

【单用技术】 采用喷雾法作茎叶处理。

（1）番茄　防治烟粉虱，于烟粉虱发生初期施药，每亩用 100～125mL，间隔 5～7 天防治一次。

（2）黄瓜　防治白粉病，于白粉病发病前至病斑初见期施药，每亩用 90～120mL，间隔 7～10 天防治一次，连续防治 2～3 次。

（3）草莓　防治炭疽病，于炭疽病发病前至病斑初见期施药，每亩用 90～120mL，可使用 3 次，施药间隔期 7 天左右。

（4）柑橘　防治红蜘蛛，于红蜘蛛发生初期施药，稀释 200～300 倍，间隔 20 天左右防治一次。

桉油精（eucalyptol）

【产品名称】 桉叶油、桉叶油素、桉叶素、桉树脑、桉树醇等。

【产品特点】 具有触杀、熏蒸、驱避作用。主要抑制昆虫乙酰胆碱酯酶的活性，使神经传导紊乱，导致昆虫死亡。

【单用技术】 已登记单剂如 5%可溶液剂，用于十字花科蔬菜防治蚜虫，亩用 70～100mL，喷雾使用；参见 LS20040632。

已登记混剂如 1.33％桉叶油素·富右旋反式胺菊酯·氯菊酯杀虫气雾剂（蚊菌清），用于卫生上防治蚊子，喷雾使用；参见 WL99758。

八角茴香油

【混用技术】 已登记混剂如 0.042％八角茴香油·溴氰菊酯微粒剂（0.018％＋0.024％），用于仓储原粮防治仓储害虫，使用量为药：粮＝（1～1.5）：1000，施用方法为分层均匀撒施；参见 PD20080520。

百部碱 （tuberostemonine）

【产品名称】 对叶百部碱等。

【产品特点】 百部碱存在于百部科百部属植物中。提取物为一系列生物碱，如对叶百部碱、异对叶百部碱、次对叶百部碱、氧化对叶百部碱、斯替明碱、斯替宁碱等。具有触杀、胃毒作用，也可杀灭虫卵。

【混用技术】 已登记混剂如 1.1％百部碱·楝素·烟碱乳油（0.3％＋0.1％＋0.7％）；参见 LS95707。

补骨内酯 （prosuler）

【产品名称】 补骨酯素、骨酯素等。

【混用技术】 已登记混剂如 0.6％补骨内酯·氧化苦参碱水剂（0.4％＋0.2％），参见 LS96394。

茶皂素 （tea saponin）

【单用技术】 已登记单剂如 30％水剂，用于茶树防治茶小绿叶蝉，亩用 75～116.7mL，喷雾使用；参见 LS20140308。

【混用技术】 已登记混剂如 27％油茶皂素·烟碱可溶液剂（25％＋2％），用于柑橘防治柑橘全爪螨、柑橘始叶螨，使用浓度为675～900mg/kg；用于柑橘防治介壳虫，使用浓度为 900～1350mg/kg；参见 LS91306。

除虫菊素（pyrethrins）

【产品特点】 除虫菊素存在于菊科菊属除虫菊亚属的若干种植物的花中，尤以白花除虫菊的有效成分含量最高。天然产物中已判明具有杀虫活性的有效成分有 6 种，除虫菊素Ⅰ、除虫菊素Ⅱ、瓜叶除虫菊素Ⅰ、瓜叶除虫菊素Ⅱ、茉酮除虫菊素Ⅰ、茉酮除虫菊素Ⅱ。

【单用技术】 已登记单剂如 5%乳油，用于十字花科蔬菜防治蚜虫，亩用 30～50mL，喷雾使用；参见 LS20021769。

黄酮

【混用技术】 已登记混剂如 1.24%黄酮·甲哌鎓水剂、0.28%黄芩苷·黄酮水剂，参见 LS992015、LS98597、LS991962。

茴蒿素（santonin）

【产品名称】 山道年等。

【产品特点】 茴蒿素存在于菊科蒿属茴蒿的花蕾中。产品中主要成分为山道年、百部碱。胃毒作用为主，兼有触杀作用。

【单用技术】 已登记单剂如 0.65%水剂，用于苹果防治尺蠖、蚜虫，使用浓度为 13～15mg/kg，喷雾使用；用于蔬菜（叶菜类）防治菜青虫、蚜虫，亩用 200～230.8mL；参见 LS87327。

【混用技术】 已登记混剂如 0.88%茴蒿素·百部碱水剂，用于大白菜防治蚜虫，亩用 113.6～147.7mL，喷雾使用；参见 LS91412。

崁酮

【混用技术】 已登记混剂如 18%崁酮·杀虫双水剂，用于水稻防治三化螟，亩用 150～250mL，喷雾；参见 LS96396。

苦参碱（matrine）

【产品特点】 苦参碱存在于豆科苦参中，苦豆子、山豆根等植物中也有分布。本品是由苦参的根、茎、叶、果实经乙醇等有机溶剂提取制成的，含一系列生物碱（称为苦参总碱），主要有苦参碱、氧化苦参碱、槐果碱、氧化槐果碱、槐定碱等，以苦参碱、氧化苦参碱的含量最高。

【单用技术】 本品兼具杀虫、杀螨、杀菌等多方面功效。通常登记作为杀虫剂，较少登记作为杀螨剂和杀菌剂。

（1）作为杀虫剂 具有胃毒、触杀作用。已登记单剂如0.38％、1.1％粉剂，0.3％、0.36％、0.38％可溶液剂，0.2％、0.26％、0.3％、0.36％、0.5％水剂，0.3％、0.38％、2.5％乳油，1％醇溶液。

0.26％水剂，用于十字花科蔬菜防治菜青虫，亩用80～100mL，喷雾使用；参见LS20021029。

1％醇溶液，用于甘蓝防治菜青虫、菜蚜，亩用50～120mL，喷雾使用；参见LS93614。

（2）作为杀螨剂 已登记单剂如0.2％水剂，用于苹果防治红蜘蛛，亩用250～750mL，喷雾使用；参见LS991724。

（3）作为杀菌剂 已登记单剂如0.36％水剂，用于梨树防治黑星病，稀释600～800倍喷雾（使用浓度4.5～6mg/kg）使用；参见LS20090847。

【混用技术】

（1）作为杀虫剂 已登记混剂组合如1.2％苦参碱·烟碱可溶液剂（0.2％＋1％）；参见LS20060059。已登记桶混剂如0.2％苦参碱水剂＋1.8％鱼藤酮乳油；参见LS97621。

（2）作为杀螨剂 已登记混剂如0.6％苦参碱·小檗碱水剂（0.15％＋0.45％）、20％苦参碱·硫黄·氧化钙水剂（0.15％＋13.5％＋6.35％）；参见LS2001201、LS98947。

苦豆子总碱（total alkaloids in *Sophora alopecuroides*）

【混用技术】 已登记混剂如16.1％苦豆子总碱·辛硫磷乳油（1.1％＋15％）、13.6％苦豆子总碱·灭多威乳油（1.1％＋12.5％）；参见LS20001305、LS20001196。

苦皮藤素 (celangulin)

【产品特点】 本品是由卫矛科南蛇藤属苦皮藤的根皮或种子提取物制成的。具有较强的胃毒、拒食、驱避、触杀作用。主要作用于昆虫消化道组织，破坏其消化系统正常功能，导致昆虫因进食困难饥饿而死。对鳞翅目幼虫、同翅目蚜虫等有较好防效。

【单用技术】 已登记单剂如 0.23％乳油，用于十字花科蔬菜防治小菜蛾，亩用 69.6～87.0mL，喷雾使用；参见 LS20001489。

辣椒碱 (capsaicine)

【混用技术】 已登记混剂如 9％辣椒碱・烟碱微乳剂（0.7％＋8.3％），用于十字花科蔬菜防治菜青虫，亩用 40～60mL，喷雾使用；参见 LS2001334。

狼毒素 (neochamaejasmin)

【单用技术】 已登记单剂如 1.6％水乳剂，用于十字花科蔬菜防治菜青虫，亩用 50～100mL，喷雾使用；参见 LS20053043。

莨菪烷类生物碱

【产品名称】 莨菪烷碱、莨菪烷类生物碱（包括莨菪碱、东莨菪碱、山莨菪碱）等。

【产品特点】 存在于茄科莨菪、山莨菪、颠茄、曼陀罗、洋金花等植物中。

【单用技术】 已登记单剂如 0.25％莨菪烷碱乳油，用于十字花科蔬菜防治菜青虫，亩用 40～60mL，喷雾使用；参见 LS991104。

【混用技术】 已登记混剂如 2.7％莨菪碱・烟碱悬浮剂（1.7％＋1％），用于棉花防治棉铃虫，亩用 150～200mL，喷雾使用；参见 LS991258。

藜芦碱（sabadilla）

【产品特点】 藜芦碱存在于多种百合科植物的根部。本品通常是由藜芦为原料，经乙醇萃取、浓缩制成的。具有触杀、胃毒作用。本品经昆虫体表或食道进入后，具有激活钠离子通道、增加细胞内钙离子浓度等生物作用，造成局部刺激，继之抑制虫体感觉神经末梢，进而抑制中枢神经，导致害虫死亡。

【单用技术】 已登记单剂如0.5%醇溶液，用于棉花防治棉铃虫、棉蚜，亩用75～100mL，喷雾使用；用于甘蓝防治菜青虫，亩用75～100mL，喷雾使用；参见LS93584。0.5%可溶液剂，用于棉花防治棉铃虫、棉蚜，亩用75～100mL，喷雾使用；参见LS96331。

【注意事项】 2021年3月20日农业农村部发出通知，含藜芦碱的农药登记产品，农药名称变更为藜芦根茎提取物，有效成分为藜芦胺，同时将白藜芦醇、藜芦托素作为标志性成分，在产品质量标准中加以规定。

楝素（toosedarin）

【产品特点】 川楝素、苦楝素、疏果净、绿保威等。楝素存在于楝科苦楝中。化学名称呋喃三萜。具有胃毒、触杀、拒食作用。害虫取食或接触药剂后，可破坏中肠组织，阻断神经中枢传导，破坏各种解毒酶系，干扰呼吸作用，影响消化吸收，丧失对食物味觉功能，表现出拒食，可导致害虫生长发育受到影响，而逐渐死亡；或在蜕皮变态时形成畸形虫体，重则麻痹，昏迷致死。对多种害虫具有很高的生物活性。

【单用技术】 已登记单剂如0.5%乳油，用于甘蓝防治菜青虫，亩用50～100mL，喷雾使用；参见LS92379。又如0.5%乳油，用于十字花科蔬菜防治蚜虫，亩用40～60mL，喷雾使用；参见LS98957。

【混用技术】 已登记混剂如1.1%百部碱·楝素·烟碱乳油（0.3%＋0.1%＋0.7%）；参见LS95707。

马钱子碱

【混用技术】 已登记混剂如 0.84％马钱子碱·烟碱水剂，用于十字花科蔬菜防治菜青虫、蚜虫，亩用 40～60mL，喷雾使用；参见 LS991432。

木烟碱 （anabasine）

【单用技术】 已登记单剂如 0.6％乳油，用于棉花防治棉铃虫，亩用 83.3～100mL，喷雾使用；参见 LS97893。

闹羊花素-Ⅲ （rhodojaponin-Ⅲ）

【产品特点】 闹羊花素-Ⅲ存在于杜鹃花科黄杜鹃的花、叶中。具有拒食、胃毒、产卵忌避作用，兼有触杀作用。作用机理主要有两方面：一是作用于神经系统，影响神经细胞三磷酸腺苷酶活性，阻断神经传导，影响离子通道开发；二是破坏中肠生物膜系统，影响消化道酶系和解毒酶系的活性。

【单用技术】 已登记单剂如 0.1％乳油，用于十字花科蔬菜防治菜青虫，亩用 60～100mL，喷雾使用；参见 LS20031731。

蛇床子素 （osthol）

【产品特点】 本品是由伞形科蛇床的干燥成熟果实的提取物制成的。触杀作用为主，胃毒作用为辅。药剂通过昆虫体表进入虫体内部，作用于神经系统，导致肌肉非功能性收缩，最终昆虫衰竭而死。

【单用技术】 已登记单剂如 0.4％乳油，用于茶树防治茶尺蠖，亩用 100～120mL；用于十字花科蔬菜防治菜青虫，亩用 80～120mL，防治蚜虫，亩用 25～50mL；用于原粮防治赤拟谷稻、谷蠹、玉米象，使用剂量为 100g 制剂/1000kg 原粮，施用方法为拌粮；参见 LS20030490。

【混用技术】 已登记混剂如 1％蛇床子素·8000IU/μL 苏云金杆菌悬乳剂；参见 LS20061639。

血根碱（sanguinarine）

【产品特点】 血根碱是罂粟科博落回的提取物生物碱成分之一。田间药效试验结果表明，1％血根碱可湿性粉剂（5％博落回生物总碱）对十字花科蔬菜菜青虫、菜豆蚜虫、苹果黄蚜、二斑叶螨、梨树梨木虱有一定防效。速效性一般，通常药后 3 天防效有所上升，持效期 7 天左右。

【单用技术】 已登记单剂如 1％可湿性粉剂，用于菜豆，防治蚜虫，亩用 30～50g；用于梨树，防治梨木虱，使用浓度为 4～5mg/L；用于苹果，防治蚜虫，使用浓度为 4～5mg/kg，防治二斑叶螨，使用浓度为 4～6.67mg/kg；用于十字花科蔬菜，防治菜青虫，亩用 30～50mL；参见 LS20030416。

烟碱（nicotine）

【产品特点】 烟碱主要存在于茄科烟草属 50 余种植物中。具有胃毒、触杀、熏蒸作用，并有杀卵作用。烟碱的蒸气可从虫体任何部位侵入虫体，主要是麻痹虫体的神经，达到杀死害虫的目的。

【单用技术】 已登记单剂如 10％烟碱乳油，用于棉花，防治蚜虫，亩用 50～70mL，喷雾使用；参见 LS94692。用于菜豆，防治蚜虫，亩用 20～30mL，喷雾使用；参见 LS20021148。

【混用技术】 已登记混剂如 1.1％苦参碱·烟碱水剂、1.1％百部碱·楝素·烟碱乳油、27％油茶皂素·烟碱可溶浓剂；参见 LS95707、LS91306。27.5％油酸烟碱乳油，用于棉花，防治蚜虫，亩用 72.7～145.5mL，喷雾使用；参见 LS92422。

氧化苦参碱（oxymatrine）

【产品特点】 氧化苦参碱存在于豆科苦参等植物中。本品是由苦参的根、茎、叶、果实经乙醇等有机溶剂提取制成的，含一系列生物碱（称为苦参总碱），主要有苦参碱、氧化苦参碱、槐果碱、氧化槐果碱、槐定碱等，以苦参碱、氧化苦参碱的含量最高。

【单用技术】 已登记单剂如 0.1％水剂，用于十字花科蔬菜，防治菜青虫，亩用 60～80mL，喷雾使用；参见 LS99931。

【混用技术】 已登记混剂如 0.6％补骨内酯·氧化苦参碱水剂（0.4％＋0.2％）；参见 LS96394。

银杏果提取物

【产品特点】 本品系从银杏果中提取。具有触杀、胃毒作用。作用机理一是通过抑制昆虫表皮的络氨酸酶活性影响昆虫表皮中蛋白的鞣化，干扰昆虫表皮的硬化和暗化；二是通过抑制过氧化物酶和氧化氢酶等的活性，干扰昆虫的代谢和发育，致昆虫死亡。

【单剂规格】 23％可溶液剂（十三烷苯酚酸 4.4％、十五烯苯酚酸 18.6％）。制剂首家登记证号 PD20190025。

【单用技术】 登记用于小白菜，防治蚜虫，于小白菜蚜虫发生始盛期施药，每亩用 100～120mL；视虫害发生情况可间隔 7 天再用药一次。

印楝素 （azadirachtin）

【产品特点】 又名绿晶、全敌、爱禾等。印楝素存在于楝科植物印楝（*Azadirachta indica*）中。该植物原生于印度、缅甸，是一种喜温耐旱、树干高大、四季常绿的热带速生乔木，树干直径可达 2m以上，一年半可长至 5m 高，并开花结果，产果期 100 多年；在 70多个国家有分布和种植，印度等国数量最多。我国没有自然分布的印楝，1986 年从非洲多哥成功地将印楝引种到广东徐闻县和海南万宁县，现在云南和四川也有大面积种植。人们已从印楝中分离得到 100多种化合物，其中至少 70 种具有生物活性（已鉴定出 10 多种主要的活性成分），它们为二萜类、三萜类、戊三萜类、非萜类化合物，例如印度苦楝子素、苦楝三醇、印楝素。印楝素属于四环三萜类化合物，分为 A、B、C、D、E、F、G、I 等 8 种，印楝素 A 即通常所说的印楝素，1986 年德国克劳斯报道其化学结构式。印楝素在印楝各部位均有分布，种核中含量最高（含量达 0.3％～0.6％，我国引种印楝种子中印楝素含量在 0.28％～0.53％之间，局部地区的含量明显高于印度和缅甸品系）。

具有多种作用方式，既具有现代的特异性作用方式（如拒食、驱避、绝育、昆虫生长调节），又具有传统的杀生性作用方式（如触杀、胃毒、内吸）。有的资料说印楝素作用方式有三种：一是干扰昆虫正常行为，表现为拒食、驱避、产卵忌避、绝育等；二是抑制昆虫生长发育；三是毒杀作用，表现为触杀、胃毒、内吸活性。

（1）拒食　是目前世界上公认的活性最强的拒食剂之一，例如在 $0.1\mu g/mL$ 浓度下使沙漠蝗 100% 拒食。通过直接或间接破坏昆虫口器的化学感应器官产生拒食作用。不同昆虫对其拒食作用的敏感程度不同，鳞翅目昆虫最敏感，低于 $1\sim50\mu g/mL$ 就有很高的拒食效果；直翅目昆虫的敏感程度差异较大，最敏感的是沙漠蝗，EC_{50} 为 $0.05\mu g/mL$，中度敏感的是飞蝗，EC_{50} 为 $100\mu g/mL$，最不敏感的是血黑蝗，EC_{50} 大于 $1000\mu g/mL$；鞘翅目、半翅目、同翅目昆虫相对地不敏感。

（2）驱避　对褐飞虱、白背飞虱、柑橘木虱、甘薯粉虱、二点黑尾叶蝉、稻瘿蚊、豌豆蚜、橘蚜等同翅目昆虫和白蚁、蝗虫等有很高的驱避活性。对棉铃虫、菜心野螟、草地贪夜蛾、丝光绿蝇、豆象的雌虫具有产卵驱避作用。用 0.02% 的印楝种核制剂处理后的植株或基质上，丝光绿蝇雌虫不产卵，产卵驱避效果达 100%。

（3）绝育　通过抑制脑神经分泌细胞对促前胸腺激素的合成与释放，影响前胸腺对蜕皮甾类的合成与释放，以及咽侧体对保幼激素的合成与释放。对昆虫血淋巴内保幼激素正常浓度水平的破坏使得昆虫卵成熟所需要的卵黄原蛋白合成不足而导致不育。

（4）昆调　能干扰昆虫从卵期到成虫各个阶段的正常生长发育。在卵期能降低产卵量和孵化率；在幼虫期能抑制蜕皮，使幼虫不能正常蜕皮或出现永久性幼虫；在蛹期则降低化蛹率或出现畸形蛹；在成虫期则出现畸形成虫。除了形态上的显著变化外，昆虫的生活习性也可能受到影响，如群居性、昼夜节律等发生改变。许多昆虫在取食或接触到印楝素后都表现出生长发育受阻现象，症状表现为幼虫（若虫）蜕皮延长，蜕皮不完全（畸形），或者蜕皮时就死亡，例如鳞翅目的杂色夜蛾、烟芽夜蛾、莎草黏虫、亚洲玉米螟、欧洲玉米螟、甘蓝夜蛾、小菜蛾等幼虫，鞘翅目的墨西哥瓢虫、日本弧丽金龟、大栗鳃金龟、马铃薯甲虫等，半翅目的马利筋长蝽、棉带纹红蝽等，同翅目的褐飞虱、白背飞虱、二点黑尾叶蝉、温室粉虱、桃蚜等，直翅目的沙漠蝗、飞蝗等，缨翅目的红带月蓟马等，双翅目的埃及伊蚊、樱桃细食蝇等。

（5）触杀　通过对中肠消化酶的作用使得食物的营养转化不足，影响昆虫的生命力。高剂量可直接杀死昆虫，低剂量则使幼虫无法化蛹出现永久性幼虫，或形成畸形的蛹、成虫。

（6）胃毒　具有很强的触杀、拒食、忌避、抑制昆虫生长发育的作用，兼有胃毒、抑制呼吸、抑制昆虫激素分泌等多种生理活性。

（7）内吸　有良好的内吸传导特性，印楝素制剂施于土壤中，可被作物根系吸收输送到茎叶，使整株作物具有抗虫性。

【适用范围】　对作物安全，适用范围很广，例如水稻、棉花、蔬菜、茶叶、果树、草原等。控害谱很广，包括昆虫、螨类、线虫。有的资料说，对 10 余目（如鳞翅目、鞘翅目、半翅目、同翅目、直翅目、缨翅目、双翅目）400 多种农、林、储粮和卫生害虫有生物活性，尤其对鳞翅目、鞘翅目等害虫有特效。据报道，茶叶上多次应用后，病害发生极轻。在美国，印楝素登记用于水稻防治稻瘟病。另外，它还有抗疟疾、抗炎、抑制动物和人体内真菌生长等药用价值。

【单剂规格】　0.03％粉剂，0.3％、0.5％、0.6％、0.7％乳油，0.3％、0.5％可溶液剂，0.3％、1％、2％水分散粒剂，1％微乳剂。制剂首家登记证号 LS97985。

【单用技术】　主要用于作物生长期间作茎叶处理，也可用于贮运期间。

（1）蔬菜　十字花科蔬菜（如甘蓝）：防治小菜蛾，亩用 0.3％乳油 50～80mL（折合 2.25～3.6g 有效成分）、60～90mL（折合 2.7～4.05g 有效成分）、300～500mL（折合 13.5～22.5g 有效成分）；参见 PD20110078、LS20001678、PD20101580、PD20101938。也可亩用 0.5％乳油 125～150mL（折合 9.375～11.25g 有效成分）；参见 LS20090098、PD20110360。也可亩用 0.6％乳油 100～200mL（折合 9～18g 有效成分）；参见 LS20100139。也可亩用 0.7％乳油 60～80mL（折合 6.3～8.4g 有效成分）；参见 LS20110147。不同厂家产品的登记用量有所差异。小菜蛾喜在夜间活动，应在清晨或傍晚施药，以利于提高防效。

十字花科蔬菜（如甘蓝）：防治斜纹夜蛾，亩用 0.6％乳油 100～200mL（折合 9～18g 有效成分）；参见 LS20100139。

十字花科蔬菜（如甘蓝）：防治菜青虫，亩用 0.3％乳油 90～

140mL（折合 4.05～6.3g 有效成分）；参见 PD20102187。也可亩用 0.7％乳油 40 ～ 60mL （折合 4.2 ～ 6.3g 有 效 成 分）；参见 LS20110147。

（2）柑橘　防治潜叶蛾，用 0.3％乳油稀释 400～600 倍喷雾（使用浓度 5～7.5mg/kg）；参见 PD20101580。

（3）茶叶　防治茶毛虫，亩用 0.3％乳油 120～150mL；参见 PD20101580。

（4）草原　防治蝗虫，亩用 0.3％乳油 200～300mL；参见 LS200038。

（5）仓储　按每 100kg 谷物加入 2～5kg 印楝叶子粉，可防治多种仓储害虫。

【混用技术】　已登记混剂如 0.8％阿维菌素·印楝素乳油（0.5％＋0.3％）、0.9％阿维菌素·印楝素乳油（0.6％＋0.3％）、1％甲氨基阿维菌素·印楝素乳油（0.7％＋0.3％）、1％苦参碱·印楝素乳油（0.4％＋0.6％）。

【注意事项】　印楝种子榨取印楝油（种子含 20％印楝油）、浸提印楝素后，剩下的饼粕是很好的肥料，施药在土壤里，既能增强土壤肥力，又能控害保护作物（可以防治土壤中的病菌、白蚁、线虫，对蝗虫等起到驱避作用，对芥蚜有杀伤作用）。可将印楝素加工成诱捕器的诱芯，用于害虫的防治。不能与碱性物质混用。研究印楝素水解动力学过程后发现，随着水中 pH 值由低变高，水解速度加快。在阴天或晴天傍晚施用能充分发挥效果。见效较慢，但持效期长，在害虫发生前预防使用或幼虫 1～2 龄时使用效果最佳。复杂的大分子结构中有酯键、环氧化物、烯键等不稳定基团，易降解，适合在有机、绿色和无公害食品生产中应用。在紫外线照射下会发生光异构化反应，在更加强烈的光照和氧化条件下会发生氧化反应和聚合反应，生成的光降解产物比其母体化合物生物活性低。另外，在温度高和微生物、金属离子存在情况下，均会导致分解加快。为防止光解，可加些醌类、羟基二苯酮类、水杨酸类化合物。印楝素含有多个组分，具有多种作用方式和多个作用靶标，合理使用，害虫不易产生抗药性。每季最多使用 3 次，安全间隔期 5 天。

油酸 (oleic acid)

【混用技术】 已登记混剂如 15％烟碱·油酸（又称蒽·烟）乳油、27％辛硫磷·烟碱·油酸（又称辛·烟·油酸）乳油，参见 LS95306、LS2001543。

鱼藤酮 (rotenone)

【产品特点】 鱼藤酮存在于豆科 15 个属植物中，其中鱼藤属、梭果豆属最重要，主要物种有毛鱼藤、马来鱼藤、中国鱼藤、秘鲁梭果豆、巴西梭果豆。具有触杀、胃毒作用。

【单用技术】 已登记单剂如 2.5％乳油，用于叶菜，防治蚜虫，亩用 100mL，喷雾使用；参见 PD91105-2。

藻酸丙二醇酯 (propyleneglycol alginate)

【产品名称】 美加农等。

【产品特点】 藻酸丙二醇酯是一种被乙二醇酯化了的多聚糖酸，分子量 10000～20000；原药纯度≥84％，外观呈淡黄色颗粒粉状，可溶于水，呈黏胶状。本品是由海藻提取物藻酸经酯化反应而制成的。具有触杀作用。对小型软体昆虫有杀伤作用，对成虫、若虫均有效，尤其是成虫虫口数较高时，更能显示其杀虫特点。

【单用技术】 已登记单剂如 0.12％可溶液剂，用于番茄，防治白粉虱，亩用 333.3～500mL，喷雾使用；参见 20060169。

【注意事项】 注意本品是物理机制的触杀性杀虫剂，须在药液干燥前接触到昆虫任何部位才能起到杀虫作用，因此药液均匀分布于作物表面（注意叶片背面一定要喷雾周到）及保持湿润的时间是关键。

樟脑 (camphor)

【单用技术】 已登记单剂如 94％防蛀片剂，用于卫生上防治黑毛皮蠹，施用方法为投放；参见 WL20060174。

四、动物源/抗体型生物杀虫剂品种

动物源/活体型生物农药指商业化的具有防治《农药管理条例》第二条所述的病、虫、草等有害生物的生物活体（除微生物农药以外），通常称为天敌生物。据统计，6 大作物上的天敌昆虫共有 11 目 96 科 1349 种，其中膜翅目、鞘翅目占 70％以上。动物源/活体型生物农药现在不列入农药进行管理（此前已获准登记的有 2 种——500 粒卵/卡平腹小蜂卡片、1000 粒卵/卡松毛虫赤眼蜂卡片）。

动物源/抗体型生物杀虫剂已获准登记的仅 1 种。

斑蝥素（cantharidin）

【产品特点】 本品源于节肢动物门昆虫纲芫菁科南方大斑蝥或黄黑小斑蝥的干燥虫体。

【单用技术】 已登记单剂如 0.01％水剂，用于十字花科蔬菜，防治菜青虫，亩用 2000～2500mL，喷雾使用；参见 LS20061116。

第七节 特殊生物杀虫剂品种 >>>

前面章节所称的生物农药是通常意义上的生物农药。为了方便查阅，将生物＋化学农药、生物化学农药放在这里单独介绍。

（1）生物化学农药 从字面上看就会发现这类农药很"特殊"，既是"生物"的又是"化学"的。2017 年发布的《农药登记资料要求》写道，生物化学农药是指同时满足下列两个条件的农药：一是对防治对象没有直接毒性，而只有调节生长、干扰交配或引诱等特殊作用；二是天然化合物，如果是人工合成的，其结构应与天然化合物相同（允许异构体比例的差异）。主要包括以下类别：第一类是化学信息物质，是指由动植物分泌的，能改变同种或不同种受体生物行为的化学物质。第二类是天然植物生长调节剂，是指由植物或微生物产生的，对同种或不同种植物的生长发育（包括萌发、生长、开花、受精、坐果、成熟及脱落的过程）具有抑制、刺激等作用或调节植物抗逆境（寒、热、旱、湿、风、病虫害）的化学物质。第三类是天然昆虫生长调节剂，是指由昆虫产生的对昆虫生长过程具有抑制、刺激等作用的化学物质。第四类是天然植物诱抗剂，是指能够诱导植物对有害生物侵染产生防卫反应，提高其抗性的天然源物质。第五类是其他生物化学农药，是指除上述以外的其他满足生物化学农药定义的物质。

顾宝根、姜辉报道，生物化学农药以昆虫生长调节剂为主，我国最早开发的品种为灭幼脲和除虫脲，登记注册的品种有 13 种，它们是灭幼脲、除虫脲、氟铃脲、杀铃脲、氟虫脲、氟啶脲、盖虫散、抑食肼、虫酰肼、十六碳烯醛、丁子香酚、三十烷醇、乙烯利。

农业部药检所《2012 年中国农药发展报告》报道，已获登记的生物化学农药有 21 种 327 个产品，它们是葡聚烯糖、氨基寡糖素、几丁聚糖、菇类蛋白多糖、低聚糖素、避蚊胺、诱蝇羧酯（地中海实蝇引诱剂）、诱虫烯、驱蚊酯、赤霉酸、赤霉酸 A_3、赤霉酸 $A_4 + A_7$、吲哚乙酸、吲哚丁酸、苄氨基嘌呤、羟烯腺嘌呤、超敏蛋白、极细链格孢激活蛋白、三十烷醇、乙烯利，其中杀虫剂有葡聚烯糖、氨基寡糖素、几丁聚糖、菇类蛋白多糖、低聚糖素等 4 种。

2008 年 8 月 28 日发布的农业行业标准 NY/T 1667.1～1667.8—2008《农药登记管理术语》也对生物化学农药作出界定。生物化学农药是对防治对象没有直接毒性，具有调节生长、干扰交配、引诱或抗性诱导等特殊作用的天然或人工合成的农药。生物化学农药包括以下几类：信息素、激素、天然植物生长调节剂、天然昆虫生长调节剂、蛋白类农药、寡聚糖类农药。

2020 年 3 月农业农村部药检所制定的《我国生物农药登记有效成分清单（2020 版）》（征求意见稿）包括生物化学农药 5 类 28 种：化学信息物质（二化螟性诱剂、斜纹夜蛾性诱剂、地中海实蝇引诱剂、绿盲蝽性信息素、梨小性迷向素），天然植物生长调节剂（赤霉酸、吲哚乙酸、吲哚丁酸、烯腺嘌呤、羟烯腺嘌呤、苄氨基嘌呤、芸苔素内酯、14-羟基芸苔素甾醇、三十烷醇、S-诱抗素、萘乙酸、抗坏血酸），天然昆虫生长调节剂（诱虫烯、S-烯虫酯），天然植物诱抗剂（超敏蛋白、极细链格孢激活蛋白、氨基寡糖素、香菇多糖、几丁聚糖、葡聚烯糖、低聚糖素、混合脂肪酸），其他（胆钙化醇）。这些品种是发布清单时在登记状态的，还有一些已过登记有效期的品种，如橘小实蝇引诱剂、瓜实蝇引诱剂，参见 LS20040755、LS20040756。

（2）生物＋化学农药　在生物发酵产品的基础上进行化学再加工，既有生物农药的"血统"，也有化学农药的"妆容"，如富表甲氨基阿维菌素、甲氨基阿维菌素苯甲酸盐、依维菌素、乙基多杀菌素。

S-烯虫酯（S-methoprene）

【产品特点】　本品属于昆虫生长调节剂之保幼激素类杀虫剂，只对幼虫有效，如果对蛹或成蚊施药，则不会有效果。施药后幼虫会继续生长直至成蛹，然后死亡而不会继续发育为成蚊，以达到大规模控蚊的目的。

【单剂规格】　1％、4.3％颗粒剂，20％微囊悬浮剂。制剂首家登记证号 WP20180179。

【单用技术】　于水体中蚊的2、3、4期幼虫阶段施药，以防止成蚊的出现。

20％微囊悬浮剂登记用于室外防治蚊（幼虫），制剂量为 0.1g/m²，施用方法为喷洒。对足量的水，选择合适的设备进行喷洒，可以对额定面积的土地、水面形成有效覆盖。当待施药区域的风向不固定时尽量不要进行施药。施药7～10天后需补充施药。

颗粒剂登记用于室外防治蚊（幼虫），1％颗粒剂的制剂用量为 4.8～9.6g/m²，4.3％颗粒剂的制剂用量为 1.12～2.24 g/m²，施用方法为撒施（直接向孳生蚊虫的水体撒施）。

蛋白（harpin）

【单用技术】　本产品仅在口岸用于实蝇监测。已登记产品如 20％蛋白饵剂（ERA bait pellets），参见 LS20051428。

地中海实蝇引诱剂（trimedlure）

【产品名称】　诱蝇羧酯等。

【产品特点】　本品是天然昆虫源物质（节肢动物信息素）的仿生合成物。只对地中海实蝇等实蝇类害虫有诱集作用。用于地中海实蝇监测。本品对地中海实蝇雄虫具有强烈的引诱作用，可引诱雄虫到诱捕器，被胶黏剂黏留或被杀虫剂杀死。

【单用技术】 制剂首家登记证号 LS20040757。95％诱芯专供检验检疫用，防治对象地中海实蝇，施用方法放置于专用诱捕器——将诱芯开包后，固定于专用诱捕器内挂于实蝇寄主果树的树冠中上部遮阴处。在监测区域内悬挂密度为挂 1～4 个诱捕器/km²。在监测季节，每月更换一次诱芯。

二化螟性诱剂

【单剂规格】 已登记产品如 1.22mg/个挥散芯（内含顺-13-十八碳烯醛 0.12mg/个、顺-11-十六碳烯醛 1.0mg/个、顺-9-十六碳烯醛 0.1mg/个），制剂首家登记证号 PD20200312。

【产品特点】 只对雄虫有诱集作用，用于雄虫的诱捕。

【单用技术】 登记用于水稻，防治二化螟，制剂用量为 2～3 个挥散芯/亩，施用方法为诱捕。于越冬代二化螟羽化前 1 周左右开始使用，每隔 4～6 周更换一次挥散芯。本品需要与配套诱捕器配套使用，每个诱捕器配 1 枚挥散芯。一般每隔 4～7 天及时清理诱捕器内死虫，或根据实际诱虫量及时清理诱捕器内死虫。

富表甲氨基阿维菌素 （methylamineavermectin）

【产品特点】 本品系以阿维菌素为先导化合物进行人工半合成的。性能优于阿维菌素，对人畜毒性较阿维菌素低。制剂首家登记证号 LS2001317。

【单用技术】 已登记产品如 0.5％乳油，用于十字花科蔬菜，防治小菜蛾、甜菜夜蛾。

红铃虫性诱素

【产品名称】 信优灵等。

【单用技术】 94％缓释剂登记用于棉花，防治棉红铃虫，制剂用量为 2.5～5.5g/亩，施用方法为枝条悬挂；参见 PD232-98。

甲氨基阿维菌素苯甲酸盐 （emamectin benzoate）

【产品名称】 甲维盐、埃玛菌素等。

【产品特点】 本品系阿维菌素的类似物，即以阿维菌素为先导化合物，把阿维菌素4位上的羟基置换成甲氨基，因而它是从阿维菌素开始进行半人工合成的产物。其作用机理、防治对象与阿维菌素相同，但杀虫活性比阿维菌素高，对温血动物毒性比阿维菌素低。药剂进入虫体后，增强神经传递介质如谷氨酸盐和 γ-氨基丁酸的作用，促使大量氯离子进入神经细胞，使细胞功能丧失，扰乱神经传导，发生不可逆转的麻痹死亡。害虫接触药剂后立即停止取食、停止活动，6～12h麻痹至僵死。一般受药后3～4天达死亡高峰。主要是胃毒作用，兼有一定触杀作用，无内吸性，但能渗透到作物表皮，形成一个有效的贮存层，有较长的持效性，使受药10天后又出现第二个杀虫致死高峰。

【单剂规格】 累计登记单剂逾985个，含量、剂型繁多，如0.1％饵剂，0.2％、0.5％、1％、1.5％乳油，1％、2％、5％微乳剂，2％水乳剂，5％、8％水分散粒剂。5％甲氨基阿维菌素以甲氨基阿维菌素苯甲酸盐计算则为5.7％，8％甲氨基阿维菌素以甲氨基阿维菌素苯甲酸盐计算则为9.1％。制剂首家登记证号LS991873。

【单用技术】 登记作物和防治对象很多，选取部分信息介绍如下。

（1）水稻 防治稻纵卷叶螟，卵孵化高峰期至低龄幼虫期施药，每亩用5％水分散粒剂10～20g；参见PD20101213。每季最多使用3次，安全间隔期21天。防治二化螟，在卵孵盛期至1、2龄幼虫发生高峰期施药，每亩用5％水分散粒剂10～15g；参见PD20111016。每季最多使用3次，安全间隔期14天。

（2）甘蓝 防治甜菜夜蛾，于卵孵盛期至低龄幼虫期施药，每亩用5％水分散粒剂15～20g；参见PD20101213。每季最多使用2次，安全间隔期3天。

（3）豇豆 防治蓟马，于豇豆蓟马始发盛期施药，每亩用5％微乳剂3.5～4.5mL，宜在早上豇豆花闭合前施药；参见PD20101793。

【混用技术】 已登记混剂组合、混剂配比和混剂产品很多，如5％高效氯氰菊酯·甲氨基阿维菌素苯甲酸盐微乳剂（4.5％＋0.5％）。

【注意事项】 本品遇强光易光解，请避开高温强光时间施药。

梨小性迷向素

【产品特点】 梨小食心虫性信息素等。本品系人工化学合成，有效成分与自然界中梨小食心虫分泌的性信息素在化学结构上基本相同。通过缓慢释放的方式，散发梨小性迷向素，能有效地对雄性梨小食心虫起到迷向的作用，减少大量雄蛾找到雌蛾进行交配、繁殖或产卵的数量（雄虫有沿着未交配雌虫释放在空气中的性信息素寻找雌虫交配的本能，本品自缓释剂挥发于空气中后，可诱捕梨小食心虫的雄虫，也可干扰雄虫对雌虫的寻找，从而减少交配），有效地防止梨小食心虫虫害的发生。

【单剂规格】 112mg/条缓释管，240mg/条缓释剂（内含 Z-8-十二碳烯醇 5mg/条、Z-8-十二碳烯乙酯 215mg/条、E-8-十二碳烯乙酯 20mg/条；2021 年 3 月 20 日农业农村部发出通知，三者分别更名为顺-8-十二碳烯醇、顺-8-十二碳烯乙酸酯、反-8-十二碳烯乙酸酯），240mg/个挥散芯。制剂首家登记证号 LS20120022。

【单用技术】 登记用于桃树，防治梨小食心虫，制剂量 33～43 条/亩，施用方法为距地面 1.5～1.8m 处挂条。每季作物使用 1 次。

【注意事项】 初次使用本品的果园，需注意果园内虫情密度，配备虫情监测器，配合使用化学农药，降低果园内梨小食心虫的数量，第二年后，基本上可单独使用本品进行生物防治梨小食心虫。

绿盲蝽性信息素

【产品特点】 只对雄虫有诱集作用，用于雄虫的诱捕。

【单剂规格】 已登记产品如 20mg/个挥散芯（内含丁酸-反-2-己烯酯 12mg/个、4-氧代-反-2-己烯醛 8mg/个）。制剂首家登记证号 PD20190106。

【单用技术】 登记用于枣树防治绿盲蝽，制剂用量为 3～5 个挥散芯/亩，施用方法为悬挂。于越冬代绿盲蝽羽化前 1 周左右开始使用，每隔 4 周更换一次挥散芯。于枣树绿盲蝽发生初期使用，悬挂于树高三分之二处。本品需要与配套诱捕器配套使用，每个诱捕器配 1 枚挥散芯。一般每隔 4～7 天及时清理诱捕器内死虫，或根据实际诱虫量及时清理诱捕器内死虫。

烯虫酯 （methoprene）

【产品特点】 本品属于昆虫生长调节剂之保幼激素类杀虫剂（1956 年有人提出用保幼激素作为杀虫剂的设想），是第一个商品化品种。抑制未成龄幼虫变态，保持幼年期特征，使蜕皮后仍为幼虫。选取害虫适宜时期施药，能破坏虫体内正常的激素平衡，使之出现不正常变态、成虫不育或卵不能孵化，从而达到控制和消灭害虫的目的。本品处理过的末龄幼虫，虽能正常化蛹，但不能正常羽化，或者死亡，也可能羽化后翅不全，不能飞翔。用本品防治白蚁，能阻碍幼虫正常变态，使蚁王不育。

【单用技术】 4.1%可溶液剂登记用于烟草，防治甲虫，稀释 4100～5467 倍，喷雾使用；参见 LS97029。

斜纹夜蛾性信息素

【产品特点】 只对雄虫有诱集作用，用于雄虫的诱捕。本品可用于斜纹夜蛾成虫发生的监测及防治。登记用于烟草、十字花科蔬菜，防治斜纹夜蛾，制剂量 1～3 个挥散芯/亩，施用方法为诱捕。于越冬代斜纹夜蛾雄虫羽化前 1 周左右开始使用，每隔 4～6 周更换一次挥散芯。本品需要与诱捕器配套使用，每个诱捕器配 1 枚挥散芯。一般每隔 4～7 天及时清理诱捕器内死虫，或根据实际诱虫量及时清理诱捕器内死虫。

【单剂规格】 已登记产品如 3.3mg/个挥散芯（内含顺-9-反-11-十四碳烯乙酸酯 3mg/个、顺-9-反-12-十四碳烯乙酸酯 0.3mg/个），制剂首家登记证号 PD20211891。

依维菌素 （ivermectin）

【产品特点】 本品系阿维菌素的类似物，即以阿维菌素为先导化合物，将其分子中的 22、23 双键经氢化选择性还原。其作用方式、作用机理与阿维菌素相同，保留了阿维菌素的控害活性，但对哺乳动物的毒性大大降低。不仅可作为农林用药，还可作为卫生用药和兽业用药。

【单剂规格】 0.1％饵剂，0.3％、0.5％乳油，5％微乳剂。制剂首家登记证号 LS20060369。

【单用技术】 防治农林害虫害螨，采用喷雾法作茎叶处理。

（1）甘蓝 防治小菜蛾，每亩用 0.5％乳油 40～60mL。

（2）草莓 防治红蜘蛛，0.5％乳油稀释 500～1000 倍。

（3）杨梅 防治果蝇，0.5％乳油稀释 500～750 倍。

（4）芒果 防治蓟马，5％微乳剂稀释 1000～3000 倍。

（5）卫生杀虫 0.1％饵剂用于室内防治蜚蠊（投放在蜚蠊经常出现的地方，做到药点体积小、点数多。一旦饵剂被蜚蠊吃尽后，应立即补充施药），用于建筑物防治白蚁。0.3％乳油用于木材、土壤防治白蚁。

乙基多杀菌素 （spinetoram）

【产品名称】 艾绿士等。

【产品特点】 本品是放线菌刺糖多孢菌（*Saccharopolyspora spinosa*）发酵代谢物经化学修饰而得的。具有胃毒、触杀作用。作用于昆虫神经中烟碱型乙酰胆碱受体和 γ-氨基丁酸受体，致使害虫对兴奋性或抑制性的信号传递反应不敏感，影响正常的神经活动，直至死亡。

【适用范围】 水稻、玉米、茄子、豇豆、甘蓝、杨梅等。

【防治对象】 鳞翅目小菜蛾、甜菜夜蛾、草地贪夜蛾、稻纵卷叶螟、二化螟、豆荚螟，缨翅目蓟马，双翅目美洲斑潜蝇、杨梅果蝇等。

【单剂规格】 60g/L 悬浮剂，25％水分散粒剂。制剂首家登记证号 LS20091099。

【单用技术】 采用喷雾法作茎叶处理。单剂登记情况见表 3-19。

表 3-19 乙基多杀菌素单剂登记情况

作物	防治对象	单剂规格	用药量（制剂量）	施用时期
水稻	稻纵卷叶螟	60g/L 悬浮剂	20～30mL/亩	在 1～2 龄幼虫盛发期施药 1～2 次，均匀喷施作物叶面及叶背，每亩药液量 30～60L

作物	防治对象	单剂规格	用药量（制剂量）	施用时期
水稻	蓟马	60g/L 悬浮剂	20～40mL/亩	在蓟马发生高峰前施药，在蓟马活动部位均匀喷雾
水稻	稻纵卷叶螟	25％水分散粒剂	8～10g/亩	卵孵化盛期至2龄幼虫盛期前为防治适期
水稻	二化螟	25％水分散粒剂	12～15g/亩	卵孵盛期为防治适期，间隔7～10天后进行第二次施药
玉米	草地贪夜蛾	25％水分散粒剂	8～12g/亩	玉米苗期至小喇叭口期施药
茄子	蓟马	60g/L 悬浮剂	10～20mL/亩	在蓟马发生高峰前施药，在蓟马活动部位均匀喷雾
豇豆	美洲斑潜蝇	60g/L 悬浮剂	50～58mL/亩	在叶片上幼虫1mm左右或叶片受害率达10％～20％时开始施药
豇豆	豆荚螟	25％水分散粒剂	12～14g/亩	初花期、盛花期施药，连续施药2次，施药间隔期7～10天
甘蓝	甜菜夜蛾	60g/L 悬浮剂	20～40mL/亩	在低龄幼虫期施药2～3次，间隔7天
甘蓝	小菜蛾	60g/L 悬浮剂	20～40mL/亩	在低龄幼虫期施药2～3次，间隔7天
黄瓜	美洲斑潜蝇	25％水分散粒剂	11～14g/亩	低龄幼虫（1～2龄幼虫）期施药，或叶面形成0.5～1cm长虫道时开始施药
西瓜	蓟马	60g/L 悬浮剂	40～50mL/亩	在蓟马发生高峰前施药，在蓟马活动部位均匀喷雾
芒果	蓟马	60g/L 悬浮剂	1000～2000倍液	在蓟马发生高峰前施药，在蓟马活动部位均匀喷雾
杨梅树	果蝇	60g/L 悬浮剂	1500～2500倍液	在杨梅采摘前7～10天施药

【混用技术】 已登记混剂如34％甲氧虫酰肼·乙基多杀菌素悬浮剂（28.3％＋5.7％）、40％氟啶虫胺腈·乙基多杀菌素水分散粒剂（20％＋20％）。

诱虫烯（muscalure）

【混用技术】　已登记混剂如 1.05％吡虫啉·诱虫烯饵剂（1％＋0.05％），用于室内防治蝇，参见 WP20160042。获准登记的混剂组合还有呋虫胺·诱虫烯、噻虫嗪·诱虫烯。

第八节 ▏ 杀虫剂混剂 ▶▶▶

混用是指一种杀虫剂与另外的杀虫剂或其他类型的农药混配在一起施用。混用不仅是杀虫剂科学使用的研究课题，而且是杀虫剂深度开发的潜力所在。早在杀虫剂发展初期人们就注意到了杀虫剂混用的作用。

一、混用的形式

（1）现混　田间现混，及时使用。即通常所说的现混现用或现用现混，这种方式在生产中运用得相当普遍，也比较灵活，可根据具体情况调整混用品种和剂量。应随混随用，配好的药液和药土等不宜久存，以免减效。

（2）桶混　工厂桶混，按章使用。有些杀虫剂之间现混现用不方便，但又确实应该成为伴侣，厂家便将其制成桶混制剂（罐混制剂），分别包装，集束出售，群众形象地称之为"子母袋""子母瓶"。我国杀虫剂和除草剂桶混剂已有登记，而杀菌剂桶混剂尚无产品获准登记。1997 年我国首个杀虫剂桶混剂 0.2％苦参碱水剂＋1.8％鱼藤酮乳油桶混剂（绿之宝）获准登记，用于甘蓝，防治菜青虫；参见 LS97621。

2022 年 8 月 10 日农业农村部农药管理司发出《关于切实加强农药市场监督检查的通知》，要求"在检查过程中发现以委托加工为名出租、出借农药登记证，套证、套牌生产经营，销售连体包装、'套餐'农药等违法行为的，要依法查处"。

（3）预混　工厂预混，直接使用。系由工厂预先将两种以上杀虫剂混合加工成定型产品，用户按照使用说明书直接投入使用。对于用户来说，使用这种混剂与使用单剂并无二样。在各组分配比要求严格，现混现用难于准确掌握，或吨位较大，或经常采用混用的情况下，都以事先加工成混剂为宜。若混用能提高化学稳定性或增加溶解度，应尽量制成预混的混剂。

二、混用的范围

1. 杀虫剂与杀虫剂混用

（1）化学杀虫剂＋化学杀虫剂　如螺虫乙酯＋噻虫啉。

（2）化学杀虫剂＋生物杀虫剂　如毒死蜱＋阿维菌素。

（3）生物杀虫剂＋生物杀虫剂　如阿维菌素＋苏云金杆菌。

（4）无机杀虫剂＋无机杀虫剂　目前暂无此类产品获准登记。

（5）无机杀虫剂＋有机杀虫剂　如硼酸＋杀螟硫磷、石硫合剂＋机油。

（6）有机杀虫剂＋有机杀虫剂　如高效氯氟氰菊酯＋噻虫啉。

（7）某类化学结构杀虫剂＋同类化学结构杀虫剂　如三唑磷＋辛硫磷，两者均属于有机磷类。

（8）某类化学结构杀虫剂＋异类化学结构杀虫剂　如甲氰菊酯＋辛硫磷，前者属于拟除虫菊酯类，后者属于有机磷类。

（9）某类作用方式杀虫剂＋同类作用方式杀虫剂　如胺菊酯＋右旋苯醚菊酯，两者作用方式相同，混剂登记用于防治卫生害虫蚊、蝇、蜚蠊，参见 WP4-93。

（10）某类作用方式杀虫剂＋异类作用方式杀虫剂　如吡虫啉＋马拉硫磷，前者是内吸性杀虫剂，具有胃毒和触杀作用，后者无内吸性，具有良好的触杀和一定的熏蒸作用。

（11）某类作用机理杀虫剂＋同类作用机理杀虫剂　如敌百虫＋辛硫磷。

（12）某类作用机理杀虫剂＋异类作用机理杀虫剂　如氯虫苯甲酰胺＋噻虫嗪，前者为鱼尼丁受体调节剂，后者为烟碱乙酰胆碱受体促进剂。

2. 杀虫剂与其他类型的农药混用

（1）杀虫剂＋杀螨剂　如灭幼脲＋哒螨灵，混剂登记用于苹果防治害虫金纹细蛾、害螨、山楂红蜘蛛，参见 PD20081644。

（2）杀虫剂＋杀菌剂　如吡虫啉＋戊唑醇。

（3）杀虫剂＋除草剂　如 6％丁草胺·辛硫磷粉剂，参见

LS95680。

三、混用的功效

混用并非胡拼乱凑或盲目掺和，而是有一定目的的（可概括为"三提三效"，即提高药剂效能、提高劳动效率、提高经济效益），具体说来有下列几大功效，不过并非所有混用都兼具全部的功效。

（1）扩谱　扩大杀草范围。迄今为止，人们尚未研制成功所向披靡的"全能型"杀虫剂，每种杀虫剂都只能防除一些类、一些种或某些生长发育阶段的有害生物，即有一定的防治谱（防治范围）。混用可以扬长避短，取长补短，相辅相成，扩大防治范围，兼而杀之，一药多治。

（2）增效　增强防治效果。杀虫剂混用能增强对有害生物的防治效果。

（3）降害　降低药剂毒害。杀虫剂混用后的用量一般均低于其单用时的剂量，因而可减轻对当季、旁邻、后茬作物的毒副影响。

（4）延期　延长施药时期。

（5）节本　节省使用成本。有些杀虫剂混用具有增效作用，这可降低某一种或各种杀虫剂的用量，从而节省金钱。

（6）克抗　克服害虫抗性。作用机制各异的杀虫剂混用后，作用位点增多，可延缓或克服有害生物抗药性的产生或增强，延长杀虫剂品种的使用年限。

（7）减次　减少施药次数。几种杀虫剂混用后，一次施用下去，减少施药次数，节省人力物力，从而提高劳动效率。

（8）强适　强化适应性能。有些杀虫剂混用后可增强对环境条件和使用技术的适应性。有些杀虫剂混用后能提高控害速度。

（9）挖潜　挖掘品种潜力。研制开发混剂，可充分挖掘杀虫剂潜力，让老品种"缓老还童"甚至"起死回生"，延长新品种和老品种的使用期限（有些新品种上市之初即以混剂面市）。

四、混用的类型

按配伍杀虫剂的成分个数分类，分为 3 类。

（1）二元类型　2 种农药混用（其中杀虫剂 1 种或 2 种）。

（2）三元类型　3 种农药混用（其中杀虫剂 1～3 种），如 23% 吡虫啉·咯菌腈·苯醚甲环唑悬浮种衣剂（20%＋1%＋2%）。含1～2种杀虫剂的三元预混剂很多，而含3种杀虫剂的三元预混剂则罕见。

（3）多元类型 3种以上农药混用（其中杀虫剂1种以上），这种情况目前生产上有且多见，但还没有一个这样的预混剂产品获准登记。

五、混用的原则

杀虫剂混用并非信手拈来，随意而为，必须遵循一定原则，否则会造成种种不良后果。

（1）成分稳定 混用后各有效成分应不发生化学反应，否则会造成减效甚至失效。

（2）性状保持 混用后的乳化性、分散性、润湿性、悬浮性等物理性状应不消失、不衰减，最好还能有所加强。

（3）毒害不增 混用后毒性、残毒、药害等不能增大。

（4）效用匹配 杀虫剂混用，至少应有加成作用，最好有增效作用，切忌相互之间拮抗。

下列混剂原则上不允许登记，如原则上不同意化学农药与植物源农药混配；原则上不同意化学农药与微生物农药混配，除非提供的资料表明有充分的理由；原则上不同意除草剂与其他类别药剂混配；原则上不同意植物生长调节剂与杀虫剂或杀菌剂混配，对植物生长调节剂与杀虫剂或杀菌剂混配的种子处理剂，从严审批；原则上不同意除种子处理剂的杀虫剂与杀菌剂混配的农药制剂登记，以及仅为扩大防治谱的杀虫剂或杀菌剂混配；原则上不同意相同作用机理的农药有效成分混配，经试验或由资料证明交互抗性风险低、混配具有必要性合理性的，由农药登记评审委员会审议确定；原则上不同意靶标联合作用为拮抗的、农林杀虫剂不增效的药剂混配；除除草剂、种子处理剂、信息素等有效成分外，原则上不同意3种及以上有效成分产品的登记。

六、预混剂组合

2007年末农业部发布1024种混剂组合及其简化通用名称，后又增加发布258种，累计1282种。2021年10月31日统计，我国累计登记杀虫剂产品逾41826个，约占已登记的农药产品总数88908个的47%，其中单剂产品逾26926个、混剂产品逾14900个；单剂品种（有效成分）逾230种，混剂组合逾530种。

第四章
杀虫剂使用技术 ▶▶▶

第一节 | 杀虫剂使用要领 ▶▶▶

使用杀虫剂有三项基本原则——安全、高效、经济。安全是前提，高效是关键，经济是目标。安全指的是对作物、人畜、天敌、生态环境不污染伤害或少污染伤害；高效指的是大量杀灭靶标昆虫，压低靶标昆虫密度，使作物免遭为害或少受为害；经济指的是投入少，产出高。

怎样使用才符合上述三项基本原则呢？答案为看作物"适类"用药、看昆虫"适症"用药、看天地"适境"用药、看关键"适时"用药、看精准"适量"用药、看过程"适法"用药。这就是杀虫剂的使用要领，可概括为"六看"或"六适"。

一、看作物"适类"用药

使用杀虫剂，安全放第一，千万要看清作物的具体种别类属，"适类"用药。总体上来说，杀虫剂对作物的安全性很高，但不少品种仍需谨慎，例如杀虫单对棉花、烟草和某些豆类易产生药害，马铃薯也较敏感。

二、看昆虫"适症"用药

1. 靶标昆虫种别类属

目前人们尚未研制成功所向披靡的"全能型"杀虫剂，每种杀虫剂都只能防治一些类、一些种的靶标昆虫。即使是杀虫谱很广的杀虫剂，也不能将所有靶标昆虫一扫而光。

(1) 靶标昆虫物种　靶标昆虫种类繁多，选择杀虫剂时，需弄清靶标昆虫的物种名称，即若要防治靶标昆虫，必须认得靶标昆虫。

(2) 靶标昆虫属别　靶标昆虫的属别不同，对同一种杀虫剂的反应有可能不同。

(3) 靶标昆虫科别　靶标昆虫的科别不同，对同一种杀虫剂的反应有可能存在很多差异，例如有些杀虫剂对为害水稻的螟蛾科的二化螟防效好，但对夜蛾科的大螟的防效则稍次。

(4) 靶标昆虫类群　靶标昆虫可按亲缘关系、生命周期、外部形态等进行分类，选择杀虫剂时，需弄清靶标昆虫的具体类群。

2. 靶标昆虫生长状况

(1) 生育阶段　防效高低与靶标昆虫生长发育阶段密切相关。杀虫剂防治幼虫或若虫，对低龄虫的活性大于高龄虫。廖羽报道，20%氯虫苯甲酰胺悬浮剂防治稻纵卷叶螟 1 龄、2 龄、3 龄、4 龄幼虫，药后 5 天防效分别为 87.25%、90.29%、66.67%、46.18%。

(2) 生长态势　防效高低与靶标昆虫生长状态和发展趋势密切相关。

3. 靶标昆虫抗性情况

靶标昆虫产生抗药性后，应采取更换杀虫剂品种、搭配使用、混合使用等措施，以确保防治效果。

三、看天地"适境"用药

1. 气候条件

成事在天，使用杀虫剂要不违天时（适宜的气候条件）。气候环境条件包括太阳光照、空气温度、空气湿度、大气降水、空气流动等因素。杀虫剂防效高低与气候条件密切相关。

2. 土壤条件

凡事讲求天时、地利、人和，使用杀虫剂要因地制宜，充分发挥地利（土地对农业生产的有利因素）。土壤环境条件包括土壤温度、土壤湿度、土壤质地、土壤有机质、土壤微生物、土壤酸碱度、土壤养分、土壤空气、土壤农药残留等因素。

四、看关键"适时"用药

时间就是效果，时间就是金钱，使用杀虫剂必须掌握好最适或最佳的施药时期，抓准、抓紧时机施用杀虫剂。杀虫剂的施用时期可用下列 6 种指标来表述，具体到某一种杀虫剂，其施药时期通常只用其中 1～3 种指标来表述即可，例如 20％氟苯虫酰胺悬浮剂防治玉米螟，在玉米心叶末期或喇叭口期、害虫卵孵盛期至低龄幼虫时施药。

1. 施用时节

有的杀虫剂对环境条件要求不甚严格，一年四季均可使用；有的则只能在特定季节使用。

2. 施用时段

直播作物的栽培管理通常分播种之前、播后苗前、出苗之后 3 个阶段进行，育苗移栽作物通常分移栽之前、移栽之后等两个阶段进行。对应作物的栽培管理来说，杀虫剂的施用分为播栽之前、播后苗前、生长期间等 3 个时段。

3. 施用时序

杀虫剂宜在作物最安全、靶标昆虫最敏感的时候施用，其施用时序以作物生育进程或靶标昆虫生育进程为参照，例如 5％氯虫苯甲酰胺悬浮剂防治豇豆豆荚螟，在豇豆始花期施药；20％氟苯虫酰胺水分散粒剂用于白菜防治小菜蛾、甜菜夜蛾，于害虫卵孵盛期至低龄幼虫期施药。

过去很多杀虫剂是杀生性的，无需提前，见虫打药。而今随着研究深入，一些具有新化学结构、新作用靶标的杀虫剂陆续面市，必须提前施用，让药等虫（有人形象地称之为保护性杀虫剂），例如螺虫乙酯被植物吸收后，在植物体内双向传导，转化为螺虫乙酯烯醇，再行发挥作用，所以其施用适期比以往的常规杀虫剂要提前，防治苹果棉蚜、番茄烟粉虱，应在产卵初期施药；防治柑橘介壳虫，应在孵化初期施药；防治柑橘木虱、梨木虱，应在卵孵高峰期施药；防治桃树蚜虫，应在蚜虫发生始盛期施药；防治柑橘红蜘蛛，应在红蜘蛛种群始建期施药。

4. 施用时日

在干旱、刮风、下雨、有露水等天气恶劣的日子里不要施用杀虫剂。

5. 施用时辰

晴天一般选择气温低、风小的早晚（上午 10 点前和下午 4 点后）施药，阴天全天可进行。有的人认为，中午气温高，施药效果好，其实不然。

6. 施用时距

2017 年发布的《农药标签和说明书管理办法》第十八条规定，"使用技术要求主要包括施用条件、施药时期、次数、最多使用次数、对当茬作物、后茬作物的影响及预防措施，以及后茬仅能种植的作物或者后茬不能种植的作物、间隔时间等。限制使用农药，应当在标签上注明施药后设立警示标志，并明确人畜允许进入的间隔时间。安全间隔期及农作物每个生产周期的最多使用次数的标注应当符合农业生产、农药使用实际。下列农药标签可以不标注安全间隔期：用于非食用作物的农药；拌种、包衣、浸种等用于种子处理的农药；用于非耕地（牧场除外）的农药；用于苗前土壤处理剂的农药；仅在农作物苗期使用一次的农药；非全面撒施使用的杀鼠剂；卫生用农药；其他特殊情形"。

（1）施种时距　指施用杀虫剂距离当茬或后茬作物种植的时间。

（2）施萌时距　指施用杀虫剂距离作物萌发出苗的时间。

（3）施管时距　指施用杀虫剂距离可以开展田间管理的时间。

（4）施收时距　指最后一次施用杀虫剂距离作物收获的时间，即通常所说的安全间隔期。《农药管理条例》第三十四条规定，"标签标注安全间隔期的农药，在农产品收获前应当按照安全间隔期的要求停止使用"。

（5）施降时距　多数杀虫剂施药后至少 4h 内无雨才能保证药效。

（6）施施时距　又称连用时距。某些杀虫剂与其他杀虫剂（或其他非杀虫剂）之间非但不能混用，就是连用也要求间隔一定时间、遵循一定顺序。某些矿物油产品标签上写道，"勿与不相容的农药混用，如硫黄和部分含硫的杀虫剂和杀菌剂，在这类药剂使用前后至少间隔 7 天以上再使用"。

五、看精准"适量"用药

杀虫剂的药效和药害均与其使用分量、使用浓度、使用次数、使用批次等 4 个"量"密切相关，因此，使用杀虫剂必须斤斤计较，精益求精，"适量"用药。2017 年发布的《农药标签和说明书管理办法》第十七条规定，"使用剂量以每亩使用该产品的制剂量或者稀释倍数表示。种子处理剂的使用剂量采用每 100 公斤种子使用该产品的制剂量表示。特殊用途的农药，使用剂量的表述应当与农药登记批准的内容一致"。例如 22.4％螺虫乙酯悬浮剂，登记防治番茄烟粉虱，用药量（制剂量）为 20～30mL/亩；防治柑橘木虱、介壳虫、红蜘蛛，桃树蚜虫，梨树梨木虱，稀释 4000～5000 倍；防治苹果棉蚜，稀释 3000～4000 倍；参见 PD20110281。

1. 使用分量

单位面积上所用杀虫剂之有效成分或商品制剂的数量叫作使用分量，又叫施药剂量、用药剂量、使用量、施药量、用药量、用量、药量、剂量等。面积的计量单位有 hm^2、亩、m^2 等。杀虫剂数量的计量单位有 g、kg、mL、L 等。

杀虫剂使用分量的表述方式有"有效量""制剂量" 2 种。由于有效量很"专业"，普通人"不会"计算，因此国家规定标签上的使用分量为制剂量，而且"使用剂量以每亩使用该产品的制剂量表示"。

（1）有效量　指单位面积上所用杀虫剂有效成分的数量，又叫有效成分用量、有效用量等。计量单位一般为 $g(a.i.)/hm^2$。早前登记证上的用量为有效量。

（2）制剂量　指单位面积上所用杀虫剂商品制剂的数量，又叫商品制剂用量、商品用量、制剂用量等。计量单位有 g/亩或 g/hm^2、mL/亩或 mL/hm^2 等。

2. 使用浓度

杀虫剂经稀释配制后所成混合物中杀虫剂有效成分或商品制剂的数量叫作使用浓度。杀虫剂使用浓度的表述方式有 3 种。

（1）稀释倍数　以商品制剂的稀释倍数（稀释倍数等于稀释物数量除以商品制剂数量）表述。若稀释倍数小于 100，配制时应扣除杀虫剂所占的 1 份；若大于 100 则可不扣除杀虫剂所占的 1 份。

（2）百万分浓度　以有效成分的百万分数表述。百万分浓度过去称作 ppm 浓度，现改用 mg/L 或 mg/kg 等计量单位来表示，例如成都绿金生物科技有限责任公司生产的 40％咪鲜胺水乳剂，登记用于柑橘树防治炭疽病，早前标注的使用浓度为 267～400mg/kg，参见 PD20141339。

（3）百分浓度　以有效成分的百分数表述。

千万注意，使用分量与使用浓度是两个不同的概念，千万不要混淆了。使用分量＝杀虫剂的数量÷使用面积，使用浓度＝杀虫剂的数量÷配制后混合物的数量。杀虫剂的使用效果主要取决于使用分量，也与使用浓度有关。

3. 使用次数

2017年发布的《农药标签和说明书管理办法》规定应当标注使用技术要求，"使用技术要求主要包括施用条件、施药时期、次数、最多使用次数，对当茬作物、后茬作物的影响及预防措施，以及后茬仅能种植的作物或者后茬不能种植的作物、间隔时间等"。《农药合理使用准则》对杀虫剂"常用药量、最高用药量、最多使用次数（每季作物）"等也有明确规定。

4. 使用批次

有人认为每次的使用分量越大防治效果越好，其实不然，每次超量使用会有浪费杀虫剂、引起抗药性等问题产生。杀虫剂的使用批次需根据产品特性、害虫发生情况等而定。

5. 使用剂量的登记核准

杀虫剂产品标签上的使用剂量是经过农业部（现农业农村部）登记核准的。不同杀虫剂的登记用量存在差异。就是对同一种杀虫剂而言，其登记用量也可能会因为生产厂家、有效含量、加工剂型、配方工艺、作物品类、防治对象、地理位置、施用时期、施用方式、施用方法等不同而有出入。

6. 使用剂量的酌情敲定

杀虫剂产品标签和技术资料所提供的有效（推荐、建议、参考、登记）使用剂量大多有一定幅度，例如200g/L四唑虫酰胺悬浮剂防治水稻二化螟，每亩用7～10mL，参见PD20200659。具体到一个地区或一块农田，怎样确定具体的、适宜的使用剂量呢？一要仔细阅读正确理解标签，二要虚心请教专业技术人员，三要坚持试验示范推广原则，四要根据具体情况作出抉择。这里所说的具体情况涵盖以下多个方面。

（1）昆虫情况　包括靶标昆虫的种属类别、生育阶段、生长态势、抗性情况等。

（2）环境情况 环境情况复杂多变，包括气候条件（太阳光照、空气温度、空气湿度、大气降水、空气流动）和土壤条件（土壤温度、土壤湿度、土壤质地、土壤有机质；土壤微生物、土壤酸碱度、土壤养分、土壤空气、土壤农药残留）等因素。

（3）作物情况 包括作物的种属类别、生长状况、耕制布局、栽培方式、农事田管等。

（4）药剂情况 包括施用时期、施用方式、施用方法、混用配方、使用历史等，例如凡当地未曾使用过或使用时间不长的杀虫剂，一般取低剂量，这有利于降低成本，延缓抗性，因此一些厂家告诫说："建议用量以能提供良好防效为原则，不要使用过高剂量，超量使你浪费金钱。"

六、看过程"适法"用药

良药需良法，用药须有方，得法者事半功倍，这里所说的"法"包括施用方式、施用方法、施用方技 3 个层面。

1. 施用方式

施用方式指的是将杀虫剂送达目标场所的总体策略。长期以来，很多人不区分施用方式与施用方法，有的甚至混为一谈，其实它们是两个完全不同的概念，是两个层面上的东西。施用方式是战略考虑，是宏观的；施用方法是战术运用，是微观的。施用方式的种类很少，而施用方法的种类颇多。一种施用方式可以由多种施用方法来实现，例如作土壤处理可以采取喷雾或毒土等方法。有时施用方式和施用方法连在一起说，例如土壤喷雾、茎叶喷雾。杀虫剂施用方式的类型见表 4-1 所示。

表 4-1　杀虫剂施用方式的类型

分类标准	施用方式	具体操作
按照作业靶的分类	土壤处理	将杀虫剂施用于土壤表面或土壤耕层
	茎叶处理	将杀虫剂施用于作物茎叶上或茎叶中
	种苗处理	将杀虫剂施用于种苗上
	空间处理	将杀虫剂施用于特定空间内
按照作业范围分类	全面处理	将杀虫剂施用于整个田间
	苗带处理	将杀虫剂施用于作物苗带
	定向处理	将杀虫剂施用于特定空位

分类标准	施用方式	具体操作
按照作业位置分类	地面处理	在地面施用杀虫剂
	航空处理	在空中施用杀虫剂
按照作业时段分类	播栽之前处理	在作物种子播种之前或在苗子移栽之前施用
	播后苗前处理	在作物种子播后苗前或宿根作物出苗前施用
	生长期间处理	在作物出苗后或移栽后的作物生长期间施用

2. 施用方法

施用方法指的是将杀虫剂送达目标场所的具体措施。杀虫剂的施用方法有喷雾、喷粉、种子包衣、种薯包衣、拌种、浸种、毒土等。

3. 施用方技

将杀虫剂与清水或泥土、细沙、肥料等稀释物掺兑成可施用状态的过程叫作配药，又称稀释配制等。除了少数杀虫剂可以直接施用以外，绝大多数杀虫剂必须经稀释配制之后才能施用。

（1）所需要杀虫剂准确称取或量取　需把好 3 关。

① 校正习惯面积。我国很多地方的农民所说的面积是习惯面积，而非标准面积，1 习惯亩（有的称老亩）相当于 $1.2\sim1.5$ 标准亩（有的称新亩，1 标准亩约为 $667m^2$），两者悬殊很大。如果将 1 标准亩的杀虫剂用于 1 习惯亩，则用量偏低。可见校正习惯面积是非常必要的。

② 折算商品用量。当杀虫剂的使用剂量以有效量表述时，在称取或量取杀虫剂之前应按相关公式将有效用量折算成商品用量。

③ 选择称量器具。目前杀虫剂用户普遍缺乏必要的和严格的称量手段，有的凭肉眼或凭经验加估计进行称量，有的利用非专用计量器具进行称量。少数厂家为了方便用户，随产品附赠称量器具或者将产品包装的一部分做成称量器具。应大力发展定量小包装杀虫剂产品，例如 1 包杀虫剂对 1 桶清水、1 包杀虫剂用 1 亩面积。

（2）杀虫剂对水量或喷液量的确定　杀虫剂加水配制成的供喷雾施用的药液叫喷施液（又称喷雾液或喷液）。怎样确定对水量或喷液量（又称施液量或施药液量）呢？

① 初定。选定对水量需考虑药剂性能、靶标昆虫、环境条件、

使用技术等诸多因素。

② 校定。喷液量＝喷头流量×行进速度÷有效喷幅。从公式可以看出，任何一个参数改变都会引起喷液量波动。正式喷雾前必须对喷雾压力和喷头流量等技术指标进行校定。

③ 确定。选定对水量要因药、因害、因时、因地制宜，具体情况具体分析，具体问题具体解决。

（3）稀释配制杀虫剂喷液时的作料　在杀虫剂使用过程中加入一些适宜的辅助物质，有助于改善药剂的理化性质，提高防治效果，减轻毒害影响，人们形象地称它们为杀虫剂的"作料"或"调料"。

作料有 3 类。一是助剂类作料。以非离子型表面活性剂居多，常用的种类如洗衣粉、油（如柴油、机油等）和润湿剂、渗透剂、增效剂等专用助剂。近年农用有机硅喷雾助剂应用广泛。二是肥料类作料。用作作料的肥料主要有尿素、碳铵、硫酸铵、氯化钾等。三是农药类作料。有些杀虫剂、植物生长调节剂等农药与杀虫剂混用具有良好的增效作用。

作料的作用：杀虫剂使用过程中所加的作料主要通过增强药剂润湿性、展布性、黏着性、渗透性等理化性能来达到加快作用速度、延长持效时间、提高防治效果、降低毒害影响等目的。

（4）液态使用的杀虫剂的稀释配制　用水将杀虫剂配制成药液，需掌握好 5 个要点。

① 注意选择水质。配药要选用雨水、河水、塘水、田水、自来水等清洁水、软水，不要选用地下水、海水等污浊水、硬水、苦水。无论选用哪种水，最好经过过滤。

② 严格掌握水量。要根据杀虫剂的类型、施药器械种类、施用方式等确定适宜的对水量。

③ 两次稀释配制。先取少许水将杀虫剂调制成浓稠的母液，再将母液稀释配制成可喷雾的药液，人们称这种方法为"两次稀释法"或"两步配制法"。

④ 正确倒水加药。往喷雾器里倒水加药时应分成三步：先倒部分清水，再加全部母液，最后补足规定水量。切忌先加母液后倒清水。清水分两次倒入，母液一次性加完。

⑤ 合理添加作料。所谓作料是指润湿剂、渗透剂、增效剂等。

（5）固态使用的杀虫剂的稀释配制　用泥土、细沙、肥料等稀释物将杀虫剂配制成毒土（药土）、毒沙（药沙）、毒肥（药肥），需掌握好 3 个要点。

① 载体干湿适中。载体含水量控制在 60% 左右，以手捏成团、手松即散为宜。载体过干过湿都不利于均匀撒施。

② 载体数量恰当。水田采取毒土法施用杀虫剂亩用载体 15～25kg。

③ 分次逐步拌匀。先取少量载体与杀虫剂产品或杀虫剂母液拌混，再逐渐加入载体，一步一步扩大，直至拌匀。可湿性粉剂等剂型的杀虫剂可直接与载体拌混（干拌），水分散粒剂等剂型的杀虫剂和液态杀虫剂须先加水稀释再与载体拌混（湿拌）。拌混后堆闷 2～4h，让土粒充分吸收杀虫剂。

（6）现混现用的杀虫剂的稀释配制　现混现用杀虫剂稀释配制方式总共有 3 种。经常采用的是第一种方式。无论采用哪种方式，在每次稀释配制的操作过程中，均应遵循"两次稀释配制"或"分次逐步拌匀"的原则，以保证将杀虫剂与稀释物配制均匀。①逐个稀释直至混完：先稀释一种杀虫剂，再逐次稀释另几种杀虫剂。②分别稀释然后混合：先将几种杀虫剂分别稀释，然后混合稀释液。③先混药剂再稀释：先将几种杀虫剂混合起来，再用稀释物去稀释。

第二节 ┃ 杀虫剂药效提升 ▶▶▶

杀虫剂毒杀靶标昆虫的能力叫毒力，灭杀靶标昆虫的效果叫药效，二者统称为毒效，它们是既有联系又有区别的两个概念。毒力反映杀虫剂本身对靶标昆虫直接作用的性质和强度，毒力大小的测定一般是在室内控制条件下进行的（有室内毒力测定之说）；药效反映杀虫剂和作物、环境对靶标昆虫共同作用的结果，药效的测定一般是在田间生产条件下进行的（有田间药效试验之说）。毒力测定结果和田间药效表现多数情况下是一致的（即毒力大，药效高），有时差异较大，故毒力资料只能供推广上参考而不能作为依据。杀虫剂大面积使用之前必须进行药效试验。早前我国规定，新杀虫剂登记需按照田间试验、临时登记、正式登记 3 个阶段进行，目前临时登记已被取消。

一、药效内涵解析

药效是一个内涵极其丰富的概念，至少可从以下几方面进行解析。

（1）杀虫谱　即能防治的靶标昆虫对象的范围。杀虫剂的杀虫谱有窄（例如抗蚜威主要防治蚜虫）、有宽（例如氯虫苯甲酰胺可防治大多数咀嚼式口器害虫，尤其是鳞翅目害虫，对部分鞘翅目、双翅目、等翅目害虫也有较高的活性）。

（2）杀虫率　即杀灭靶标昆虫的比率，这就是通常所说的防效的数字。

（3）杀毙状　即杀虫剂将靶标昆虫杀毙后的状况，又称靶标昆虫中毒受害症状，这与杀虫剂的作用方式和作用机理密切相关，例如四唑虫酰胺，施药后幼虫很快（数分钟至数小时内）便失去对肌肉的控制，不能活动，并立即停止取食，施药后 1～2h，幼虫身体收缩到只有空白对照的一半大小，此症状不能恢复。

（4）速效性　很多人都希望杀虫剂能立竿见影，药到虫死，速战速决，有些杀虫剂速效性确实优异，例如抗蚜威，具有触杀、熏蒸和渗透叶面作用，施药后数分钟即可迅速杀死蚜虫。有些杀虫剂的速效性要差，例如虫酰肼，幼虫取食后 6～8h 停止取食，3～4 天后开始死亡；又如氟啶脲，幼虫接触后不会很快死亡，但取食活动明显减弱，一般在药后 5～7 天才能充分发挥效果。

（5）持效性　许多杀虫剂不但能防治施药前后较短一段时间内发生的靶标昆虫，而且能防治施药后较长一段时间才发生的靶标昆虫。杀虫剂对施药后较长一段时间才发生的靶标昆虫所具有的灭杀效果叫持留药效（又称持效或残效），这种效果所延续的时间叫持效期（又称残效期）。杀虫剂的持效期有长有短。持效期的长短与药剂种类、使用剂量、土壤质地、气象条件等密切相关，例如抗蚜威持效期短，而氯虫苯甲酰胺等持效期长很多。持效期是决定使用次数和施种时距等的依据。

（6）残留性　绝大多数杀虫剂降解快，使用后"回归自然"，残留期短。许多高残留农药已禁用或限用。2021 年 3 月 3 日农业农村部会同国家卫生健康委员会、国家市场监督管理总局发布新版食品安全国家标准 GB 2763—2021《食品安全国家标准　食品中农药最大残留限量》，自 2021 年 9 月 3 日起正式实施。标准规定了 564 种农药在 376 种（类）食品中 10092 项最大残留限量，完成了国务院批准的《加快完善我国农药残留标准体系的工作方案》中农药残留标准达到 1 万项的目标任务。564 种农药包括我国批准登记农药 428 种、禁限用农药 49 种、我国禁用农药以外的尚未登记农药 87 种，同时规定了豁免制定残留限量的低风险农药 44 种。

新版标准主要有四大特点。一是涵盖农药品种和限量数量大幅增加。与 2019 版相比，新版标准中农药品种增加 81 个，增幅为 16.7%；农药残留限量增加 2985 项，增幅为 42%；农药品种和限量数量达到国际食品法典委员会（CAC）相关标准的近 2 倍，全面覆盖我国批准使用的农药品种和主要植物源性农产品。二是体现了"四个最严"的要求。设定了 29 种禁用农药 792 项限量值、20 种限用农药 345 项限量值；针对社会关注度高的蔬菜、水果等鲜食农产品，制修订了 5766 项残留限量，占目前限量总数的 57.1%；为加强进口农产品监管，制定了 87 种未在我国登记使用农药的 1742 项残留限量。三是标准制定更加科学严谨，并与国际接轨。新版标准是基于我国农药登记残留试验、市场监测、居民膳食消费、农药毒理学等数据制定，遵照 CAC 通行做法开展风险评估，广泛征求了专家、社会公众、相关部门和机构等利益相关方的意见，并接受了世界贸易组织成员的评议。采用的风险评估原则、方法、数据等要求与 CAC 和发达国家接轨。四是农药残留限量配套检测方法标准加快完善。本次三部门还同步发布了《植物源性食品中 331 种农药及其代谢物残留量的测定　液相色谱-质谱联用法》等 4 项农药残留检测方法标准，有效解决了部分农药残留标准"有限量、无方法"的问题。

二、药效影响因素

杀虫剂的药效是诸多因素综合作用的结果。杀虫剂的药效既取决于杀虫剂本身的毒力，也受制于靶标昆虫、环境、作物条件，见表 4-2 所示，例如抗蚜威，15℃以下基本无熏蒸作用，15～20℃之间熏蒸作用随温度上升而增强；又如氰戊菊酯，属负温度系数农药，即气温低时比气温高时药效好，因此要求施药以午后、傍晚为宜。

表 4-2　杀虫剂药效的影响因素

药剂	性能特点	
	含量剂型	
	配方工艺	
	使用技术	
	使用历史	
昆虫	种属类别	靶标昆虫物种、靶标昆虫属别、靶标昆虫科别、靶标昆虫类群
	生长状况	生育阶段、生长态势
	抗性情况	
环境	气候条件	太阳光照、空气温度、空气湿度、大气降水、空气流动
	土壤条件	土壤温度、土壤湿度、土壤养分、土壤空气、土壤质地、土壤有机质、土壤酸碱度、土壤微生物、土壤农药残留
作物	种属类别	
	生长状况	生育阶段、生长态势
	栽培方式	

下面介绍几类杀虫剂提高药效的重要影响因素。

1. 微生物源/活体型杀虫剂

微生物源/活体型杀虫剂的功效与微生物数量和活性密切相关，在使用时对气象条件和混用条件要求很严格。

（1）避免强光　以使用细菌农药为例，光照过分强烈颇为不利，这是因为阳光中紫外线对芽孢有杀伤作用，使蛋白质晶体变性，从而降低药效。直射阳光照射 30min，芽孢死亡率达 50％左右，照射 1h 死亡率高达 80％。总之，使用微生物源/活体型杀虫剂要避开强太阳光照射的中午，最好在下午 5 时以后或阴天施用。

（2）掌握温度　以使用细菌农药为例，适宜温度为 20～30℃，这是因为这类农药的活性成分是蛋白质晶体和有生命的芽孢，在低温下，芽孢在昆虫体内繁殖速度极慢，蛋白质晶体也不易发生作用。据试验，在 25～30℃条件下施用的药效比 10～15℃时施用高 1～2 倍。

（3）掌握湿度　以使用细菌农药为例，环境湿度越大药效越高，尤其是施用粉状制剂更应注意田间湿度，宜在早晚有露水的时候进行，以利于菌剂较好地黏附在植物茎叶上，并促进芽孢繁殖，提高药效。

（4）避免雨淋　以使用细菌农药为例，中到大雨会将喷洒在植物茎叶上的菌液冲刷掉，降低药效，但如果在施药5h后下小雨，则不会降低防效，反而有增效作用，因为小雨对芽孢发芽大为有利。

（5）避免刮风　以使用细菌农药为例，大风天施用细菌农药浪费大，尤其是粉剂飘移损失更多。同时，大风天也不利于芽孢的萌发。故应在无风或微风天施用细菌农药。

（6）对症下药　微生物源/活体型杀虫剂专一性较强，一般只对一种或几种昆虫起作用，使用前要调查田间昆虫发生种类，对症下药。

（7）适时早用　施用时期一般比使用化学农药提前2～3天。

（8）合理混用　忌与酸性或碱性物质混用，因为大多数微生物活体农药遇酸性或碱性物质后生物活性会不同程度降低，从而降低药效。勿与杀虫剂等化学农药混用，因为有益微生物可能会被化学农药杀死。

（9）合理贮存　这类杀虫剂系微生物活体，对贮存条件要求高，防止曝晒和潮湿，以免变质降效甚至失效。

2. 微生物源/抗体型杀虫剂

这类杀虫剂真正起作用的是具有特定化学结构的化学成分，与使用化学农药很接近。部分产品不太稳定（例如井冈霉素容易发霉变质），药液要现配现用，不能长时间储存。某些产品不能与碱性农药混用，农作物撒施石灰和草木灰前后，也不能施用。

3. 植物源/抗体型杀虫剂

（1）适时早用　这类杀虫剂见效较慢（一般施用后2～3天才能观察到效果），在昆虫发生前预防使用效果最佳，施用时间应比使用化学农药提前2～3天，切勿等昆虫发生很重时才用药。

（2）科学配用　昆虫发生严重时，应当首先施用化学农药尽快降低昆虫基数、控制蔓延趋势，再配合使用这类杀虫剂。

（3）避免雨淋　这类杀虫剂耐雨水冲刷性能不强，施药后短时间内下雨应当补施，以保证防治效果。

三、药效试验设计

任何杀虫剂在推广使用之前都必须进行田间试验，即必须坚持试验、示范、推广"三步走"的原则。实验室试验、温室试验（盆栽试验）、田间试验是农业科学试验的 3 种主要形式和方法。实验室试验与温室试验统称为室内试验，田间试验又叫室外试验。温室试验与田间试验均可用于药效研究，但以田间试验为主（有田间药效试验之说）。田间试验是在田间自然生产条件下或一定人为控制条件下进行的试验。我国已制定多项农药田间药效试验准则国家标准，请遵照执行。

1. 田间药效试验的类型

在田间试验中，安排一个处理的小块地段称为试验小区或小区。按小区面积和试验范围分类，杀虫剂田间药效试验分为田间小区药效试验、田间大区药效试验、田间示范药效试验。

（1）小区试验　习惯上把小区面积小于 $120m^2$ 的田间试验称作小区试验。小区面积通常为 $15\sim50m^2$，全试验区面积 $1\sim3$ 亩。小区试验的目的是获得比较详细的田间药效资料，明确防治对象、使用剂量、施用方法、施用时期等技术指标，验证田间应用情况是否与室内测定结果相符。小区试验要求的条件比较严格，应尽量使各小区的外界条件一致，必要时需添加辅助条件。申请办理杀虫剂登记证必须提供田间小区药效试验报告。

（2）大区试验　小区面积 $333\sim1333m^2$，全试验区面积 15 亩以内。大区试验是供试杀虫剂已有一定技术资料，为了鉴定它在当地气候条件、作物布局和生态环境下是否适用而进行的验证性试验。在田间自然条件下进行即可，不需人为辅助其他条件。

（3）示范试验　又叫大面积示范试验、多点大面积试验。全试验区面积超过 150 亩。示范试验是为大面积推广应用作准备而进行的试验。开展示范试验要求试验条件与实际生产条件完全一致，不需人为附加其他辅助条件。

2. 田间药效试验的设计

杀虫剂田间药效试验设计要遵循 4 个基本原则：重复、随机、局控、对照。对照是用来评价试验各个处理优劣的参照，"有比较才有鉴别"，开展田间试验必须设置对照。对照分为空白对照（以消除有害生物因天敌、疾病或其他因素所造成的自然死亡）和不进行任何处理的自然对照。试验小区编号规则见表 4-3 所示。表 4-4 和表 4-5 为使用剂量以制剂量表示和以稀释倍数表示的操作记载表。

表 4-3　试验小区编号规则

编写规则	试验小区编号举例	备注
重复号＋处理号	101、102、103、201、202、203 1-1、1-2、1-3、2-1、2-2、2-3	重复号在前，为 1 位数，处理号在后，为 1~2 位数；
	I-1、I-2、I-3、II-1、II-2、II-3	重复号在前，为罗马数字，处理号在后，为阿拉伯数字
处理号$_{重复号}$	1_1、2_1、3_1、1_2、2_2、3_2	处理号在前，为 1~2 位数，重复号为下标

表 4-4　试验现场操作记载表（使用剂量以制剂量表示）

处理号	药剂名称	输 制剂量 /(g/亩，mL/亩)	输 有效量 /(g/hm^2)	输 小区面积 /m^2	算 每个小区所需制剂量/g 或 mL	输 重复次数/次	算 单回所需制剂量/g 或 mL	输 施药次数/次	算 总共所需制剂量/g 或 mL
T1	空白	—	—	30.00	—	4	—	2	—
T2	200g/L 四唑虫酰胺 SC（国腾）	6.67	20.0	30.00	0.30	4	1.20	2	2.40
T3	200g/L 四唑虫酰胺 SC（国腾）	8.00	24.0	30.00	0.36	4	1.44	2	2.88
T4	200g/L 四唑虫酰胺 SC（国腾）	10.00	30.0	30.00	0.45	4	1.80	2	3.60
T5	5%阿维菌素 EC	50.00	37.5	30.00	2.25	4	9.00	2	18.00

注："输"表示在电子表格中输入数据，"算"表示在电子表格中自动计算出数据。

表 4-5　试验现场操作记载表（使用剂量以稀释倍数表示）

处理号	药剂名称	稀释倍数/倍（输）	小区面积/m²（输）	每个小区所需稀释物量/L（输）	每个小区所需制剂量/g或mL（算）	重复次数/次（输）	单回所需制剂量/g或mL（算）	施药次数/次（输）	总共所需制剂量/g或mL（算）
T1	空白对照	—	66.7	15	—	3	—	2	—
T2	22.4% 螺虫乙酯 SC	3000	66.7	15	5.00	3	15.00	2	30.00
T3	22.4% 螺虫乙酯 SC	4000	66.7	15	3.75	3	11.25	2	22.50
T4	50% 稻丰散 EC	1000	66.7	15	15.00	3	45.00	2	90.00

3. 田间药效试验的调查

药效试验进行后，要及时开展调查，并采用相应标准对药效予以鉴定评价。

（1）取样方法　常用方法有五点取样法、棋盘式取样法、对角线取样法等。可对整个小区进行调查，也可在每个小区随机选择 $0.25 \sim 1m^2$ 面积进行调查。小区试验每区查 3～5 点，大区和示范试验查 5 点以上。样点（样方）面积 $0.25m^2$ 左右或更多。

（2）调查内容　需观察、调查、记录的内容包括靶标昆虫、气象资料、土壤资料、田间管理资料、作物生长发育情况、作物产量质量、副作用等。应分小区、分样点调查记载。调查靶标昆虫时既可按种或按类分开调查；也可不分种类笼统调查，据此计算而得的药效叫总防效或总体防效。

（3）调查方法　有绝对值调查法（数量调查法）、估计值调查法（目测调查法）2 种。绝对值调查法又分为直接计数法、分级计数法。估计值调查法又分为直接目测法、分级目测法，是将每个处理小区与相邻对照小区进行比较，估计靶标昆虫的总种群量或各种靶标昆虫的种群量。

4. 田间药效试验的结果

（1）以靶标昆虫种群变化进行评价　常用指标有 3 种。

虫口密度基本稳定，防治后数量减少的，可用种群减退率（虫口减退率、害虫死亡率）或相对防效表示。

$$种群减退率 = \frac{防治前活虫数 - 防治后活虫数}{防治前活虫数} \times 100\%$$

$$相对防效 = \frac{防治后对照区活虫数 - 防治后处理区活虫数}{防治后对照区活虫数} \times 100\%$$

害虫自然死亡率较高，大于 5% 小于 20%，需用校正种群减退率（校正虫口减退率、校正害虫死亡率）表示。

$$校正种群减退率 = \frac{处理区种群减退率 - 对照区种群减退率}{1 - 对照区种群减退率} \times 100\%$$

害虫繁殖速度快，防治后种群数量增加，需用校正防效表示。若种群减退率为正值，取正号；若种群减退率为负值，取负号。

$$校正防效 = \frac{(\pm 处理区种群减退率) - (\pm 对照区种群减退率)}{1 - 对照区种群减退率} \times 100\%$$

（2）以作物长势长相变化进行评价　根据作物部分器官或作物整个植株的受害情况，采用被害率（被害比率）、被害程度（虫情指数）、作物高度、作物盖度等参数，用相对防效表示，例如四川成都二化螟一代为害造成水稻枯心，被害率采用枯心率，相对防效计算公式如下。

$$枯心率 = \frac{调查得到的总枯心数}{调查得到的总株数} \times 100\%$$

$$相对防效 = \frac{防治后对照区枯心率 - 防治后处理区枯心率}{防治后对照区枯心率} \times 100\%$$

（3）以作物产品品质变化进行评价　根据作物产量、品质情况，采用亩产量、优质农产品率等参数，用增产率等表示。

第三节 ┃ 杀虫剂药害预防 ▶▶▶

作物受杀虫剂的压迫性作用，生理、组织、形态上发生一系列变化，脱离正常生长发育状态，表现出异常特征，从而降低了对人类的经济价值，这种现象叫作杀虫剂药害。简而言之，杀虫剂药害是杀虫剂对作物的损害作用，是杀虫剂应用过程中的"意外事故"。某些杀虫剂施用后，短期内作物不可避免地会产生一些异常现象，但很快恢复正常。这些现象是杀虫剂品种本身的特性所致，由于不造成作物产量和品质影响，未降低对人类的经济价值，因此人们不视其为药害。有的虫害、肥害、其他农药药害、环境污染为害易与杀虫剂药害混淆，要注意区分。

农药药害产生的原因错综复杂，多种多样，大致分为药剂、环境、作物等3个方面的原因。对于具体药害而言，可能由某一方面的某一种或某几种原因引起，也可能由某几方面的某几种原因引起。杀虫剂对作物的安全性高，不易产生药害，如果不慎产生药害，可按杀虫剂农药药害原因探析路径寻找真正的原因，见表4-6所示。

表 4-6　杀虫剂药害原因探析路径

本畦药害	当季用药	药剂	生产环节
			经营环节
			运输环节
			贮存环节
			监管环节
		使用环节	使用时期
			使用剂量
			使用方法
		环境	气候条件
			土壤条件
		作物	种属类别
			生长状况
			耕制布局
			栽培方式
			农事田管
	前茬残留		
外畦药害	药剂飘移		
	药剂串动		

有些药害并非出自杀虫剂有效成分，而是源于加工助剂、桶混助剂或杂质。加工助剂通常简称助剂，是指除有效成分以外，任何被添加在农药产品中，本身不具有农药活性和有效成分功能，但能够或者有助于提高、改善农药产品理化性能的单一组分或者多个组分的物质。杂质是指农药在生产和储存过程中产生的副产物；相关杂质是指与农药有效成分相比，农药在生产和储存过程中所含有或产生的对人类和环境具有明显毒害、对使用作物产生药害、引起农产品污染、影响农药产品质量稳定性或引起其他不良影响的杂质。

下面介绍部分杀虫剂的"过敏"植物。

杀螟硫磷：萝卜、油菜、甘蓝等十字花科蔬菜及高粱易产生药害。

辛硫磷：黄瓜、菜豆对辛硫磷敏感，50％乳油 500 倍液喷雾有药害，1000 倍液时有可能有轻微药害。甜菜对辛硫磷亦较敏感。

毒死蜱：可能会对瓜苗（特别是在保护地内）有药害，应在瓜蔓 1m 长以后使用（禁止在蔬菜上使用）。

敌百虫：高粱、豆类特别敏感。玉米、苹果（曙光、元帅在早期）较敏感。

敌敌畏：高粱、月季易产生药害。玉米、豆类、瓜类幼苗、柳树较敏感。

倍硫磷：十字花科蔬菜幼苗及梨、桃、樱桃、高粱、啤酒花易产生药害。

稻丰散：葡萄、桃、无花果和苹果的某些品种易产生药害。

噻嗪酮：白菜、萝卜接触到药液，出现褐斑、绿叶白化等药害症状。

杀虫双：白菜、甘蓝等十字花科蔬菜幼苗在夏季高温下对杀虫双敏感，易产生药害，不宜使用。

杀虫环：豆类、棉花敏感。

第四节 | 杀虫剂选用指南 ▶▶▶

我国开发利用的农林植物超过 1000 种，农林有害昆虫超过 6000 种，处于登记有效期内的杀虫剂（含卫生杀虫剂）超过 21400 个，这么多的目标植物，这么多的靶标害虫，这么多的杀虫剂，如何科学选用呢？

一、用于特色小宗作物上的杀虫剂

特色小宗作物，是指特色蔬菜、水果、谷物、食用菌、中药材等种植面积小，但区域特色明显，可用防治药剂不完善的特色小作物。随着消费习惯的不断改变，小宗作物种植面积不断增大。

我国常见小宗作物逾150种，这些作物病虫草害复杂多样，据中国农科院植物保护研究所统计，我国小宗作物病虫害数量超过600多种，其中需要防治的病虫害超过200种。我国累计登记农药有效成分逾700个，产品逾40000个，但是多集中在水稻、玉米、小麦等大宗农作物上，而且产品同质化情况严重。小宗作物上农药登记数量为"零记录"的作物有几十种。即使是一些颇为常见的小宗作物如石榴、橙、核桃、樱桃、山药、向日葵等，其登记的农药品类数量也远远小于需要防治的病虫害数量。生产中，当病虫草害侵袭这些小类别作物时，在"无药可用"的情况下，生产者只能凭借经验进行防治，这样不仅容易产生药害，食品安全更是无法保证。

《2016年农药专项整治行动方案》中提出要"加快特色小宗作物用药登记"，以尽快解决部分特色小宗作物病虫防治"无登记农药可用、农民用药混乱"的问题。自此，各企业及研究机构纷纷将目光转向小宗作物，争先恐后地在小宗作物上开展药效登记试验。

2017年颁布、2022年修订的《农药登记管理办法》第四十六条规定，用于特色小宗作物的农药登记，实行群组化扩大使用范围登记管理，特色小宗作物的范围由农业农村部规定。尚无登记农药可用的特色小宗作物或者新的有害生物，省级农业农村部门可以根据当地实际情况，在确保风险可控的前提下，采取临时用药措施，并报农业农村部备案。

2019年3月29日农业农村部办公厅发布《用药短缺特色小宗作物名录（2019版）》《特色小宗作物农药登记药效试验群组名录（2019版）》和《特色小宗作物农药登记残留试验群组名录（2019版）》等3个名录，其中小宗作物名录包括杂粮杂豆、油料、蔬菜、水果、饮料、食用菌、调味料、药用植物、饲料、花卉、麻类和其他12类，涉及375种作物（不包括类同作物），见表4-7所示。截至2019年底，已在100余种小宗作物上登记产品3700多个，小宗作物用药短缺问题得到初步缓解。

表 4-7　用药短缺特色小宗作物名录（2019 版）

作物类别		作物名称
杂粮杂豆	杂粮类	谷子、糜子、黍子、荞麦、燕麦（莜麦）、薏苡（薏仁）、高粱、青稞
	杂豆类	绿豆、小豆、黑豆、鹰嘴豆、芸豆
油料	小型油籽类	芝麻、胡麻
	大型油籽类	向日葵、油茶
蔬菜	鳞茎葱类	
	鳞茎葱类	大蒜、洋葱、薤
	绿叶葱类	韭菜、葱、韭葱
	芸薹属类	花椰菜、青花菜、芥蓝、菜薹、芥菜、雪里蕻、乌塌菜
	叶菜类	油麦菜、茼蒿、苋菜、蕹菜、小茴香、苦苣、菊苣、落葵、叶忝菜、小白菜、菠菜、叶用莴苣（生菜）、紫背天葵、番杏、叶用甘薯、冬寒菜、芫荽（香菜）、薄荷、紫苏、罗勒、蒲公英、荠菜、马齿苋
		芹菜、香芹
	果菜类	黄秋葵、姑娘果（酸浆）、人参果
	瓜类	西葫芦、冬瓜、节瓜、丝瓜、苦瓜、南瓜、笋瓜、佛手瓜、蛇瓜、金瓜、菜瓜、线瓜、瓠瓜、葫芦
	豆类	
	荚可食类	豇豆、菜豆、豌豆、扁豆、四棱豆、刀豆
	荚不可食类	蚕豆、毛豆、利马豆
	茎类	芦笋、芦蒿、朝鲜蓟、球茎甘蓝、大黄、茎用莴苣
	根茎类和薯芋类	
	根茎类	萝卜、胡萝卜、姜、竹笋、芜菁、茎瘤芥、菜用牛蒡、根芹菜、辣根、桔梗、根甜菜、根芥菜、鱼腥草（折耳根）、百合、阳荷
	其他薯芋类	甘薯、山药、芋头、魔芋、木薯、旱藕（芭蕉芋）、葛、豆薯、凉薯、牛蒡、菊芋
	水生类	
	茎叶类	水芹、茭白、豆瓣菜、蒲菜、莼菜
	果实类	菱角、芡实
	根茎类	莲藕、荸荠、慈姑
	其他类	黄花菜、香椿、霸王花

作物类别		作物名称
水果	柑橘类	柠檬、柚子、金橘、佛手柑
	仁果类	枇杷、柿子、山楂、海棠、榲桲
	核果类	桃、枣（包括冬枣、大青枣等）、樱桃、杏、李子、青梅
	浆果和其他小型水果 藤蔓和灌木类	蓝莓、桑葚、树莓、五味子、黑莓、醋栗、越橘、唐棣、覆盆子
	小型攀缘类	猕猴桃
	热带和亚热带水果 皮可食	杨梅、杨桃、番石榴、莲雾、无花果、橄榄、刺梨
	皮不可食	荔枝、芒果、石榴、香蕉、木瓜、菠萝、龙眼、火龙果、山竹、番荔枝、西番莲（百香果）、菠萝蜜、榴梿、红毛丹、鳄梨、椰子、树番茄、黄皮
	瓜果类 甜瓜类	甜瓜（薄皮甜瓜、厚皮甜瓜）、哈密瓜、白兰瓜、香瓜、瓜蒌、打瓜
	坚果类	核桃、板栗、山核桃、香榧、榛子、巴旦木（扁桃仁）、澳洲坚果、白果、腰仁、松仁、开心果、杏仁
饮料		菊花、茉莉花、咖啡豆、可可豆、啤酒花、金花茶
食用菌	设施栽培食用菌种类	平菇、双孢蘑菇、茶树菇、袖珍菇、毛木耳、金针菇、杏鲍菇、香菇、滑子菇、白灵菇、银耳、蟹味菇、姬松茸（巴氏蘑菇）、草菇、鸡腿菇、灰树花、灵芝、长根菇、猴头菇、白玉菇、榆黄菇
	露地栽培食用菌种类	黑木耳、大球盖菇、羊肚菌、竹荪
调味料		花椒、肉桂、胡椒、八角、茴香、豆蔻、陈皮、桂皮、山葵（芥末）

作物类别		作物名称
药用植物	根及根茎类	人参、三七、西洋参、甘草、菘蓝、白术、白及、芍药、牡丹、白头翁、巴戟天、玄参、孩儿参（太子参）、麦冬、地黄、当归、何首乌、桔梗、黄芩、丹参、徐长卿、独活、木香、知母、乌头（附子）、川芎、射干、鸢尾、玉竹、苦参、薯蓣（山药）、延胡索、天麻、半夏、泽泻、越南槐（山豆根）、前胡、紫花前胡、黄芪类（蒙古黄芪、膜荚黄芪、扁茎黄芪、多序岩黄芪）、龙胆类（龙胆、条叶龙胆、三花龙胆、滇龙胆）、苍术类（茅苍术、北苍术）、细辛类（北细辛、汉城细辛、华细辛）、远志类（远志、卵叶远志）、党参类（党参、素花党参、川党参）、黄连类（黄连、三角叶黄连、云连）、郁金类（温郁金、姜黄、广西莪术、蓬莪术）、黄精类（滇黄精、黄精、多花黄精）、大黄类（掌叶大黄、唐古特大黄、药用大黄）、白芷类（白芷、杭白芷）、秦艽类（秦艽、麻花秦艽、粗茎秦艽、小秦艽）、重楼类（云南重楼、七叶一枝花）、柴胡类（柴胡、狭叶柴胡）、牛膝类（川牛膝、牛膝）、威灵仙类（威灵仙、棉团铁线莲、东北铁线莲）、贝母类（川贝母、浙贝母、伊犁贝母、平贝母、湖北贝母）、百合类（肉质鳞叶——卷丹、百合、细叶百合）、铁皮石斛、石斛类（金钗石斛、鼓槌石斛、流苏石斛）、肉苁蓉、茯苓、续断、竹节参、牛大力
	全草类	藿香、黄花蒿、艾、桑、短葶飞蓬（灯盏细辛）、麻黄类（草麻黄、中麻黄、木贼麻黄）、仙人草（凉粉草）、金线莲、绞股蓝
	花类	药用菊花、忍冬（金银花）、红花、灰毡毛忍冬（山银花）、槐（槐花、槐米、槐角）、西红花、金莲花、款冬（款冬花）
	果实、种子类	枸杞、化州柚、橘、酸橙、佛手、吴茱萸、山茱萸、贴梗海棠、荆芥、栝楼、栀子、银杏、益智、小茴香、槟榔、罗汉果、扁豆、华东覆盆子、酸枣、马兜铃、车前、牛蒡、莲、罂粟、决明类（决明、小叶决明）、砂仁类（阳春砂、绿壳砂、海南砂）、皱皮木瓜
	皮类	杜仲、厚朴类（厚朴、凹叶厚朴）、黄柏
	心材树脂类	白木香（沉香）、檀香
饲料		苜蓿

作物类别		作物名称
花卉	食用花卉	玫瑰、洋槐（槐花）、桂花
	观赏花卉	牡丹、芍药、月季、兰花、富贵竹、红掌、仙客来、紫薇、梅花、山茶花、水仙、君子兰、郁金香、格桑花、康乃馨、蝴蝶兰、杜鹃、绿萝
麻类		苎麻、剑麻、黄麻、亚麻
其他		蚕桑、橡胶树

　　根据《农药登记管理办法》《农药登记资料要求》和《加快完善我国农药残留标准体系的工作方案（2015～2020年）》有关规定，为了规范特色小宗作物的临时用药措施、促进特色小宗作物用药登记，确保膳食风险可控，农业农村部农药管理司在组织广泛调研、专家论证、残留验证试验并公开征求意见的基础上，于2020年5月27日制定发布了《特色小宗作物农药残留风险控制技术指标》，涉及65个有效成分、505条指标。一是科学制定特色小宗作物临时用药措施。各地制定特色小宗作物临时用药措施时，要结合当地病虫害防治需要，可在《特色小宗作物农药残留风险控制技术指标》范围内选择临时用药产品，须开展必要的作物安全性和靶标有效性试验，严格用药剂量、用药次数和安全间隔期等推荐指标，确保农药残留等风险可控。二是积极推进特色小宗作物用药登记。农药生产企业按照《用于特色小宗作物的农药登记资料要求》申请农药扩大使用范围登记时，对于农药产品、适用作物、用药剂量、使用次数、施药方法及安全间隔期符合《特色小宗作物农药残留风险控制技术指标》要求的，可以减免相应残留试验资料。表4-8为从总表中摘录的涉及猕猴桃的29条指标，其中有杀菌剂、杀虫剂、杀螨剂、杀软体动物剂4类农药。

表4-8　特色小宗作物农药残留风险控制技术指标（部分）

序号	农药		适用作物	每次最高用药量或药液浓度（按有效成分计）	每季作物最多使用次数	施药方法	安全间隔期/天	备注
13	阿维菌素	乳油	猕猴桃	18mg/kg	2	喷雾	14	

序号	农药		适用作物	每次最高用药量或药液浓度（按有效成分计）	每季作物最多使用次数	施药方法	安全间隔期/天	备注
43	苯醚甲环唑	水分散粒剂	猕猴桃	150mg/kg	2	喷雾	14	
105	吡唑醚菌酯	乳油	猕猴桃	250mg/kg	3	喷雾	14	
138	虫螨腈	悬浮剂	猕猴桃	120mg/kg	2	喷雾	14	
146	春雷霉素	水剂	猕猴桃	66.7mg/kg	1	喷雾	14	
147	哒螨灵	乳油	猕猴桃	50mg/kg	2	喷雾	14	
198	毒死蜱	乳油	猕猴桃	450mg/kg	2	喷雾	14	
204	多抗霉素	可湿性粉剂	猕猴桃	64mg/kg	2	喷雾	14	
210	噁霉灵	水剂	猕猴桃	1.05g/m^2	1	灌根	—	芽前灌根
251	氟氯氰菊酯	水乳剂	猕猴桃	19mg/kg	2	喷雾	14	
270	高效氯氟氰菊酯	乳油	猕猴桃	16.7mg/kg	2	喷雾	14	
285	己唑醇	悬浮剂	猕猴桃	75mg/kg	3	喷雾	21	
295	甲氨基阿维菌素苯甲酸盐	微乳剂	猕猴桃	10mg/kg	2	喷雾	14	
307	甲基硫菌灵	可湿性粉剂	猕猴桃	875mg/kg	3	喷雾	28	
312	甲氰菊酯	水乳剂	猕猴桃	200mg/kg	2	喷雾	14	
319	喹啉铜	悬浮剂	猕猴桃	335mg/kg	1	喷雾	14	
322	联苯菊酯	微乳剂	猕猴桃	25mg/kg	2	喷雾	14	
348	螺螨酯	悬浮剂	猕猴桃	48mg/kg	1	喷雾	21	
368	氯虫苯甲酰胺	悬浮剂	猕猴桃	66.7mg/kg	2	喷雾	7	
389	咪鲜胺	乳油	猕猴桃	500mg/kg	3	喷雾	14	

序号	农药		适用作物	每次最高用药量或药液浓度（按有效成分计）	每季作物最多使用次数	施药方法	安全间隔期/天	备注
394	醚菌酯	悬浮剂	猕猴桃	167mg/kg	2	喷雾	14	
405	嘧霉胺	悬浮剂	猕猴桃	1000mg/kg	1	喷雾	14	
432	氰戊菊酯	乳油	猕猴桃	66.7mg/kg	2	喷雾	14	
452	噻虫嗪	水分散粒剂	猕猴桃	167mg/kg	2	喷雾	14	
461	噻嗪酮	可湿性粉剂	猕猴桃	417.5mg/kg	2	喷雾	21	
464	四聚乙醛	颗粒剂	猕猴桃	540g/hm^2	2	撒施	14	
467	戊唑醇	可湿性粉剂	猕猴桃	100mg/kg	2	喷雾	14	
471	烯啶虫胺	可溶液剂	猕猴桃	50mg/kg	2	喷雾	14	
505	茚虫威	悬浮剂	猕猴桃	30mg/kg	3	喷雾	14	

二、用于中药材上的杀虫剂

中药材多为植物，也包括部分动物和矿物。20 世纪 80 年代开展的第三次全国重要资源调查，查明我国中药资源有 12807 种，其中植物药 11146 种、动物药 1581 种、矿物药 80 种。1994 年出版的《中国中药资源志要》收载我国植物、动物、矿物等药用资源 12694 种，其中药用植物 383 科 2313 属 11020 种、药用动物 414 科 879 属 1590 种、药用矿物 84 种。

严格地说，中药材上应当不用或少用农药，所以登记用于中药材的农药有效成分和农药产品均为数不多。目前人参、枸杞、铁皮石斛、三七、贝母、白术、金银花、地黄、黄精、杭白菊、元胡、党参、玄参、菊花（非观赏菊花）、板蓝根、当归、黄连、大黄、苍术、川芎逾 20 种中药材上已有农药登记，其中人参、枸杞、铁皮石斛上登记的产品最多。中药材上已登记的农药有效成分逾 81 种，其中杀菌剂约占 67%、杀虫剂约占 28%（表 4-9）。

表 4-9　登记用于中药材的部分杀虫剂

产品名称	作物	防治对象	用药量（制剂）	施药方法	登记证号
0.3%苦参碱可溶液剂	三七	蓟马	150～200mL/亩	喷雾	PD20181302
70%噻虫嗪种子处理可分散粉剂	人参	金针虫	100～140g/100kg 种子	种子包衣	PD20060002
25g/L 联苯菊酯乳油	金银花	蚜虫	80～160mL/亩	喷雾	PD20082693
15% 茚虫威悬浮剂	金银花	尺蠖	15～25mL/亩	喷雾	PD20130213
		棉铃虫	25～40mL/亩	喷雾	
0.57%甲氨基阿维菌素苯甲酸盐微乳剂	金银花	尺蠖	80～120mL/亩	喷雾	PD20110896
		棉铃虫	120～160mL/亩	喷雾	
25%氯氟·噻虫胺微囊悬浮-悬浮剂	三七	蛴螬等地下害虫	1000～1500 倍	喷淋	PD20210007
	人参	蛴螬等地下害虫	1000～1500 倍	喷淋	
	白术	蛴螬等地下害虫	1000～1500 倍	喷淋	
	百合	蛴螬等地下害虫	1000～1500 倍	喷淋	
	贝母	蛴螬等地下害虫	1000～1500 倍	喷淋	
	金银花	蛴螬等地下害虫	1000～1500 倍	喷淋	

三、用于食用菌上的杀虫剂

目前登记用于食用菌（如蘑菇、平菇）的农药有效成分和农药产品寥寥无几，杀菌剂有效成分仅有噻菌灵、咪鲜胺锰盐、二氯异氰尿酸钠、百菌清等几种，杀虫剂更少（表 4-10）。

表 4-10　登记用于食用菌的部分杀虫剂

产品名称	作物	防治对象	用药量（制剂）	施药方法	登记证号
80% 灭蝇胺水分散粒剂	平菇	菇蝇	0.5～0.63g/100kg 湿料	拌料	PD20121899
4.3% 氯氟·甲维盐乳油	食用菌	菌蛆	3～5g/100m²	喷雾	PD20120886
	食用菌	螨	3～5g/100m²	喷雾	

四、用于种苗处理的杀虫剂

迫于安全和环保方面的考虑，农药的结构正在发生变化，就全球而言，农药的销售额近年来处于徘徊甚至下降的趋势，然而种子处理剂的形势则与此迥然不同，虽然前几年它销售总额不多，所占份额不大，但增长速率喜人。种子处理之所以倍受重视，主要原因之一是它的高度靶标性。种子处理是减少农药活性物质用量的重要途径，这符合当前世界的总趋势。与一般田间喷洒施药不同，种子处理是将药剂集中施于作物种子上，从而大大减少用药量；与沟施相比，种子处理用药不及它的 15%，与叶面喷施相比，种子处理用药不及它的 1%。与常规使用的茎叶处理农药相比，种子处理剂在降低农药施用量和施用次数，减少环境污染，减少田间操作工序，省工、节本、增效等方面具有明显优势。目前种子处理剂已被越来越多的农民所接受，也受到更多农药企业的强烈关注，产品登记数量不断攀升。种子处理剂是一块市场潜力巨大的"蛋糕"，国内外农药企业竞相角逐。

1. 种子与种子处理的方法

种子是一个多义词。在植物学上，即狭义上的种子是指显花植物所特有的器官，由完成了受精过程的胚珠发育而成，通常包括种皮、胚、胚乳三个部分组成。在《种子法》里，广义上的种子是指农作物和林木的种植材料或者繁殖材料，包括籽粒、果实和根、茎、苗、芽、叶等。广义上的种子又称种苗，可以小到一个花粉，可以大到一棵植株。种子在一定条件下萌发生长成新的植物体。

有的资料将种子分为真种子、果实种子、营养繁殖器官种子、人工种子等类型。真种子即植物学上的种子，例如大豆、花生、油菜等的种子；果实种子如小麦、玉米等的种子；营养繁殖器官种子如甘薯块根、生姜根茎、马铃薯块茎、大蒜鳞茎。

对真种子、果实种子进行种子处理的方法有种子包衣、种薯包衣、拌种（又分为干拌种、湿拌种）、浸种、丸化等。对球茎、块茎、枝条、秧苗等进行种子处理的方法有浸泡（包括浸秧）、蘸根等。

2. 种子处理剂的登记现状

1985 年，首个种子处理剂 35％甲霜灵拌种剂取得正式登记，用于谷子防治白发病。之后很长一段时期内，种子处理剂产品数量增长非常缓慢，到 2000 年时仅有 5 个产品取得登记。进入 21 世纪后，随着国内研发水平不断提升，登记产品逐渐多了起来，2007 年达 25 个。自 2007 年起，国内种衣剂市场结束长达 6 年的缓慢发展阶段，正式步入以高技术含量为支撑的全新种子处理技术阶段，且以年均 12％的速度高速发展，产品登记数量逐年大幅上升，截至 2012 年 12 月份取得登记的产品共有 337 个，其中正式登记 326 个、临时登记 12 个；单剂 108 个，二元混配制剂 147 个，三元混配制剂 82 个。施用方法为包衣、拌种、浸种的产品，目前在登记有效状态的超过 1000 个。

（1）成分　种子处理剂中的杀虫有效成分逾 18 个，如吡虫啉、噻虫嗪、呋虫胺、吡蚜酮、克百威、丁硫克百威、氟虫腈、阿维菌素、甲拌磷、甲基异柳磷、辛硫磷、毒死蜱、乙酰甲胺磷、氯虫苯甲酰胺、溴氰虫酰胺、氯氰菊酯、高效氯氰菊酯、甲氨基阿维菌素苯甲酸盐。

在种子处理剂二元混剂中，杀菌＋杀虫的最多（如 32％戊唑・吡虫啉种子处理悬浮剂，参见 PD20182039），而杀虫＋杀虫的颇少（如 600g/L 噻虫胺・吡虫啉种子处理悬浮剂，参见 PD20200473）。

在种子处理剂三元混剂中，含 3 个杀菌成分（如噻灵・咯・精甲）、2 个杀菌成分与 1 个杀虫成分（如氟环菌・咯菌腈・噻虫嗪）的较多，而含 1 个杀菌成分与 2 个杀虫成分（如高氯氟・咯菌腈・噻虫胺）的极少。部分种子处理剂产品见表 4-11。

表 4-11　具控虫效果的种子处理剂部分产品

产品名称	作物	防治对象	用药量（制剂）	施药方法	登记证号
600g/L 吡虫啉悬浮种衣剂	水稻	蓟马	200～400mL/100kg 种子	种子包衣	PD20121181
	小麦	蚜虫	200～600mL/100kg 种子	种子包衣	
	玉米	蚜虫、蛴螬	200～600mL/100kg 种子	种子包衣	
	马铃薯	蛴螬	40～50mL/100kg 种子	种薯包衣	
	花生	蛴螬	200～400mL/100kg 种子	种子包衣	
	棉花	蚜虫	600～800mL/100kg 种子	拌种	
32%戊唑·吡虫啉种子处理悬浮剂	水稻	蓟马	600～900mL/100kg 种子	种子包衣	PD20182039
	水稻	恶苗病	600～900mL/100kg 种子	种子包衣	
	小麦	蚜虫	300～700mL/100kg 种子	种子包衣	
		纹枯病	300～700mL/100kg 种子	种子包衣	
		散黑穗病	300～500mL/100kg 种子	种子包衣	
40%溴酰·噻虫嗪种子处理悬浮剂	玉米	小地老虎	150～300mL/100kg 种子	拌种	PD20152283
		蛴螬、蓟马	300～450mL/100kg 种子	拌种	
		草地贪夜蛾、二点委夜蛾、甜菜夜蛾、黏虫	300～600mL/100kg 种子	种子包衣	

（2）剂型　在 GB/T 19378—2003《农药剂型名称及代码》中，种子处理制剂的剂型有 2 类（种子处理固体制剂、种子处理液体制剂）8 种：种子处理干粉剂（DS）、种子处理可分散粉剂（WS）、种子处理可溶粉剂（SS）、种子处理液剂（LS）、种子处理乳剂（ES）、种子处理悬浮剂（FS）、悬浮种衣剂（FSC）、种子处理微囊悬浮剂（CF）。而 GB/T 19378—2017 则简化为 2 类 5 种：种子处理干粉剂（DS）、种子处理可分散粉剂（WS）、种子处理液剂（LS）、种子处理乳剂（ES）、种子处理悬浮剂（FS）。

由于早期登记未对种子处理剂的剂型名称进行规范，导致现有产品中所涉剂型种类超出国标中的 8 种。现有登记产品剂型有拌种剂、干拌种剂、干粉种衣剂、可湿性粉剂种衣剂、湿拌种剂、水乳种衣剂、悬浮拌种剂、悬浮种衣剂、油基种衣剂、种衣剂、种子处理干粉剂、种子处理可分散粉剂、种子处理乳剂、种子处理微囊悬浮剂、种子处理悬浮剂等 15 种。其中悬浮种衣剂、种子处理干粉剂、种子处理可分散粉剂、种子处理悬浮剂为主要剂型，分别占总产品数量的75.7％、5％、4.4％、3.6％。表明悬浮种衣剂为登记开发的重中之重、热点剂型。悬浮种衣剂与其他类型的种子处理剂的重要区别在于其含有成膜剂，能够对种子进行包衣并使有效成分相对稳定地附着于种子表面。

部分产品并非种子处理制剂的剂型，但也登记用于种子处理，例如 25％多菌灵可湿性粉剂，登记用于棉花防治苗期病害，药种比 1：50 拌种，参见 PD84118。

（3）作物　具控虫效果的种子处理剂其登记作物已逾 8 种，如水稻、小麦、玉米、马铃薯、大豆、花生、棉花、向日葵。

（4）病虫　具控虫效果的种子处理剂其登记的防治对象已逾 12 种（类），如蛴螬、金针虫、地老虎、蝼蛄、根蛆、蚜虫、稻蓟马、稻瘿蚊、草地贪夜蛾、二点委夜蛾、甜菜夜蛾、黏虫。值得注意的是目前在申请产品登记时，防治对象不能笼统地写成地下害虫或苗期昆虫，而需要具体到是哪种病虫害。

五、用于产后植保的杀虫剂

在获准登记用于产后植保的杀虫剂产品中，其"作物/场所"有谷物、稻谷原粮、小麦原粮、仓储原粮、粮食、种子、棉花等，其"防治对象"有储粮害虫、仓储害虫、谷蠹、玉米象等。表 4-12 为登记用于产后植保的部分杀虫剂。

表 4-12　登记用于产后植保的部分杀虫剂

产品名称	作物/场所	防治对象	用药量（制剂）	施药方法	登记证号
500g/L 甲基嘧啶磷乳油	稻谷原粮	玉米象	50000～100000 倍液	喷雾	PD85-88
	小麦原粮	玉米象	50000～100000 倍液	喷雾	
0.006％溴氰菊酯粉剂	仓储原粮	仓储害虫	0.3～0.5g/kg 原粮	拌粮	PD20131496

产品名称	作物/场所	防治对象	用药量（制剂）	施药方法	登记证号
0.03%印楝素粉剂	仓储原粮	谷蠹、玉米象、赤拟谷盗	600～1000mg/kg	拌粮	PD20181127
56%磷化铝片剂	粮食	储粮害虫	3～10片/1000kg	密闭熏蒸	PD84121
	种子	储粮害虫	3～10片/1000kg	密闭熏蒸	
	货物	仓储害虫	5～10片/1000kg	密闭熏蒸	
	空间	多种害虫	1～4片/m³	密闭熏蒸	
	洞穴	室外啮齿动物	根据洞穴大小而定	密闭熏蒸	
99.8%硫酰氟原药	棉花	仓储害虫	40～50g/m³	密闭熏蒸	PD86185
	种子	蛀虫	20～30g/m³	密闭熏蒸	
	林木	蛀虫	25～30g/m³	密闭熏蒸	
	木材	蛀虫	25～30g/m³	密闭熏蒸	
	衣料	蛀虫	30g/m³	密闭熏蒸	
	文史档案及图书	蛀虫	30～40g/m³	密闭熏蒸	
	建筑物	白蚁	30g/m³	密闭熏蒸	
	堤围	黑翅土白蚁	800～1000g/巢	由主蚁道注入气体熏蒸	
	土坝	黑翅土白蚁	800～1000g/巢	由主蚁道注入气体熏蒸	

六、用于保护地的杀虫剂

我国设施农药栽培历史悠久。设施农药又叫保护地农业、控制环境农业、工程农业等。目前的农业设施有塑料大棚、塑料拱棚、日光温室、现代化大型温室、植物工厂等。登记用于保护地的杀虫剂逾70个，部分见表4-13所示。

表 4-13　登记用于保护地的部分杀虫剂

产品名称	作物/场所	防治对象	用药量（制剂）	施药方法	登记证号
10%异丙威烟剂	黄瓜（保护地）	蚜虫	350～500g/亩	点燃放烟	PD20083884
25g/L联苯菊酯乳油	番茄（保护地）	白粉虱	20～40mL/亩	喷雾	PD20092136
30%呋虫胺·灭蝇胺悬浮剂	黄瓜（保护地）	美洲斑潜蝇	30～40mL/亩	喷雾	PD20200601
22%氰氟虫腙悬浮剂	观赏菊花（保护地）	斜纹夜蛾	75～85mL/亩	喷雾	PD20172701
	甘蓝	小菜蛾	75～85mL/亩	喷雾	
25%噻嗪酮可湿性粉剂	火龙果（温室）	介壳虫	1000～1500倍液	喷雾	PD20080004
	水稻	稻飞虱	30～40g/亩	喷雾	

七、用于防治地下害虫的杀虫剂

地下害虫是世界性的重要农林害虫，种类多、分布广、食性杂、为害重。我国重要地下害虫有 320 余种，隶属于 8 目 38 科，主要有蛴螬、金针虫、地老虎、蝼蛄、根蛆、根象甲、根蝽、根蚜、根叶甲、根天牛、根粉蚧、拟地甲、蟋蟀等类群。据统计，登记防治蛴螬的杀虫剂累计逾 616 个，防治金针虫的逾 158 个，防治地老虎的逾 151 个，防治蝼蛄的逾 104 个，防治根蛆的逾 48 个。表 4-14 为登记用于防治地下害虫的部分杀虫剂。

表 4-14　登记用于防治地下害虫的部分杀虫剂

产品名称	作物	防治对象	用药量（制剂）	施药方法	登记证号
10%毒死蜱颗粒剂	花生	地下害虫	900～1500g/亩	撒施	PD20082111
3%辛硫磷颗粒剂	花生	地老虎、金针虫、蛴螬、蝼蛄	6～8kg/亩	沟施	PD20092322

产品名称	作物	防治对象	用药量（制剂）	施药方法	登记证号
5%毒·辛颗粒剂	甘蔗	蔗龟	3500～4000g/亩	拌毒土撒施	PD20182209
50%氯虫苯甲酰胺种子处理悬浮剂	玉米	小地老虎、蛴螬、黏虫	380～530g/100kg种子	拌种	PD20171109
	水稻	二化螟	400～1200mL/100kg种子	拌种	

八、用于防控草地贪夜蛾的杀虫剂

草地贪夜蛾是联合国粮农组织全球预警的跨国界迁飞性农业重大害虫，主要为害玉米、甘蔗、高粱等作物，已在近 100 个国家发生。2019 年 1 月由东南亚侵入我国云南、广西，目前已在很多省（自治区、直辖市）发现，严重威胁我国农业及粮食生产安全。

2019 年 6 月 3 日农业农村部发布《草地贪夜蛾应急防治用药推荐名单》，共计 25 种单剂和复配制剂。根据草地贪夜蛾的发生规律和防控实际需要，暂定应急用药时间至 2020 年 12 月 31 日。

2020 年 2 月 20 日农业农村部根据 2019 年各地草地贪夜蛾防治用药效果调查，经农业农村部组织专家评估，将农办农〔2019〕13 号文件发布的草地贪夜蛾应急防治用药推荐名单优化调整，再次发布《草地贪夜蛾应急防治用药推荐名单》，共计 28 种单剂和复配制剂，见表 4-15 所示。

表 4-15 草地贪夜蛾应急防治用药推荐名单对比表

类型	2020 年名单	2019 年名单
单剂	甲氨基阿维菌素苯甲酸盐 茚虫威 四氯虫酰胺 氯虫苯甲酰胺	甲氨基阿维菌素苯甲酸盐 茚虫威 四氯虫酰胺 氯虫苯甲酰胺 高效氯氟氰菊酯 氟氯氰菊酯 甲氰菊酯

类型	2020 年名单	2019 年名单
单剂	虱螨脲 虫螨腈 乙基多杀菌素 氟苯虫酰胺	溴氰菊酯 乙酰甲胺磷 虱螨脲 虫螨腈
生物制剂	甘蓝夜蛾核型多角体病毒 苏云金杆菌 金龟子绿僵菌 球孢白僵菌 短稳杆菌 草地贪夜蛾性引诱剂	甘蓝夜蛾核型多角体病毒 苏云金杆菌 金龟子绿僵菌 球孢白僵菌 短稳杆菌 草地贪夜蛾性引诱剂
复配制剂	甲氨基阿维菌素苯甲酸盐·茚虫威 甲氨基阿维菌素苯甲酸盐·氟铃脲 甲氨基阿维菌素苯甲酸盐·高效氯氟氰菊酯 甲氨基阿维菌素苯甲酸盐·虫螨腈 甲氨基阿维菌素苯甲酸盐·虱螨脲 甲氨基阿维菌素苯甲酸盐·虫酰肼 氯虫苯甲酰胺·高效氯氟氰菊酯 除虫脲·高效氯氟氰菊酯 氟铃脲·茚虫威 甲氨基阿维菌素苯甲酸盐·甲氧虫酰肼 氯虫苯甲酰胺·阿维菌素 甲氨基阿维菌素苯甲酸盐·杀铃脲 氟苯虫酰胺·甲氨基阿维菌素苯甲酸盐 甲氧虫酰肼·茚虫威	甲氨基阿维菌素苯甲酸盐·茚虫威 甲氨基阿维菌素苯甲酸盐·氟铃脲 甲氨基阿维菌素苯甲酸盐·高效氯氟氰菊酯 甲氨基阿维菌素苯甲酸盐·虫螨腈 甲氨基阿维菌素苯甲酸盐·虱螨脲 甲氨基阿维菌素苯甲酸盐·虫酰肼 氯虫苯甲酰胺·高效氯氟氰菊酯 除虫脲·高效氯氟氰菊酯
种数	28	25

　　山西绿海农药科技有限公司的 300 亿芽孢/g 球孢白僵菌可湿性粉剂（登记证号为 PD20190002）于 2020 年 7 月获批扩作登记，新增登记作物和防治对象为玉米草地贪夜蛾、韭菜韭蛆、林木美国白蛾（原登记作物和防治对象为玉米田玉米螟）。据悉，这是我国批准登记

的首个草地贪夜蛾防治药剂。截至 2021 年 10 月 31 日，已有 12 个单剂、2 个混剂共计 14 个产品获准登记防治草地贪夜蛾，涉及 12 种有效成分，这些产品是 200g/L 氯虫苯甲酰胺悬浮剂、25％乙基多杀菌素水分散粒剂、100 亿孢子/g 球孢白僵菌可分散油悬浮剂、150 亿孢子/g 球孢白僵菌悬浮剂、300 亿孢子/g 球孢白僵菌可湿性粉剂、400 亿孢子/g 球孢白僵菌可湿性粉剂、100 亿孢子/mL 金龟子绿僵菌油悬浮剂、80 亿孢子/mL 金龟子绿僵菌 CQMa421 可分散油悬浮剂、8000IU/μL 苏云金杆菌悬浮剂、32000IU/mg 苏云金杆菌可湿性粉剂、32000IU/mg 苏云金杆菌 G033A 可湿性粉剂、20 亿 PIB/mL 甘蓝夜蛾核型多角体病毒悬浮剂、40％噻虫嗪·溴氰虫酰胺种子处理悬浮剂（20％＋20％）、1％苦参碱·印楝素乳油（0.4＋0.6％）。上述产品中，仅 40％噻虫嗪·溴氰虫酰的施用方式为种子包衣和拌种，其他均为喷雾。

2022 年 9 月 16 日查询，获准登记防治草地贪夜蛾的产品增至 27 个，其中单剂 24 个、混剂 3 个，涉及有效成分逾 16 个，它们是球孢白僵菌、球孢白僵菌 ZJU435、金龟子绿僵菌、金龟子绿僵菌 CQMa421、苏云金杆菌、苏云金杆菌 G033A、甘蓝夜蛾核型多角体病毒、斜纹夜蛾核型多角体病毒、印楝素、苦参碱、草地贪夜蛾性诱剂、氯虫苯甲酰胺、溴氰虫酰胺、虱螨脲、乙基多杀菌素、噻虫嗪。

九、"三品一标"食用产品生产所需杀虫剂

《全国农业标准 2003～2005 年发展计划》依据农产品质量特点和对生产过程控制要求的不同，将农产品分为一般农产品、认证农产品、标识管理农产品 3 类。一般农产品是指为了符合市场准入制、满足百姓消费安全卫生需要，必须符合最基本的质量要求的农产品。认证农产品包括无公害农产品、绿色农产品、有机农产品。政府应积极推动无公害农产品的生产，同时依据各地的自然环境条件，引导企业有条件地开展绿色农产品和有机农产品的生产，使我国农产品质量安全上一个台阶。

无公害农产品、绿色食品、有机农产品、农产品地理标志统称"三品一标"，它是政府主导的安全优质农产品公共品牌，是当前和今后一个时期农产品生产消费的主导产品。纵观其发展历程，虽有其各自产生的背景和发展基础，但都是农业发展进入新阶段的战略选择，

是传统农业向现代农业转变的重要标志。

1. 无公害农产品生产所需杀虫剂

无公害农产品，是指产地环境、生产过程和产品质量符合国家有关标准和规范的要求，经认证合格获得认证证书并允许使用无公害农产品标志的未经加工或者初加工的食用农产品。

农业部、国家质量监督检验检疫总局2002年4月29日联合发布《无公害农产品管理办法》，自发布之日起施行。为了适应无公害农产品生产的需要，满足各地在无公害农产品生产过程中防治病虫害的需要，指导各地安全使用农药，全国农业技术推广服务中心在示范、应用的基础上，经专家评审，提出了"无公害农产品生产推荐农药品种和植保机械"名单，向农业植保部门和广大农业生产者推荐一批高效、低毒、低残留的农药品种和植保机械，供大家选择使用。在该名单中，杀虫剂、杀螨剂共计70个，其中生物制剂和天然物质17个（苏云金杆菌、甜菜夜蛾核多角体病毒、银纹夜蛾核多角体病毒、小菜蛾颗粒体病毒、茶尺蠖核多角体病毒、棉铃虫核多角体病毒、苦参碱、印楝素、烟碱、鱼藤酮、苦皮藤素、阿维菌素、多杀霉素、浏阳霉素、白僵菌、除虫菊素、硫黄）、合成制剂53个（如溴氰菊酯、辛硫磷、甲氨基阿维菌素苯甲酸盐、吡虫啉等）。

2. 绿色食品生产允许使用的杀虫剂

NY/T 393—2020《绿色食品农药使用准则》自2020年11月1日起正式实施。与NY/T 393—2013相比，在AA级和A级绿色食品生产均允许使用的农药清单中，删除了（硫酸）链霉素，增加了具有诱杀作用的植物（如香根草等）、烯腺嘌呤、松脂酸钠。

在A级绿色食品生产允许使用的其他农药清单中，删除了7种杀虫杀螨剂（S-氰戊菊酯、丙溴磷、毒死蜱、联苯菊酯、氯氟氰菊酯、氯菊酯、氯氰菊酯），1种杀菌剂（甲霜灵），12种除草剂（草甘膦、敌草隆、噁草酮、二氯喹啉酸、禾草丹、禾草敌、西玛津、野麦畏、乙草胺、异丙甲草胺、莠灭净、仲丁灵）及2种植物生长调节剂（多效唑、噻苯隆）；增加了9种杀虫杀螨剂（虫螨腈、氟啶虫胺腈、甲氧虫酰肼、硫酰氟、氰氟虫腙、杀虫双、杀铃脲、虱螨脲、溴氰虫酰胺），16种杀菌剂（苯醚甲环唑、稻瘟灵、噁唑菌酮、氟吡菌酰胺、氟硅唑、氟吗啉、氟酰胺、氟唑环菌胺、喹啉铜、嘧菌环胺、氰氨化钙、噻呋酰胺、噻唑锌、三环唑、肟菌酯、烯肟菌胺），7种除草剂（苄嘧磺隆、丙草胺、丙炔噁草酮、精异丙甲草胺、双草醚、五氟磺草胺、酰嘧磺隆）及1种植物生长调节剂（1-甲基环丙烯）。

表4-16为AA级和A级绿色食品生产均允许使用的农药清单，今后国家新禁用或列入《限制使用农药名录》的农药，应从清单中删除。

表4-16　AA级和A级绿色食品生产均允许使用的农药清单

类别	物资名称	备注
Ⅰ. 植物和动物来源	楝素（苦楝、印楝等提取物，如印楝素等）	杀虫
	天然除虫菊素（除虫菊科植物提取液）	杀虫
	苦参碱及氧化苦参碱（苦参等提取物）	杀虫
	蛇床子素（蛇床子提取物）	杀虫、杀菌
	小檗碱（黄连、黄柏等提取物）	杀菌
	大黄素甲醚（大黄、虎杖等提取物）	杀菌
	乙蒜素（大蒜提取物）	杀菌
	苦皮藤素（苦皮藤提取物）	杀虫
	藜芦碱（百合科藜芦属和喷嚏草属植物提取物）	杀虫
	桉油精（桉树叶提取物）	杀虫
	植物油（如薄荷油、松树油、香菜油、八角茴香油等）	杀虫、杀螨、杀真菌、抑制发芽
	寡聚糖（甲壳素）	杀菌、植物生长调节
	天然诱集和杀线虫剂（如万寿菊、孔雀草、芥子油等）	杀线虫
	具有诱杀作用的植物（如香根草等）	杀虫
	植物醋（如食醋、木醋和竹醋等）	杀菌
	菇类蛋白多糖（菇类提取物）	杀菌
	水解蛋白质	引诱
	蜂蜡	保护嫁接和修剪伤口
	明胶	杀虫

类别	物资名称	备注
I. 植物和动物来源	具有驱避作用的植物提取物（大蒜、薄荷、辣椒、花椒、薰衣草、柴胡、艾草、辣根等的提取物）	驱避
	害虫天敌（如寄生蜂、瓢虫、草蛉、捕食螨等）	控制虫害
II. 微生物来源	真菌及真菌提取物（白僵菌、轮枝菌、木霉菌、耳霉菌、淡紫拟青霉、金龟子绿僵菌、寡雄腐霉菌等）	杀虫、杀菌、杀线虫
	细菌及细菌提取物（芽孢杆菌类、荧光假单胞杆菌、短稳杆菌等）	杀虫、杀菌
	病毒及病毒提取物（核型多角体病毒、质型多角体病毒、颗粒体病毒等）	杀虫
	多杀霉素、乙基多杀菌素	杀虫
	春雷霉素、多抗霉素、井冈霉素、嘧啶核苷类抗菌素、宁南霉素、申嗪霉素、中生菌素	杀菌
	S-诱抗素	植物生长调节
III. 生物化学产物	氨基寡糖素、低聚糖素、香菇多糖	杀菌、植物诱抗
	几丁聚糖	杀菌、植物诱抗、植物生长调节
	苄氨基嘌呤、超敏蛋白、赤霉酸、烯腺嘌呤、羟烯腺嘌呤、三十烷醇、乙烯利、吲哚丁酸、吲哚乙酸、芸苔素内酯	植物生长调节
IV. 矿物来源	石硫合剂	杀菌、杀虫、杀螨
	铜盐（如波尔多液、氢氧化铜等）	杀菌，每年铜使用量不能超过 $6kg/hm^2$
	氢氧化钙（石灰水）	杀菌、杀虫
	硫黄	杀菌、杀螨、驱避
	高锰酸钾	杀菌，仅用于果树和种子处理
	碳酸氢钾	杀菌

类别	物资名称	备注
Ⅳ.矿物来源	矿物油	杀虫、杀螨、杀菌
	氯化钙	用于治疗缺钙带来的抗性减弱
	硅藻土	杀虫
	黏土（如斑脱土、珍珠岩、蛭石、沸石等）	杀虫
	硅酸盐（硅酸钠、石英）	驱避
	硫酸铁（3价铁离子）	杀软体动物
Ⅴ.其他	二氧化碳	杀虫，用于贮存设施
	过氧化物类和含氯类消毒剂（如过氧乙酸、二氧化氯、二氯异氰尿酸钠、三氯异氰尿酸等）	杀菌，用于土壤、培养基质、种子和设施消毒
	乙醇	杀菌
	海盐和盐水	杀菌，仅用于种子（如稻谷等）处理
	软皂（钾肥皂）	杀虫
	松脂酸钠	杀虫
	乙烯	催熟等
	石英砂	杀菌、杀螨、驱避
	昆虫性信息素	引诱或干扰
	磷酸氢二铵	引诱

A级绿色食品生产允许使用的其他农药清单：当表4-16中所列农药不能满足生产需要时，A级绿色食品生产还可按照农药产品标签或《农药合理使用准则》（GB/T 8321）的规定使用下列农药（共141种），其中杀虫杀螨剂（共39种）——苯丁锡、吡丙醚、吡虫啉、吡蚜酮、虫螨腈、除虫脲、啶虫脒、氟虫脲、氟啶虫胺腈、氟啶虫酰胺、氟铃脲、高效氯氰菊酯、甲氨基阿维菌素苯甲酸盐、甲氰菊酯、甲氧虫酰肼、抗蚜威、喹螨醚、联苯肼酯、硫酰氟、螺虫乙酯、螺螨

酯、氯虫苯甲酰胺、灭蝇胺、灭幼脲、氰氟虫腙、噻虫啉、噻虫嗪、噻螨酮、噻嗪酮、杀虫双、杀铃脲、虱螨脲、四聚乙醛、四螨嗪、辛硫磷、溴氰虫酰胺、乙螨唑、茚虫威、唑螨酯。

AA 级绿色食品生产资料，是指经专门机构认定，符合绿色食品生产要求，并正式推荐用于 AA 级和 A 级绿色食品生产的生产资料。

A 级绿色食品生产资料，是指经专门机构认定，符合 A 级绿色食品生产要求，并正式推荐用于 A 级绿色食品生产的生产资料。

有些产品经中国绿色食品协会审核，准予使用绿色食品生产资料证明商标，颁发"绿色食品生产资料证明商标使用证"，许可期限 3 年，年检盖章有效。

3. 有机产品生产所需杀虫剂

GB/T 19630—2019《有机产品　生产、加工、标识与管理体系要求》分为 4 个部分，第一部分"生产"规定了农作物、食用菌、野生植物、畜禽、水产、蜜蜂及其未加工产品的有机生产通用规范和要求。对于作物种植，该标准对其病虫草害防治有着明确规定，内容如下：

病虫草害防治的基本原则应是从作物-病虫草害整个生态系统出发，综合运用各种防治措施，创造不利于病虫草害孳生和有利于各类天敌繁衍的环境条件，保持农业生态系统的平衡和生物多样化，减少各类病虫草害所造成的损失。优先采用农业措施，通过选用抗病抗虫品种，非化学药剂种子处理，培育壮苗，加强栽培管理，中耕除草，秋季深翻晒土，清洁田园，轮作倒茬、间作套种等一系列措施起到防治病虫草害的作用。还应尽量利用灯光、色彩诱杀害虫，机械捕捉害虫，机械和人工除草等措施，防治病虫草害。

4. 绿色高质量农药产品

绿色农药是相对于高毒高风险农药而言的，具有高效、低毒、低残留、资源节约、环境友好的特性，对靶标生物专一性强，符合清洁化生产、减量化使用、高质量发展的方向和要求，有利于农业生产安全、农产品质量安全、生态环境安全、人畜生命健康。绿色农药又称环境无公害农药或环境友好农药等。

为积极推广绿色高质量农药产品，发挥产品的高端引领作用和优秀企业的示范带头作用，助力农业绿色高质量发展。根据 T/CCPIA 170—2021《绿色高质量农药产品评价规范》团体标准要求，由全国各农药生产/经营单位自愿申请，中国农药工业协会经形式审查并组织专家综合审定和网上公示，39 个产品符合《绿色高质量农药产品评价规范》要求并上榜了"首批绿色高质量农药产品名单"，其中杀虫剂杀螨剂占比少，如 36%联肼·螺螨酯悬浮剂、5%氯虫苯甲酰胺悬浮剂、25%吡蚜酮悬浮剂、22.5%螺虫乙酯悬浮剂、200g/L 氯虫苯甲酰胺悬浮剂。"第二批绿色高质量农药产品名单"有 40 多个产品。

十、各类作物适用的杀虫剂

使用杀虫剂要保护的目的植物有很多种，大体可以分为粮、棉、油、糖、麻、烟、茶、桑、果、菜、药、林、杂等 13 类，下面分别介绍这些作物类型上适用的生物杀虫剂选用指南，见表 4-17 所示。

表 4-17　部分作物适用的生物杀虫剂选用指南

作物类型	作物名称/场所	病虫名称	适合的生物农药
"粮"类	水稻	二化螟	阿维菌素、苏云金杆菌、印楝素
		三化螟	阿维菌素
		稻纵卷叶螟	苏云金杆菌、球孢白僵菌
		稻苞虫	苏云金杆菌
		稻飞虱	阿维菌素、印楝素
		稻蓟马	印楝素
		稻小潜叶蝇	印楝素
	小麦	小麦蚜虫	耳霉菌
		黏虫	黏虫核型多角体病毒
	玉米	玉米螟	苏云金杆菌
		草地贪夜蛾	球孢白僵菌、球孢白僵菌 ZJU435、金龟子绿僵菌、金龟子绿僵菌 CQMa421、苏云金杆菌、苏云金杆菌 G033A、甘蓝夜蛾核型多角体病毒、斜纹夜蛾核型多角体病毒、印楝素、苦参碱
	高粱	玉米螟	苏云金杆菌
	大豆	大豆天蛾	苏云金杆菌
	甘薯	甘薯天蛾	苏云金杆菌

作物类型	作物名称/场所	病虫名称	适合的生物农药
"棉"类	棉花	棉铃虫	苏云金杆菌、棉铃虫核型多角体病毒、多杀霉素
		棉蚜	烟碱
		棉花造桥虫	苏云金杆菌
"油"类	花生	蛴螬	球孢白僵菌
"烟"类	烟草	烟青虫	烟碱、印楝素、阿维菌素、苏云金杆菌
"茶"类	茶树	茶毛虫	印楝素、苏云金杆菌
		茶尺蠖	茶尺蠖核型多角体病毒、油桐尺蠖核型多角体病毒、印楝素、蛇床子素、苏云金杆菌
		茶小绿叶蝉	印楝素
"果"类	苹果	苹果巢蛾	苏云金杆菌
	梨	梨木虱	阿维菌素
		梨树天幕毛虫	苏云金杆菌
	枣	枣树尺蠖	苏云金杆菌
	柑橘	柑橘潜叶蛾	阿维菌素、印楝素
		柑橘凤蝶	苏云金杆菌
		柑橘介壳虫	茶皂素、烟碱
		柑橘小食蝇	多杀霉素
	椰子	椰心叶甲	金龟子绿僵菌
"菜"类	十字花科蔬菜	菜青虫	短稳杆菌、苏云金杆菌、阿维菌素、印楝素、楝素、苦参碱
		小菜蛾	印楝素、苦皮藤素
		甜菜夜蛾	甜菜夜蛾核型多角体病毒
		斜纹夜蛾	短稳杆菌、印楝素
		蚜虫	除虫菊素、鱼藤酮、楝素

作物类型	作物名称/场所	病虫名称	适合的生物农药
"林"类	树木	马尾松松褐天牛	球孢白僵菌
		马尾松松毛虫	球孢白僵菌
		杨树杨小舟蛾	球孢白僵菌
		林木光肩天牛	球孢白僵菌
		林木美国白蛾	球孢白僵菌
		林木尺蠖	苏云金杆菌
		林木松毛虫	苏云金杆菌、松毛虫赤眼蜂、松毛虫质型多角体病毒
		林木柳毒蛾	苏云金杆菌
	竹子	竹蝗	球孢白僵菌
"杂"类	草原	草原毛虫	草原毛虫核多角体病毒
		草原蝗虫	金龟子绿僵菌、类产碱假单胞杆菌、印楝素
	滩涂	蝗虫	金龟子绿僵菌
	仓库	赤拟谷盗、谷蠹、玉米象等	蛇床子素、八角茴香油、印楝素
卫生		蚊子（成虫）	除虫菊素、桉油精、苦皮藤素、百部碱
		蚊子（幼虫）	球形芽孢杆菌、球形芽孢杆菌（2362菌株）、苏云金杆菌（以色列亚种）
		苍蝇	除虫菊素、桉油精、苦皮藤素、百部碱
		蟑螂	除虫菊素、金龟子绿僵菌、蟑螂病毒
		跳蚤	除虫菊素
		红火蚁	多杀霉素

注：表中所列生物农药单剂品种有的尚未取得农业农村部登记，请按标签指示使用或请教当地技术部门。

（1）"粮"类作物　包括谷类作物（水稻、陆稻、小麦、大麦、燕麦、黑麦、玉米、谷子、高粱、糜子、稗、薏苡、荞麦、籽粒苋）、豆类作物（大豆、绿豆、小豆、蚕豆、豌豆、豇豆、菜豆、小扁豆、蔓豆、鹰嘴豆）、薯类作物（甘薯、马铃薯、木薯、豆薯、薯蓣、芋、菊芋、蕉藕）。登记用于这类作物上的杀虫剂很多，如阿维菌素、苏云金杆菌、短稳杆菌、印楝素等。

（2）"棉"类作物　"棉"类作物即棉花，登记用于棉花上的杀虫剂如棉铃虫核型多角体病毒。

（3）"油"类作物　包括花生、油菜、芝麻、胡麻、向日葵、蓖麻、红花、苏子等。登记用于这类作物上的杀虫剂如金龟子绿僵菌。

（4）"糖"类作物　包括甘蔗、甜菜、甜叶菊、芦粟、甜高粱等。登记用于这类作物上的杀虫剂如金龟子绿僵菌 CQMa421。

（5）"麻"类作物　包括黄麻、红麻、苎麻、大麻、亚麻、苘麻、蕉麻、龙舌兰麻（剑麻）等。登记用于这类作物上的杀虫剂凤毛麟角。

（6）"烟"类作物　"烟"类作物即烟草。登记用于这类作物上的杀虫剂如甘蓝夜蛾核型多角体病毒、斜纹夜蛾核型多角体病毒、棉铃虫核型多角体病毒、苏云金杆菌、金龟子绿僵菌 CQMa421、苦参碱。

（7）"茶"类作物　"茶"类作物即茶树。登记用于这类作物上的杀虫剂如苦参碱、印楝素、蛇床子素、苏云金杆菌。

（8）"桑"类作物　"桑"类作物即桑树。

（9）"果"类作物　包括落叶果树（苹果、梨、李、桃、葡萄、石榴、枣、杏、柿、核桃、板栗、无花果、猕猴桃、西瓜）、常绿果树（柑橘、枇杷、芒果、香蕉、菠萝、荔枝、龙眼、油橄榄、杨梅、草莓）。

（10）"菜"类作物　"菜"类作物种类繁多，见表 4-18 所示。

表 4-18　蔬菜按科别划分的类型

蔬菜类型		蔬菜科别	蔬菜种名
普通蔬菜	陆生蔬菜	茄科	番茄（西红柿）、茄子、辣椒（辣子、海椒）、甜椒、马铃薯（洋芋、土豆）
		豆科	豇豆、菜豆（四季豆、芸豆）、扁豆（刀豆、峨眉豆）、豌豆、蚕豆（胡豆）、大豆（毛豆）、花生（煮花生）

蔬菜类型	蔬菜科别	蔬菜种名
普通蔬菜	陆生蔬菜 菊科	莴苣［叶用莴苣（生菜）、茎用莴苣（莴笋）］、茼蒿
	苋科	苋菜
	藜科	菠菜
	姜科	姜（生姜）
	葫芦科	黄瓜、苦瓜、丝瓜、冬瓜、南瓜（倭瓜）、瓠瓜（瓠条瓜、瓠子）、菜瓜、佛手瓜、节瓜、蛇瓜（蛇丝瓜、长栝楼）、西葫芦（角瓜）、葫芦
	百合科	洋葱、大葱、分葱（小葱）、细香葱、韭葱、大蒜、薤（藠头）、韭菜、芦笋
	旋花科	蕹菜（空心菜、藤藤菜）
	薯蓣科	豆薯（地瓜）、薯蓣（山药）
	十字花科	萝卜，白菜类［大白菜、小白菜（普通白菜）、不结球白菜、油菜、鸡毛菜、紫菜薹、乌塌菜、菜心（菜薹）、薹菜］，芥菜类［根用芥菜（大头菜）、茎用芥菜（榨菜）、叶用芥菜（雪里蕻、青菜）］，甘蓝类［结球甘蓝（莲花白、卷心菜、圆白菜、洋白菜）、球茎甘蓝（苤蓝）、抱子甘蓝、羽衣甘蓝、紫甘蓝、芥蓝、花椰菜（菜花、花菜）、青花菜（西兰花、绿菜花、茎椰菜）］
	伞形花科	胡萝卜、芹菜、芫荽（香菜）、茴香
	其他科	黄秋葵、紫苏
	水生蔬菜	藕、芋（芋头、芋艿）、茭白、豆瓣菜（西洋菜）、蕹菜（空心菜）
菌藻蔬菜	菌类蔬菜	平菇、香菇、蘑菇、银耳、黑木耳、金针菇、杏鲍菇
	藻类蔬菜	海带、紫菜

（11）"药"类作物 包括三七、人参等。登记用于这类作物上的杀虫剂较少，已登记的如枯草芽孢杆菌（用于三七）、多抗霉素（用于人参）。

（12）"林"类作物 包括园林植物、森林植物。园林植物又称观赏植物，大体分为花卉植物、草坪植物 2 类。森林植物大体分为树林植物、竹林植物 2 类。

（13）"杂"类作物 包括牧草作物、绿肥作物、饮料作物（咖啡、可可）、调料作物（花椒、胡椒）、香料作物（肉桂）、染料作物（蓝靛）、其他作物（橡胶、芦苇、席草、薄荷、啤酒花、代代花、香茅草）。

第五节 | 杀虫剂选购指南 ▶▶▶

农药是重要的农业生产资料，是特殊的商品，假冒伪劣杀虫剂坑人害人，祸国殃民。怎样才能购买到货真价实的杀虫剂呢？

一、看"一证"

《农药管理条例》第二十四条规定，国家实行农药经营许可制度，但经营卫生用农药的除外。

《农药经营许可管理办法》（2017 年 6 月 21 日农业部令 2017 年第 5 号公布，2018 年 12 月 6 日农业农村部令 2018 年第 2 号修订）规定，在中华人民共和国境内销售农药的，应当取得农药经营许可证。利用互联网经营除限制农药以外的其他农药的（限制使用农药不得利用互联网经营），应当取得农药经营许可证。

农药经营者应当将农药经营许可证置于营业场所的醒目位置。

农药经营许可证应当载明许可证编号、经营者名称、住所、营业场所、仓储场所、经营范围、有效期、法定代表人（负责人）、统一社会信用代码等事项。农药经营许可证有效期为五年。

有下列情形之一的，不需要取得农药经营许可证：专门经营卫生用农药的；农药经营者在发证机关管辖的行政区域内设立分支机构的；农药生产企业在其生产场所范围内销售本企业生产的农药，或者向农药经营者直接销售本企业生产农药的。

农药经营者应当办理营业执照、农药经营许可证，亮照、亮证经营。购买杀虫剂一定要到"证""照"齐全的正规农药经营门店或网店，否则一旦发生质量纠纷，难以进行索赔追偿，难以有效保护自身权益。

二、看"一签"

《农药标签和说明书管理办法》规定，在中国境内经营、使用的农药产品应当在包装物表面印制或者贴有标签。产品包装尺寸过小、标签无法标注本办法规定内容的，应当附具相应的说明书。所谓标签和说明书，是指农药包装物上或者附于农药包装物的，以文字、图形、符号说明农药内容的一切说明物。农药登记申请人应当在申请农药登记时提交农药标签样张及电子文档。附具说明书的农药，应当同时提交说明书样张及电子文档。农药标签和说明书由农业农村部核准。农业农村部在批准农药登记时公布经核准的农药标签和说明书的内容、核准日期。

标签是介绍产品信息、指导用户安全合理使用农药的依据，标签与说明书具有同等法律效力。

标签和说明书的内容应当真实、规范、准确，其文字、符号、图形应当易于辨认和阅读，不得擅自以粘贴、剪切、涂改等方式进行修改或者补充。标签和说明书应当使用国家公布的规范化汉字，可以同时使用汉语拼音或者其他文字。其他文字表述的含义应当与汉字一致。标签和说明书不得标注任何带有宣传、广告色彩的文字、符号、图形，不得标注企业获奖和荣誉称号。法律、法规或者规章另有规定的，从其规定。

登录中国农药信息网，可以查询登记核准标签的文字内容（没有颜色及图案）。凡发现标签或说明书内容存在增加或删除现象的，应擦亮眼睛，谨慎购买。一是出现未经登记的使用范围和防治对象的图案、符号、文字；二是标注带有宣传、广告色彩的文字、符号、图案，标注企业获奖和荣誉称号，例如出现"×××作物专用""×××昆虫特效""×××单位监制""×××保险公司承保""×××公司总代理""×××专家推荐""采用×××国家技术""作用迅速""无效退款""保证高产优质""无毒无害无污染无残留"等内容；三是活体型杀虫剂保质期2年；四是使用剂量过低或稀释倍数太大；五是价格，若明显低于同类杀虫剂，很可能偷工减料，若明显高于同类杀虫剂，很可能非法添加了隐性成分。

三、看"三号"

农药登记证号、农药生产许可证号、产品质量标准号并称农药"三号"。

《农药管理条例》规定,国家实行农药登记制度;国家实行农药生产许可制度;农药生产企业应当严格按照产品质量标准进行生产,确保农药产品与登记农药一致（农药出厂销售,应当经质量检验合格并附具产品质量检验合格证）。

在中国境内生产（包括原药生产、制剂加工和分装）、经营（包括进口）、使用的农药,应当取得农药登记。未依法取得农药登记证的农药,按照假农药处理。农药生产企业、向中国出口农药的企业应当依照本条例的规定申请农药登记,新农药研制者可以依照本条例的规定申请农药登记。每一种农药产品都有一个相当于居民身份证号码的唯一的农药登记证号。

国家实行农药生产许可制度。农药生产许可证有效期为5年。

登录中国农药信息网等官方网站,可以查询农药登记证号等是否真实和是否在有效期内,千万不要购买没有证件号、证件号不齐或证件号已过期的杀虫剂。

下面简要介绍农药登记证号的辨认。

农药登记分为临时登记、正式登记（品种登记）、分装登记、仅限出口登记等。2017年颁布的《农药管理条例》取消临时登记。《农药登记管理办法》明确指出,2017年6月1日之前,已经取得的农药临时登记证到期不予延续;已经受理尚未作出审批决定的农药登记申请,按照《农药管理条例》有关规定办理。农药登记证有效期为5年。农药登记证号中的大写字母L、S、P、D、W、N、F分别是汉字临、时、品、登、卫、内、分的汉语拼音首字母,EX是英文单词的前两个字母。

临时登记证号格式,农业用农药为"LS＋年号＋顺序号",如LS84101、LS20040001,年号为两位或四位阿拉伯数字;卫生用农药为"LS＋年号＋顺序号"或"WL＋年号＋顺序号",如LS88021、LS92023、WL92001、WL2003001,年号为两位或四位阿拉伯数字。

分装登记证号格式为"大包装农药登记证号＋F＋顺序号",如PD20070038F070002。

仅限出口登记证号格式为"EX＋年号＋序列号",如EX20200001。农药登记证上注明"仅限出口"。

2017年发布的《农药登记资料要求》规定,"农药登记证号格式为：产品类别代码＋年号＋顺序号。产品类别代码为PD,卫生用农药的产品类别代码为WP。年号为核发农药登记证时的年号,用四位阿拉伯数字表示。顺序号用四位阿拉伯数字表示"。此前农药登记证号格式曾几度变化。

卫生用农药的正式登记证号格式,对于持证人为国内厂家,有5种格式,它们为"PD＋年号＋顺序号",如PD84123;"PDN＋顺序号＋短横＋年号",如PDN21-92;"WP＋顺序号＋短横＋年号",如WP32-2002;"WPN＋顺序号＋短横＋年号",如WPN1-94、WPN30-99、WPN32-2000;"WP＋年号＋顺序号",如WP86137、WP20030001。持证人为国外公司,有3种格式,一种为"PD＋顺序号＋短横＋年号",如PD4-85、PD23-86、PD120-90、PD161-92。另一种为"WP＋顺序号＋短横＋年号",如WP120-90、WP1-92、WP12-93、WP66-2000、WP77-2002。还有一种为"WP＋年号＋顺序号",如WP20030005。

农业用农药的正式登记证号格式,若持证人为国内厂家,有2种格式,一种为"PD＋年号＋顺序号",如PD84101、PD90101、PD98101、PD20020101、PD20050001,年号为两位数或四位数,顺序号为三位数(前者从101开始)或四位数(从0101或0001开始)。对于同一产品有多家获得登记的,在顺序号后接"＋短横线＋编号",编号从2开始,如PD84102、PD84102-2、PD84102-3。另一种为"PDN＋顺序号＋短横＋年号",顺序号为一位数、两位数,年号为两位数或四位数,如PDN1-88、PDN10-91、PDN63-2000。若持证人为国外公司,1982～2003年期间登记证号格式为"PD＋顺序号＋短横＋年号",1999年底前顺序号为一位数、两位数或三位数,年号为两位数,如PD1-85、PD57-98;2000～2003年顺序号为三位数,年号为四位数,如PD320-2000、PD363-2001、PD383-2003;2003年起登记证号格式为"PD＋年号＋顺序号",年号为四位数,顺序号为四位数,如PD20030001、PD20040001。2003年两种格式并存。

第五章
杀螨剂使用技术 ▶▶▶

第一节 │ 有害螨类的主要种类 ▶▶▶

为害农作物的"虫（虫子）"很多，有昆虫、螨类（又称螨虫）、蜗牛、蛞蝓等。昆虫属节肢动物门，昆虫纲，螨类属节肢动物门，蛛形纲。两者虽然同属一门，但不属一纲，因而它们之间既有不少相同之处，也存在诸多差异。螨类种类众多，世界上已记载种类逾30000种。

螨类的特点可概括为：体不分节一团球，无翅善爬八只足；气管血腔多变态，有螯无角能吐丝，叶螨食植用嘴刺。昆虫的特点可概括为：体分三段头胸腹，有翅能飞六只足；气管血腔多变态，昆虫百万广分布。依据翅的有无（螨类无翅，昆虫有翅）、足的对数（螨类成螨8只足，昆虫成虫6只足）等形态特征可以明显区分螨类和昆虫。

螨类和蜘蛛同属一类，有些螨类被人们俗称为蜘蛛，如柑橘全爪螨叫柑橘红蜘蛛，柑橘始叶螨叫柑橘黄蜘蛛，柑橘锈螨叫柑橘锈蜘蛛，侧多食跗线螨叫白蜘蛛。

螨类的食性很杂，有植食性、捕食性的农林螨类，寄生性、吸血性的医牧螨类，腐食性、粪食性、菌食性的环境螨类。我国有记载的农业螨类500多种，其中全国性或局部性严重为害的40余种。我国已记录的储粮螨类逾101种。第三次全国林业有害生物普查记载螨类76种。重要植食性害螨见表5-1所示。

不少作物常遭受多种害螨为害，例如柑橘上有柑橘全爪螨、柑橘裂爪螨、柑橘始叶螨、柑橘锈螨、柑橘瘿螨、侧多食跗线螨等；茶树

上有茶橙瘿螨、茶叶丽瘿螨、咖啡小爪螨、卵形短须螨、侧多食跗线
螨、神泽氏叶螨等；水稻上有斯氏狭跗线螨、叉毛狭跗线螨、浙江跗
线螨、稻裂爪螨等；棉花上有朱砂叶螨、截形叶螨、二斑叶螨、敦煌
叶螨、土耳其斯坦叶螨等。我国为害棉花的棉叶螨是混合种群，种类
组成和优势种在各地不尽相同。长江流域、黄河流域棉区优势种主要
是朱砂叶螨，截形叶螨、二斑叶螨为常见种，常与朱砂叶螨混合发
生。南疆棉区优势种为截形叶螨，北疆棉区优势种为土耳其斯坦叶螨
（此螨仅在新疆发生）。进入 21 世纪以后，截形叶螨在新疆棉区的发
生数量和发生面积大大增加，已成为棉田常见种类。我国食用菌害螨
的常见种类有 8 科 45 种。

表 5-1　重要害螨的种类及其分类地位

害螨种类	其他名称	分类地位	
朱砂叶螨	红叶螨	叶螨属	叶螨科
二斑叶螨	棉叶螨、棉红蜘蛛		
截形叶螨			
敦煌叶螨			
土耳其斯坦叶螨			
神泽氏叶螨			
山楂叶螨	山楂红蜘蛛		
皮氏叶螨	香蕉红蜘蛛		
豆叶螨	大豆叶螨、大豆红蜘蛛		
麦岩螨	麦长腿蜘蛛	岩螨属	
苜蓿叶螨	苜蓿红蜘蛛	苔螨属	
柑橘始叶螨	柑橘黄蜘蛛、四斑黄蜘蛛、六点黄蜘蛛	始叶螨属	
六点始叶螨	橡胶黄蜘蛛		
桑始叶螨	桑红蜘蛛		
柑橘全爪螨	柑橘红蜘蛛、瘤皮红蜘蛛、柑橘红叶螨、红蜱、红蚁	全爪螨属	
苹果全爪螨	苹果红蜘蛛、苹果叶螨、榆全爪螨		

害螨种类	其他名称	分类地位	
咖啡小爪螨	茶红螨、茶红蜘蛛	叶螨科	小爪螨属
栗小爪螨			
稻裂爪螨	水稻黄蜘蛛		裂爪螨属
柑橘裂爪螨			
麦氏单爪螨	木薯绿螨		单爪螨属
麦叶爪螨	麦圆蜘蛛	叶爪螨科	叶爪螨属
侧多食跗线螨	茶黄螨、茶嫩叶螨、茶半跗线螨、阔体螨、白蜘蛛	跗线螨科	多食跗线螨属（半跗线螨属）
斯氏狭跗线螨			狭跗线螨属
叉毛狭跗线螨			
浙江跗线螨			
柑橘瘿螨	柑橘瘤壁虱、柑橘瘤瘿螨、柑橘芽壁虱、柑橘芽瘿螨、柑橘瘤螨、胡椒子虫	瘿螨科	瘿螨属
荔枝瘤瘿螨	荔枝瘿螨、荔枝红蜘蛛		
梨叶肿瘿螨	梨叶肿壁虱、梨潜叶壁虱、梨瘿螨、梨叶疹螨		
荔枝瘿螨	荔枝红蜘蛛		
葡萄缺节瘿螨	葡萄锈壁虱、葡萄瘿螨、葡萄毛毡病		
番茄瘿螨			
茶叶丽瘿螨	龙首丽瘿螨、茶紫瘿螨、茶紫锈瘿螨、茶紫锈壁虱、茶紫锈蜘蛛		丽瘿螨属
茶橙瘿螨	斯氏尖叶瘿螨、斯氏小叶瘿螨、茶刺叶瘿螨、茶锈螨		尖叶瘿螨属
枣叶锈螨	枣锈壁虱、枣壁虱		上三节瘿螨属
柑橘锈螨	柑橘锈壁虱、柑橘锈瘿螨、柑橘锈蜘蛛、柑橘皱叶刺瘿螨、柑橘刺叶瘿螨		皱叶刺瘿螨属
粗足粉螨		粉螨科	粉螨属
腐食酪螨	长毛螨、卡氏长螨		食酪螨属
刺足根螨	罗宾根螨		根螨属

害螨种类	其他名称	分类地位	
镰孢穗螨		穗螨科	穗螨属
蓝氏布伦螨		微离螨科	布伦螨属
刘氏短须螨	葡萄短须螨、橘短须螨、葡萄红蜘蛛	细须螨科	细须螨属
卵形短须螨	茶短须螨		

螨的一生一般要经过卵、前幼螨、幼螨、第一若螨、第二若螨、第三若螨、成螨等7个阶段。有的若螨仅1期，有的为2期（分别称前期若螨、后期若螨），有的为3期。有的在若螨期中有1个休眠时期，称为休眠体。螨类各阶段的身体形状不同，大小随发育而增大；幼螨体小，3对足，若螨、成螨4对足。雌雄异体，多数交配后产卵，也有的营孤雌单性生殖。雌虫生殖时，或产卵，或产若虫，亦有个体从母体产出时即能交配受精。生活史短，完成一代需1~4周，发育适宜温度为25~28℃。

第二节 杀螨剂发展概况 >>>

一、了解控螨药物类型

生产上用来控制螨类的农药有2类：一类是专性杀螨剂，即通常所说的杀螨剂，指只杀螨不杀虫等的农药或以杀螨为主、杀螨活性很强的农药；另一类是兼性杀螨剂，指以防治害虫或病菌等为主，兼有杀螨活性的农药，这类农药又叫杀虫杀螨剂或杀菌杀螨剂。

兼性杀螨剂主要有下列类型：矿物源类，如硫黄、石硫合剂、矿物油；拟除虫菊酯类，如联苯菊酯、甲氰菊酯、高效氯氟氰菊酯、高效氯氰菊酯（它们的杀螨活性由强到弱依次为联苯菊酯＞甲氰菊酯＞高效氯氟氰菊酯＞高效氯氰菊酯）；有机磷类，如毒死蜱、丙溴磷、三唑磷、水胺硫磷、乐果、氧乐果；氨基甲酸酯类，如涕灭威；其他有机物类，如代森锰锌、丁醚脲、虫螨腈、虱螨脲、氟虫脲、氟啶胺；生物源农药，如苦参碱、藜芦碱、印楝素。此前的甲胺磷、甲基对硫磷、杀虫脒等都有杀螨作用，但现已禁用。

专性杀螨剂的分类方法很多，下面介绍其中几种。

（1）按物质类别分类　分为化学杀螨剂、生物杀螨剂2类。生产上所用杀螨剂中化学杀螨剂居多，生物杀螨剂仅有阿维菌素、浏阳霉素、四抗霉素、苦参碱、藜芦碱、印楝素等几种。

（2）按化学结构分类　分为6类：①有机氯类，如三氯杀螨醇（开乐散）、杀螨醇（敌螨）。②有机硫类，如三氯杀螨砜（涕涕恩）、克螨特（丙炔螨特）、杀螨特（螨灭得）、杀螨醚（氯杀螨）、杀螨酯（螨卵酯）。③有机锡类，如三环锡（普特丹）、三唑锡（倍乐霸）、苯丁锡（托尔克）。④硝基苯类，如消螨普、消螨通、乐杀螨。⑤脒类，如单甲脒、双甲脒。⑥有机杂环类，如噻螨酮（尼索朗）、四螨嗪（阿波罗）、唑螨酯（霸螨灵）、哒螨灵（哒螨酮、速螨酮、牵牛星、扫螨净）、溴螨酯（螨代治）、灭螨猛（甲基克杀螨）。这里面的有些品种已禁用。

（3）按残效长短分类　分为2类，一类残效期较长，施用1次即可基本控制螨害，如噻螨酮、四螨嗪、哒螨灵；另一类残效期较短，需施2～3次才能有效控制螨害，如炔螨特。

二、控螨药物登记情况

据1993年的农药登记公告显示，当时获得登记的杀螨剂仅68个，其中国产产品47个、进口产品21个。近40年来获得登记的杀螨剂累计逾2500个（单剂逾1550个、混剂逾950个），其中目前尚在登记有效状态的逾1110个（单剂逾770个、混剂逾340个）。

在农药登记管理中，防治对象为螨类时，防治对象的名称中带有"螨""尘螨""叶螨""蜘蛛"或"壁虱"等后缀字眼。

登记防治螨（农作物上的螨和卫生上的尘螨等）的产品逾233个。

登记防治茶黄螨的产品逾3个，涉及有效成分逾3种（藜芦碱、印楝素、联苯肼酯）。

登记防治二斑叶螨的产品逾44个，涉及有效成分逾10种（腈吡螨酯、阿维菌素、三唑锡、哒螨灵、四螨嗪、唑螨酯、矿物油、联苯肼酯、炔螨特、噻螨酮）。

登记防治红蜘蛛的产品逾1738个，涉及有效成分逾30种。

登记防治锈壁虱、锈蜘蛛的产品逾 61 个，涉及有效成分逾 14 种（硫黄、石硫合剂、矿物油、代森锰锌、螺螨酯、唑螨酯、苯丁锡、阿维菌素、哒螨灵、毒死蜱、联苯菊酯、虱螨脲、除虫脲、氟啶胺）。例如防治柑橘锈壁虱（锈蜘蛛），80％代森锰锌可湿性粉剂稀释 500～600 倍，参见 PD220-97；10％阿维菌素・哒螨灵微乳剂（0.5％＋9.5％）稀释 3000～4000 倍，参见 PD20171493；又如防治枸杞锈蜘蛛，45％硫黄悬浮剂稀释 300 倍，参见 PD86131-5。

三、科学使用控螨药物

使用控螨药物（包括专性杀螨剂和兼性杀螨剂）应掌握以下 5 大原则，从而高效、安全、经济地控制螨害。

（1）专兼分工　虽然许多兼性杀螨剂登记了防治螨类，但是通常情况下，尤其害螨发生严重时，不要将兼性杀螨剂用于防治，如四川省多数地区柑橘全爪螨只在 3～6 月盛发，需用噻螨酮等专性杀螨剂消灭；部分柑橘园 9～11 月又出现第二小高峰，且并发潜叶蛾，此时可使用甲氰菊酯、高效氯氟氰菊酯等兼性杀螨剂，达到虫螨兼治、一举两得的效果。

（2）喷施均匀　施用杀螨剂多采用喷雾法，因专性杀螨剂皆以触杀作用为主，无内吸传导作用，故要求喷施务必均匀。

（3）控制用量　要严格遵照产品使用说明用药，不要随意增大剂量和浓度，增加施药次数，以免诱发害螨产生抗药性。

（4）掌握时间　害螨的防治适期为卵孵盛期，对于无杀成螨活性的杀螨剂，如噻螨酮等，需做好预测预报，掌握在卵初孵时用药，比一般杀螨剂适当提前 3～10 天。

（5）合理轮混　害螨容易产生抗药性，但不同类型杀螨剂之间通常无交互抗性，因此提倡不同作用机制的杀螨剂混配使用或间隔 3～5 年轮换使用。有的杀螨剂杀卵活性高，不杀成螨，有的则相反，这两种杀螨剂搭配使用往往能提高杀螨效果。

目前监测地区二斑叶螨种群对阿维菌素、哒螨灵处于高水平抗性（抗性倍数分别是大于 3000 倍、大于 100 倍），对丁氟螨酯处于中等至高水平抗性（抗性倍数 12～753 倍），对腈吡螨酯处于中等水平抗性（抗性倍数 23～57 倍），对联苯肼酯处于低至中等水平抗性（抗性倍数 6.2～21 倍），对乙唑螨腈处于敏感状态。与 2020 年监测结果相比，二斑叶螨对以上药剂抗性倍数总体变化不大。在二斑叶螨用药防控策略中，应停止使用阿维菌素、哒螨灵，注意交替、轮换使用联苯肼酯、腈吡螨酯、乙唑螨腈等不同作用机理药剂或药剂组合，以延缓抗药性发展。

第三节 | 杀螨剂品种介绍 ▶▶▶

有些农药主要用作杀虫剂（如甲氰菊酯）、杀菌剂（如代森锰锌）或杀虫杀线剂（如涕灭威），但发现其杀螨活性后，不少厂家在杀螨上进行了登记，下面列举部分兼性杀螨剂在杀螨上的登记情况。

硫黄，45％悬浮剂登记防治枸杞锈蜘蛛，稀释300倍，参见PD86131-5；50％悬浮剂登记防治小麦螨，每亩用400g，参见 PD86157。

石硫合剂，登记防治柑橘螨、红蜘蛛、锈壁虱、锈蜘蛛，苹果叶螨，茶树叶螨、红蜘蛛等，例如29％登记防治柑橘红蜘蛛，稀释35倍，参见 PD88112-6。

矿物油，99％乳油登记防治柑橘红蜘蛛，稀释150～300倍，防治苹果红蜘蛛，稀释150～300倍，防治茶橙瘿螨，每亩用300～500g；参见 PD20095615。

代森锰锌，通常用作杀菌剂，但极个别产品登记防治螨类，例如80％可湿性粉剂登记防治柑橘锈蜘蛛，稀释500～600倍；参见PD220-97。

联苯菊酯，25g/L乳油登记防治柑橘红蜘蛛，稀释800～1250倍，防治苹果叶螨，稀释800～1250倍，防治棉花红蜘蛛，每亩用120～160mL；参见 PD96-89。

甲氰菊酯，20％乳油登记防治柑橘红蜘蛛，稀释2000～3000倍，防治苹果山楂红蜘蛛，稀释2000倍，防治棉花红蜘蛛，每亩用30～40mL；参见 PD77-88。

高效氯氟氰菊酯，25g/L乳油登记防治梨树红蜘蛛、苹果红蜘蛛、棉花红蜘蛛、果菜红蜘蛛、叶菜红蜘蛛，常规用量下产生抑制作用；参见 PD80-88。

高效氯氰菊酯，4.5％乳油登记防治棉花红蜘蛛，每亩用22～

45mL；参见 PD20040102。

毒死蜱，480g/L 登记防治柑橘红蜘蛛、锈壁虱，稀释 1000～2000 倍；参见 PD47-87。

丙溴磷，50％乳油登记防治柑橘红蜘蛛，稀释 2000～3000 倍；参见 PD20180906。

三唑磷，25％可湿性粉剂登记防治柑橘红蜘蛛，稀释 1000～2000 倍；参见 PD20092202。

水胺硫磷，40％乳油登记防治棉花红蜘蛛，每亩用 50～100mL；参见 PD88101。

乐果，40％乳油登记防治棉花螨，每亩用 75～100mL；参见 PD85121-3。

氧乐果，40％乳油登记防治棉花螨，每亩用 62.5～100mL；参见 PD84111-2。

涕灭威，5％颗粒剂登记防治月季红蜘蛛，每亩用 3500～4000g；参见 PDN51-97。

丁醚脲，50％可湿性粉剂登记防治柑橘红蜘蛛，稀释 1000～2000 倍；参见 PD20120247。

虫螨腈，240g/L 悬浮剂登记防治茄子朱砂叶螨，每亩用 20～30mL；参见 PD20130533。

虱螨脲，50g/L 乳油登记防治柑橘锈壁虱，稀释 1500～2500 倍；参见 PD20070344。

氟虫脲，50g/L 可分散液剂登记防治柑橘红蜘蛛、锈壁虱和苹果红蜘蛛；参见 PD20092964。

氟啶胺，500g/L 悬浮剂登记防治柑橘红蜘蛛，稀释 1500～2000 倍，防治柑橘锈壁虱，稀释 1000～2000 倍；参见 PD20161107。

苦参碱，0.3％水剂登记防治茶树红蜘蛛，每亩用 122～144mL；参见 PD20101227。0.5％水剂登记防治苹果红蜘蛛，稀释 1000～1500 倍；参见 PD20171810。

藜芦碱，0.5％可溶液剂登记防治猕猴桃红蜘蛛，稀释 600～700 倍；防治柑橘、枣树红蜘蛛，稀释 600～800 倍；防治茶叶茶黄螨，稀释 1000～1500 倍；防治辣椒、茄子、草莓红蜘蛛，每亩用 120～140mL；参见 PD20131807。

印楝素，0.5％可溶液剂登记防治茶树茶黄螨，每亩用 125～

186mL；参见 PD20183655。

下面对部分专性杀螨剂品种进行介绍。

苯丁锡（fenbutatin oxide）

【产品名称】 托尔克、克螨锡、螨完锡、螨烷锡等。

【单用技术】 25％悬浮剂登记用于柑橘防治红蜘蛛、锈壁虱，稀释 1250～1500 倍；参见 LS93004。50％可湿性粉剂登记用于柑橘防治红蜘蛛，稀释 2000～3333 倍；参见 PD79-88。

苯螨特（benzoximate）

【产品名称】 西斗星等。

【单用技术】 登记用于柑橘防治红蜘蛛，5％乳油稀释 750～1000 倍，10％乳油稀释 1500～2000 倍；参见 LS90003、LS90004。

吡螨胺（tebufenpyrad）

【产品名称】 必螨立克等。

【单用技术】 登记用于柑橘防治红蜘蛛，10％可湿性粉剂稀释 2000～3000 倍；用于苹果防治红蜘蛛，10％可湿性粉剂稀释 2000～3000 倍；参见 LS93021。

苄螨醚（halfenprox）

【产品名称】 扫螨宝等。

【单用技术】 登记用于柑橘防治红蜘蛛、黄蜘蛛，稀释 1000～2000 倍；用于苹果防治苹果红蜘蛛、山楂红蜘蛛，稀释 1000～2000 倍；参见 LS95016。

哒螨灵（pyridaben）

【产品名称】 哒螨酮、速螨酮、牵牛星、扫螨净、灭螨灵等。

【单用技术】 20％可湿性粉剂登记用于柑橘防治红蜘蛛，稀释 3390～4444 倍；用于苹果防治叶螨，稀释 4000～4444 倍；参见 LS91003。

【混用技术】 已登记混剂如 8%阿维菌素·哒螨灵乳油（0.2%＋7.8%）。

单甲脒（semiamitraz）

【产品名称】 杀螨脒、单甲脒盐酸盐等。

【单用技术】 25%水剂登记用于柑橘防治红蜘蛛，稀释 1000 倍；参见 LS88315。

丁氟螨酯（cyflumetofen）

【产品名称】 金满枝等。

【产品特点】 本品属于酰基乙腈类非内吸性杀螨剂，主要通过触杀和胃毒作用防治卵、若螨和成螨，作用机制为抑制线粒体蛋白复合体Ⅱ、阻碍电子（氢）传递、破坏磷酸化反应。对不同发育阶段的害螨均有很好防效，可在柑橘各个生长期使用。

【适用范围】 柑橘等。

【防治对象】 柑橘红蜘蛛等。

【单剂规格】 20%悬浮剂。首家登记证号 LS20120150。

【单用技术】 在若螨发生盛期或害螨为害早期施药；稀释 1500～2500 倍。施用时应使作物叶片正反面、果实表面以及树干、枝条等部位充分均匀着药。在柑橘上每季最多施用 1 次，安全间隔期 21 天。

二甲基二硫醚（dithioether）

【产品特点】 本品是从一种百合科植物中提取的植物源农药。具有胃毒、触杀作用。主要抑制乙酰胆碱酯酶的合成。持效期较长。

【单用技术】 0.5%乳油曾登记用于防治棉花红蜘蛛，每亩用33～50mL；参见 LS96511。

氟丙菊酯（acrinathrin）

【产品名称】 罗速发、杀螨菊酯等。

【产品特点】 对若螨、成螨具有触杀、胃毒作用。对多种植食性螨类具有高的活性。并能兼治某些害虫，如蚜虫、叶蝉、蓟马、小卷叶蛾、潜叶蛾、茶细蛾等刺吸式、锉吸式口器害虫和鳞翅目害虫。

【单剂规格】 2%乳油。首家登记证号 LS92009。

【单用技术】 2%乳油登记用于柑橘防治叶螨，稀释 800～2000
倍；用于苹果防治叶螨，稀释 1000～2000 倍；用于棉花防治红蜘蛛，
每亩用 100～150mL；用于茶树防治茶短须螨，稀释 2000～4000 倍，
用于茶树防治小绿叶蝉，稀释 1333～2000 倍。

氟啶胺 （fluazinam）

【产品特点】 早前作为杀菌剂登记防治大白菜根肿病、马铃薯晚
疫病、番茄晚疫病、辣椒疫病、辣椒炭疽病、草莓炭疽病等低等、高
等真菌病害，后来发现其对柑橘红蜘蛛效果好，于是有厂家作为杀螨
剂进行登记；参见 PD20141977。

【适用范围】 柑橘等。

【防治对象】 柑橘红蜘蛛、柑橘锈蜘蛛等。

【单剂规格】 40%、50%悬浮剂，500g/L悬浮剂。进行柑橘红
蜘蛛登记较早的如 PD20141977。目前登记防治柑橘红蜘蛛的单剂逾
9 个。

【单用技术】 适宜施药时期为柑橘红蜘蛛幼、若螨盛发期或在红
蜘蛛每叶达 2 头以上时 （一般在新梢抽发期），500g/L 悬浮剂稀释
1000～2000 倍。

【混用技术】 已登记混剂产品逾 5 个，如 50%阿维菌素·氟啶胺悬
浮剂 （5%＋45%）、41%氟啶胺·联苯肼酯悬浮剂 （22%＋19%）。

氟螨嗪 （diflovidazin)

【产品名称】 氟螨等。

【产品特点】 对成螨、若螨、幼螨、卵均有效。对山楂叶螨、朱
砂叶螨、柑橘全爪螨等有活性。

【单用技术】 15%乳油登记用于柑橘防治红蜘蛛；参见 LS20031727。

华光霉素 （nikkomycin）

【产品名称】 日光霉素、尼柯霉素等。

【产品特点】 华光霉素的产素生物为唐德轮枝链霉菌 S-9。华光霉素分子结构与细胞壁中几丁质合成的前体 N-乙酰葡萄糖胺相似，因而对细胞内几丁质合成酶发生竞争性抑制作用，阻止葡萄糖胺的转化，干扰细胞壁几丁质的合成，抑制了螨类和真菌的生长。能防治螨类和真菌性病害。

【单用技术】 2.5%可湿性粉剂登记用于苹果，防治山楂红蜘蛛，稀释 625～1250 倍；用于柑橘，防治全爪螨，稀释 417～625 倍；参见 LS92328。

腈吡螨酯（cyenopyrafen）

【产品特点】 本品在生物体内代谢形成的水解物可作用于线粒体电子传导系统的复合体Ⅱ，阻碍了从琥珀酸到辅酶 Q 的电子流，从而搅乱了叶螨类的细胞内呼吸。

【适用范围】 苹果等。

【防治对象】 苹果二斑叶螨、红蜘蛛等。

【单剂规格】 30%悬浮剂。首家登记证号 PD20190052。

【单用技术】 在苹果二斑叶螨、红蜘蛛发生始盛期施药，稀释 2000～3000 倍，全面喷雾（根据植物生长时期调节对水量）。本品没有内吸性，因此要求叶面、叶背均匀喷雾。

【注意事项】 本品和波尔多液混用时会降低本药的效果，尽量避免二者混用。

喹螨醚（fenazaquin）

【产品名称】 螨即死等。

【产品特点】 具有触杀、胃毒作用。药效发挥迅速。对夏卵、幼若螨、成螨都有很高的活性。

【适用范围】 柑橘、苹果、茶树、蔬菜等。

【防治对象】 苹果红蜘蛛、山楂叶螨、二斑叶螨、柑橘红蜘蛛、李始叶螨等。对二斑叶螨的卵、幼若螨有很高药效，但对成螨效果相对较差。

【单剂规格】 95g/L 乳油、18%悬浮剂。首家登记证号 LS98072。

【单用技术】 95g/L 乳油登记用于柑橘防治红蜘蛛，稀释 1900～

2878 倍；用于苹果防治红蜘蛛，稀释 3800～4750 倍；参见 LS98072。95g/L 乳油登记用于苹果防治红蜘蛛，稀释 3800～4500 倍；参见 PD20060036。18％悬浮剂登记用于茶树防治红蜘蛛，每亩用 25～35mL；参见 LS20120071 和 PD20170660。

联苯肼酯 （bifenazate）

【产品特点】 害螨接触药剂后，很快停止进食、运动和产卵，从而快速阻止作物为害并持效较长时间。

【适用范围】 草莓、观赏玫瑰、辣椒、木瓜、苹果等。

【防治对象】 草莓二斑叶螨、观赏玫瑰茶黄螨、辣椒茶黄螨、木瓜二斑叶螨、苹果红蜘蛛等。

【单剂规格】 43％悬浮剂。首家登记证号 LS20082827。

【单用技术】 掌握在害螨发生初期施药。防治草莓二斑叶螨，每亩用 10～25mL；防治观赏玫瑰茶黄螨，每亩用 20～30mL；防治辣椒茶黄螨，每亩用 20～30mL；防治木瓜二斑叶螨，稀释 2000～3000 倍；防治苹果红蜘蛛，稀释 2000～3000 倍。本品没有内吸性，为保证药效，喷药时应保证叶片正反两面及果实表面都均匀喷到。

浏阳霉素 （polynactins）

【产品名称】 多活菌素等。

【产品特点】 浏阳霉素的产素生物为从湖南浏阳河地区土壤中分离的灰色链霉菌浏阳变种。组分有 5 种。具有触杀作用，对螨卵也有一定抑制作用。

【单用技术】 10％乳油登记用于苹果防治红蜘蛛，使用浓度为 1000～1500 倍；用于棉花，防治红蜘蛛，每亩用 40～60mL；用于蔬菜，防治红蜘蛛，亩用 30～50mL；参见 LS93507。

螺螨双酯 （spirobudiclofen）

【产品特点】 主要通过触杀和胃毒作用防治卵、若螨和雌成螨，作用机理为抑制害螨体内脂肪合成、阻断能量代谢。杀卵效果突出，并对不同发育阶段的害螨均有较好防效，可在柑橘的各个生长期使用。

【适用范围】 柑橘等。

【防治对象】 柑橘红蜘蛛等。

【单剂规格】 24%悬浮剂。首家登记证号 PD20190039。

【单用技术】 在柑橘红蜘蛛为害早期施药，稀释 3600～4800 倍。注意喷药时均匀全面，特别对叶片背面的喷雾。

螺螨酯 （spirodiclofen）

【产品名称】 螨危等。

【产品特点】 对害螨具有触杀作用。对卵、幼若螨高效，杀卵效果尤佳。虽然不能较快地杀死雌成螨，但对雌成螨有很好的绝育作用（雌成螨接触药剂后所产的卵有 96% 不能孵化，死于胚胎后期）。对雄成螨无效。药效发挥较缓，药后 7 天左右才达到药效高峰。持效期可长达 50 天。

【适用范围】 柑橘、葡萄、苹果等果树，茄子、辣椒、番茄等蔬菜，棉花，等等。

【防治对象】 对红蜘蛛、黄蜘蛛、锈壁虱、茶黄螨、朱砂叶螨、二斑叶螨等均有很好防效。对梨木虱、榆蛎盾蚧、叶蝉类等害虫有很好的兼治效果。

【单剂规格】 240g/L悬浮剂。首家登记证号 LS20042173。

【单用技术】 240g/L悬浮剂登记用于柑橘防治红蜘蛛，稀释 4000～6000 倍；用于苹果防治红蜘蛛，稀释 4000～6000 倍；用于棉花防治红蜘蛛，每亩用 10～20mL；参见 PD20111312。

【混用技术】 可与阿维菌素、炔螨特等混用，已登记混剂如 22%阿维菌素·螺螨酯悬浮剂（2%+20%）、40%螺螨酯·乙螨唑悬浮剂（32%+8%）。

嘧螨胺 （pyriminostrobin）

【产品特点】 本品属于甲氧基丙烯酸酯类。

【防治对象】 防治柑橘、苹果等红蜘蛛。用法用量等尚在研究。

嘧螨酯（fluacrypyrim）

【产品特点】 本品属于甲氧基丙烯酸酯类。为线粒体呼吸抑制剂。具有触杀、胃毒作用。对害螨的各个螨态均有效，且速效性好，持效期达 30 天。

【单用技术】 30％悬浮剂曾登记防治柑橘、苹果的红蜘蛛、叶螨；参见 LS20040430。

炔螨特（propargite）

【产品名称】 克螨特、丙炔螨特等。

【产品特点】 具有触杀、胃毒作用（有的资料说本品具有熏蒸作用）。对成螨、幼若螨有效，杀卵效果差。害螨接触有效剂量的药剂后立即停止进食和减少产卵，48～96h 死亡，作物可以得到及时保护。在 20℃以上条件下药效可提高，但在 20℃以下药效随温度递减。

【适用范围】 柑橘、苹果、棉花、茶树、蔬菜、花卉等。但在幼小作物上使用时要严格控制浓度，否则浓度过高易发生药害。

【防治对象】 红蜘蛛、锈蜘蛛等多种害螨（有资料说可控制 30 多种害螨；对其他杀螨剂较难防治的二斑叶螨、棉花红蜘蛛、山楂叶螨等有特效）。

【单剂规格】 40％、57％、73％乳油，20％、30％、40％、50％水乳剂，40％微乳剂。首家登记证号 PD29-87。

【单用技术】 73％乳油登记用于柑橘防治螨，稀释 2000～3000 倍；用于苹果防治叶螨，稀释 2000～3000 倍；用于棉花防治螨，每亩用 25～35mL；参见 PD29-87。57％乳油登记用于柑橘防治螨，稀释 1560～2350 倍；用于苹果防治叶螨，稀释 1560～2350 倍；用于棉花防治螨，每亩用 32～45mL；参见 PD102-89。

【混用技术】 可与多种杀螨剂混用，已登记混剂如 30％阿维菌素·炔螨特乳油（3％＋27％）、33％炔螨特·噻螨酮水乳剂（30％＋3％）。

噻螨酮 （hexythiazox）

【产品名称】 尼索朗等。

【产品特点】 以触杀作用为主，对植物组织有良好的渗透性，无内吸作用。对多种植物害螨具有强烈的杀卵、杀幼若螨的特性，对成螨无效（但对接触到药液的雌成虫所产的卵具有抑制孵化的作用）。由于无杀成螨活性，故药效发挥较迟缓。持效期长，药效可保持 50 天左右。本品属于非感温型杀螨剂，在高温或低温时使用的效果无显著差异。

【适用范围】 柑橘、苹果、山楂、棉花等。

【防治对象】 对叶螨防效好，对锈螨、瘿螨防效较差。

【单剂规格】 5%乳油，5%可湿性粉剂。首家登记证号 PD122-90。

【单用技术】 5%乳油登记用于柑橘防治红蜘蛛，稀释 2000 倍；用于苹果防治苹果红蜘蛛、山楂红蜘蛛，稀释 1650～2000 倍；用于棉花防治红蜘蛛，每亩用 50～66mL；参见 PD122-90。5%可湿性粉剂登记用于柑橘防治红蜘蛛，稀释 1650～2000 倍；参见 PD123-90。

【混用技术】 可与波尔多液、石硫合剂等多种农药混用。已登记混剂如 3%阿维菌素•噻螨酮乳油（0.5%＋2.5%）、36%炔螨特•噻螨酮乳油（33%＋3%）。

【注意事项】 本品对成螨无杀伤作用，要掌握好防治适期，应比其他杀螨剂要稍早些使用。

三磷锡 （phostin）

【产品特点】 对成螨、若螨、幼螨、卵均有较好的杀灭作用。作用迅速，持效期可达 50 天。

【单用技术】 20%乳油曾登记防治柑橘、苹果红蜘蛛，稀释 1500～2000 倍；参见 LS94400。

三唑锡 （azocyclotin）

【产品名称】 倍乐霸等。

【单用技术】 25%可湿性粉剂登记用于柑橘防治红蜘蛛，稀释

1500～2000 倍；用于苹果防治红蜘蛛，稀释 1000～1330 倍；参见 PD119-90。

双甲脒（amitraz）

【产品名称】 螨克等。

【单用技术】 20％乳油登记用于柑橘防治螨类、介壳虫，稀释 1000～1500 倍；用于苹果防治苹果叶螨、山楂红蜘蛛，稀释 1000～1500 倍；用于棉花防治红蜘蛛，每亩用 20～40mL；用于梨树防治梨木虱，稀释 800～1500 倍；参见 PD9-85。

四螨嗪（clofentezine）

【产品名称】 阿波罗等。

【产品特点】 具有触杀作用。对螨卵活性很高，对幼螨、若螨也有较高活性，对成螨效果很差或无效。本品可穿入到螨的卵巢内使其产的卵不能孵化，是胚胎发育抑制剂，并抑制幼螨、若螨的蜕皮过程，但无明显不育作用。作用较慢，一般施药后 2 周才达到最高杀螨活性，因此用药需依据螨害预测预报结果。持效期长，一般可达 50～60 天。

【适用范围】 苹果、梨、柑橘、桃、李、葡萄、棉花、蔬菜、花卉等。

【防治对象】 苹果全爪螨、山楂叶螨、二斑叶螨、朱砂叶螨、截形叶螨、柑橘全爪螨、锈螨等。

【单剂规格】 10％、20％可湿性粉剂，20％、40％、50％悬浮剂，75％、80％水分散粒剂。首家登记证号 LS90021。

【单用技术】 20％悬浮剂登记防治柑橘红蜘蛛、锈壁虱，稀释 1600～2000 倍；防治苹果红蜘蛛、山楂红蜘蛛，稀释 2000～2500 倍；参见 LS92004。50％悬浮剂登记防治柑橘红蜘蛛、锈壁虱，稀释 4000～5000 倍，防治苹果红蜘蛛、山楂红蜘蛛，稀释 5000～6000 倍；参见 LS90021。

【混用技术】 本品对成螨无效且药效表现较缓，在田间成螨数量大时不宜单用，应与杀成螨活性高的药剂混合使用。已登记混剂如 10％哒螨灵·四螨嗪悬浮剂（7％＋3％）。

溴螨酯 （bromopropylate）

【产品名称】 螨代治、溴杀螨、溴杀螨醇、新灵、纽朗等。

【单用技术】 50％登记用于柑橘防治红蜘蛛，稀释 1000～1500 倍；用于苹果防治红蜘蛛，稀释 1000～1500 倍；参见 PD53-87。

乙螨唑 （etoxazole）

【产品名称】 来福禄等。

【产品特点】 本品主要通过触杀和胃毒作用防治卵、幼螨和若螨为害，而且具有较好的持效性。

【适用范围】 柑橘、苹果等。

【防治对象】 柑橘红蜘蛛、苹果红蜘蛛等。

【单剂规格】 110g/L悬浮剂。首家登记证号 LS20090169。

【单用技术】 在红蜘蛛低龄幼若螨始盛期开始用药，稀释 5000～7500 倍。

乙唑螨腈 （cyetpyrafen）

【产品名称】 宝卓等。

【产品特点】 本品是一新型丙烯腈类杀螨剂，具有较好的速效性和持效性。主要通过触杀和胃毒作用防治害螨，对卵、幼螨、若螨、成螨均有较好防效，且与常规杀螨剂无交互抗性。

【适用范围】 柑橘、苹果、棉花等。

【防治对象】 柑橘红蜘蛛、苹果叶螨、棉花叶螨等。

【单剂规格】 30％悬浮剂。首家登记证号 LS20150347。

【单用技术】 在低龄若螨始盛期施药，防治柑橘红蜘蛛、苹果叶螨，稀释 3000～6000 倍，防治棉花叶螨，每亩用 5～10mL。施药时应使作物叶片正反面、果实表面以及树干、枝条等充分均匀着药，喷雾直至叶片湿润为止。根据田间作物的种植密度和植株大小，可适当增加喷液量，以达到较好的防治效果。柑橘、苹果上每季最多使用 2 次，安全间隔期 14 天；棉花上每季最多使用 2 次，安全间隔期为 21 天。

唑螨酯 （fenpyroximate）

【产品名称】 霸螨灵、杀螨王等。

【产品特点】 对多种害螨具有强烈的触杀作用。对害螨的各个生育期均有良好效果；喷洒螨卵，孵化出来的幼螨很快死亡。速效性好，持效期较长。

【适用范围】 柑橘、苹果等。

【防治对象】 红蜘蛛、锈蜘蛛等。

【单剂规格】 5％、8％、10％、20％、28％悬浮剂。首家登记证号 LS91007。

【单用技术】 在卵孵化初期、若螨期施药最佳。5％悬浮剂登记用于柑橘防治红蜘蛛、锈蜘蛛，稀释 1000～2000 倍；用于苹果防治红蜘蛛，稀释 2000～3125 倍；参见 LS91007 和 PD193-94。每季最多使用 2 次。

【混用技术】 能与波尔多液等多种农药混用。与石硫合剂混用会产生沉淀。已登记混剂如 13％炔螨特·唑螨酯乳油（10％＋3％）。

附录 ▶▶▶

一、卫生杀虫剂简介

卫生害虫，是指为害人的身体和人居环境，影响人们正常生活和生命健康，具有公共卫生医学重要性的节肢动物，如昆虫纲中的隐翅虫、臭虫、蝇、蚊、蚂蚁、白蚁、蚤、虱、蜚蠊等。传统上将蛛形纲中的螨、蜱等有害生物也纳入卫生害虫范畴（广义上的"虫"包括昆虫、螨虫、蜱虫等）。卫生害虫对人类的为害主要是传播疾病、叮刺骚扰、损毁物品等。常见卫生害虫种类见附表1。

附表 1　常见卫生害虫种类

纲	目	"科"举例	"种"举例
昆虫纲	鞘翅目	隐翅虫科	黑足毒隐翅虫
	半翅目	臭虫科	温带臭虫
	双翅目	蝇科、蚊科	家蝇、中华按蚊
	膜翅目	蚁科	黄家蚁
	等翅目	白蚁科	黑翅土白蚁
	蚤目	蚤科	人蚤
	虱目	虱科	人虱
	蜚蠊目	蜚蠊科、姬蠊科	美洲大蠊、德国小蠊
蛛形纲	寄螨目	硬蜱科、软蜱科	全沟硬蜱
	真螨目	恙螨科、蚍螨科	地里纤恙螨、屋尘螨

卫生用农药，是指用于预防、控制人生活环境和农林业中养殖业动物生活环境的蚊、蝇、蜚蠊、蚂蚁和其他有害生物的农药。按其使用场所和使用方式分为家用卫生杀虫剂和环境卫生杀虫剂两类。家用卫生杀虫剂主要是指使用者不需要做稀释等处理在居室直接使用的卫生用农药；环境卫生杀虫剂主要是指经稀释等处理在室内外环境中使用的卫生用农药。

部分卫生用农药登记情况见附表2。

附表2　部分卫生用农药登记情况

产品名称	作物/场所	防治对象	用药量（制剂量）	施药方法	登记证号
2.5%溴氰菊酯可湿性粉剂	卫生	蚊	0.2g/m²	滞留喷雾	WP120-90
	卫生	蝇	0.4g/m²	滞留喷雾	
	卫生	蜚蠊	0.4～0.6g/m²	滞留喷雾	
	卫生	臭虫	0.6g/m²	滞留喷雾	
80%噁虫威可湿性粉剂	卫生	蚊	0.1～0.15g/m²	滞留喷洒	WP20080089
	卫生	蝇	0.1～0.15g/m²	滞留喷洒	
	卫生	蜚蠊	0.2～0.375g/m²	滞留喷洒	
0.05%氟虫腈胶饵	室内	德国小蠊	0.03～0.09g/m²	投饵	WP20130016
	室内	美洲大蠊	0.09～0.18g/m²	投饵	
0.03%吡虫啉胶饵	卫生	蚂蚁		投放	WP20120237
40%毒死蜱乳油	卫生	白蚁	25～50mL/m²	土壤处理	WP20090034

2021年9月28日农业农村部办公厅发布《关于防蚊驱蚊类产品认定的意见》，文件指出：近年来，各地在市场监督检查中发现多种标称以植物提取成分为原料，具备防蚊驱蚊功能的"防蚊贴""防蚊剂""防蚊液""驱蚊手环"等产品。我部对此类产品是否属于《农药管理条例》（以下简称《条例》）规定的农药进行了研究，现提出以下意见。根据《条例》第二条第一款规定，农药是指用于预防、控制为害农业、林业的病、虫、草、鼠和其他有害生物以及有目的地调节

植物、昆虫生长的化学合成或者来源于生物、其他天然物质的一种物质或者几种物质的混合物及其制剂。根据《条例》第二条第二款规定，农药包括用于预防、控制蚊、蝇、蜚蠊、鼠和其他有害生物的一种物质或者几种物质的混合物及其制剂。据此，判定某种产品是否属于农药，应当根据该产品的功能用途、使用场所、保护对象等进行界定。如果产品的标签、说明书标明该产品具有防蚊驱蚊功能，无论其有效成分是化学成分还是植物源性成分，该产品都属于农药范畴，依法应当按农药进行管理。

二、杀软体动物剂简介

为害作物的广义上的"虫（虫子）"包括昆虫、螨类（螨虫）、蜗牛、蛞蝓等。杀软体动物剂又称杀螺剂，品种较少，有效成分不足10种，但在8大类农药中独具特点。

1. 有害软体动物的主要种类

有害软体动物指为害作物的蜗牛（俗称旱螺蛳、水牛儿等）、蛞蝓（俗称鼻涕虫、蜒蚰等）、田螺（俗称水螺蛳、螺蛳等），以及血吸虫中间寄主钉螺等。它们均属于软体动物门，腹足纲。为害作物的软体动物种类见附表3。

附表3　为害作物的软体动物种类

为害作物的软体动物			分类地位	寄主范围
类	种	别名、俗称		
蜗牛	薄球蜗牛	刚螺	巴蜗牛科	草莓、白菜、玉米等
	灰巴蜗牛	蜒蚰螺、水牛儿	巴蜗牛科	甘蓝、花椰菜、豆类等
	同型巴蜗牛	水牛儿	巴蜗牛科	白菜、萝卜、甘蓝等
	非洲大蜗牛	菜螺、花螺	巴蜗牛科	蔬菜、花卉等
蛞蝓	野蛞蝓	鼻涕虫、蜒蚰	蛞蝓科	蔬菜等
	黄蛞蝓	鼻涕虫、蜒蚰	蛞蝓科	蔬菜、食用菌等
	网纹蛞蝓	鼻涕虫、蜒蚰	蛞蝓科	蔬菜、花卉等
	高突足襞蛞蝓	鼻涕虫、蜒蚰	足襞蛞蝓科	蔬菜等

为害作物的软体动物			分类地位	寄主范围
类	种	别名、俗称		
田螺	福寿螺	大瓶螺、苹果螺	瓶螺科	水稻、茭白等水生作物
	琥田螺		琥珀螺科	蔬菜、花卉等
	细钻螺	长寿螺、细长钻螺	钻头螺科	白菜、甘蓝等蔬菜和花卉
	椭圆萝卜螺		锥实螺科	水生蔬菜、水稻幼苗等

2. 杀软体动物剂发展概况

第一个获得我国登记的杀软体动物剂是 70%百螺杀可湿性粉剂，登记证号 LS92011。2021 年底处于登记有效期内防治蜗牛的产品逾 90 个，涉及有效成分逾 5 种（四聚乙醛、杀螺胺乙醇胺盐、甲萘威、速灭威、硫酸铜）；防治蛞蝓的产品仅 1 个，涉及有效成分逾 1 种（四聚乙醛）；防治福寿螺的产品逾 70 个，涉及有效成分逾 4 种（四聚乙醛、杀螺胺、杀螺胺乙醇胺盐、氰氨化钙）；防治钉螺的产品逾 35 个，涉及有效成分逾 4 种（四聚乙醛、杀螺胺、杀螺胺乙醇胺盐、螺威）。

3. 杀软体动物剂品种介绍

四聚乙醛（metaldehyde）

【**产品名称**】 密达、梅塔、蜗克星等。

【**产品特点**】 以胃毒为主，兼有触杀作用、引诱作用。通过蜗牛等有害软体动物的吸食或接触，使其快速中毒而失水死亡（使虫体内的乙酰胆碱酯酶大量释放，破坏虫体内特殊黏液，最终神经麻痹大量脱水而死亡）。植物不能吸收四聚乙醛，因此不在植物体内积聚。

【**适用范围**】 甘蓝、小白菜等蔬菜，烟草、棉花、水稻等作物上。

【**防治对象**】 蜗牛、蛞蝓、福寿螺、钉螺。

【**单剂规格**】 5%、6%、10%、12%、15%颗粒剂，40%悬浮剂，80%可湿性粉剂。制剂首家登记证号 LS94015。

【**单用技术**】 作土壤处理、茎叶处理。

（1）颗粒剂在水稻上应用　在插秧、抛秧 1 天后施药，均匀撒施于稻田中，保持 2～5cm 水层 3～7 天。

（2）颗粒剂在旱作上应用　对于直播作物，在种子刚发芽时即可施药，均匀撒施（也可条施或点施，距离 40～50cm 为宜）。对于移栽作物，在苗子移栽之后即可施药，均匀撒施（也可条施或点施，距离 40～50cm 为宜）。法国公司生产的 5％颗粒剂在标签上注明，每千克不低于 10 万颗药粒，每平方米撒施 50～70 颗药粒即可达到良好的防治效果，也可根据螺的密度适量调整。在水稻上每季最多允许使用 2 次，安全间隔期 70 天；小白菜每季最多允许使用 2 次，安全间隔期 7 天；烟草每季最多允许使用 2 次、安全间隔期 42 天；参见 PD20070448。

（3）可湿性粉剂在水稻上应用　在插秧、抛秧 1 天后施药，兑水喷雾于稻田中，保持 2～5cm 水层 3～7 天。

（4）可湿性粉剂在旱作上应用　每亩兑水 30～50L，在蜗牛盛发期均匀喷雾于作物植株上。注意植株中部下部、叶片背面均要喷到。在有露水、多雾的早晨和日落后到天黑前，蜗牛活动频繁，内体外露时，施药效果最佳。不能与酸性物质混用。

（5）悬浮剂在防治钉螺上应用　40％悬浮剂登记用于滩涂防治钉螺，制剂用药量为 2.5～5g/m²。于滩涂地钉螺集中发生期用药，制剂稀释 200～400 倍喷洒于滩涂地钉螺发生区域。部分产品登记情况见附表 4。

附表 4　四聚乙醛部分产品登记情况

登记作物（或范围）	防治对象	制剂用药量	施用方法	产品规格	登记证号
蔬菜	蜗牛、蛞蝓	400～544g/亩	撒施	6％颗粒剂	PD394-2003
棉花	蜗牛、蛞蝓	400～544g/亩	撒施	6％颗粒剂	PD394-2003
烟草	蜗牛、蛞蝓	400～544g/亩	撒施	6％颗粒剂	PD394-2003
水稻	福寿螺	400～544g/亩	撒施	6％颗粒剂	PD394-2003
小白菜	蜗牛	480～660g/亩	撒施	5％颗粒剂	PD20070448
烟草	蜗牛	467～667g/亩	撒施	5％颗粒剂	PD20070448
水稻	福寿螺	480～660g/亩	撒施	5％颗粒剂	PD20070448

登记作物 （或范围）	防治对象	制剂用药量	施用方法	产品规格	登记证号
甘蓝	蜗牛	25～40g/亩	喷雾	80％可湿性粉剂	PD20120202
滩涂	钉螺	2.5～5g/m²	喷洒	40％悬浮剂	PD20122132

【混用技术】 已登记混剂如6％甲萘威·四聚乙醛颗粒剂（1.5％＋4.5％）、26％杀螺胺乙醇胺盐·四聚乙醛悬浮剂（25％＋1％）。

【注意事项】 使用时遇低温、高温、大雨、干旱会影响药效。蜗牛生长发育的适宜温度为15～39℃，最适温度为25～35℃（25℃左右时施用效果最佳）。一年中3～6月和9～11月发生最重。宜于黄昏或雨后施药，一天中于日落后到天黑前施药，雨后转晴的傍晚施药尤佳。水田应用，均匀撒施；旱田应用，在土壤表面或作物根部周围均匀撒施（也可条施或点施，距离40～50cm为宜）。施药后不要在田中践踏，以免影响药效。施药后如遇大雨，药粒可能被冲散或埋至土壤中，会降低药效，需补充施药；小雨对药效影响不大。蜗牛有隐蔽性和迁入性等特点，可酌情确定是否需要追施1次。对桑蚕有毒，勿在桑园附近使用。对瓜类敏感。

杀螺胺乙醇胺盐（niclosamide ethanolamine）

【产品特点】 具有胃毒作用。药物通过阻止福寿螺对氧的摄入而降低呼吸作用，最终使其窒息死亡。

【适用范围】 水稻、滩涂、沟渠等。

【防治对象】 福寿螺、钉螺等。

【单剂规格】 1％展膜油剂，4％粉剂，0.6％、5％颗粒剂，25％、50％悬浮剂，25％、50％、60％、70％、80％可湿性粉剂。制剂首家登记证号LS992280。

【单用技术】 施药方法有喷雾、撒毒土、喷洒、浸杀等。

（1）水稻福寿螺 在水稻插秧后，福寿螺发生初期施药，每亩用70％可湿性粉剂40～50g，对水喷雾；参见PD20180872。施药时及施药后田间保持3～5cm的水层、施药后保水7天以上。施药后2天内暂不灌水，若施药后恰遇大雨，应视具体情况适当补充药液。在水稻上的安全间隔期为 52 天。

（2）滩涂钉螺　50％可湿性粉剂制剂用药量 1～2g/m²，施药方法为喷洒；或者 1～2mg/L，施药方法为浸杀；参见 PD20080890。在温度 18℃以上、湿度 50％～80％现场喷洒灭螺效果好，在温度 20℃以上、湿度 55％～65％现场浸杀效果符合要求。

（3）沟渠钉螺　50％可湿性粉剂登记防治沟渠钉螺，制剂用药量为 2～4g/m²，施用方法为浸杀；防治滩涂钉螺，制剂用药量为 4～6g/m²，施用方法为喷洒；参见 PD20083238。

【混用技术】　已登记混剂如 5％四聚乙醛·杀螺胺乙醇胺盐颗粒剂（3％＋2％），用于小白菜，防治蜗牛，每亩用 500～600g，施用方式为撒施；参见 PD20160646。

氰氨化钙（calcium cyanamide）

【产品特点】　本品具有防治害虫、线虫、杂草、福寿螺等多项用途。能有效杀灭根结线虫，供给作物所需氮素及钙素营养，抑制硝化反应，综合提高氮素利用率，调节土壤酸碱度，改良土壤性状，加速作物秸秆、家畜粪便的腐熟，增强堆沤效果；能有效杀灭福寿螺，稻田灭螺可有效促进作物生长、分蘖、提高品质、增加产量。

【适用范围】　水稻等作物上，沟渠、滩涂等地。适用于 pH 值低于 7 的土壤。

【防治对象】　福寿螺。

【单剂规格】　50％颗粒剂。首家登记证号 LS20030837。

【单用技术】　防治水稻福寿螺，在水稻耕作前 10～15 天或收割后施药，每亩用 50％颗粒剂 33～55kg，均匀撒施。

螺威

【产品特点】　本品是由油茶科植物的种子提取物制成的。螺威属于五环三萜类物质。作用机理是螺威易于与红细胞壁上的胆甾醇结合，生成不溶于水的复合物沉淀，破坏了血红细胞的正常渗透性，使细胞内渗透压增加而发生崩解，导致溶血现象，从而杀死软体动物钉螺。制剂首家登记证号 LS20080128。

【单用技术】　已登记产品如 4％粉剂，用于滩涂，防治钉螺，有效用量为 0.2～0.3g/m² （折合制剂用量为 4％粉剂 5～7.5g/m²），施用方式为撒施；参见 PD20131345。

【混用技术】 不要直接将药剂撒入水体，一般加细土稀释后均匀撒施。环境温度低于 15℃，应适当增加用药量。

三、杀鼠剂简介

我国先后获得登记的杀鼠剂产品逾 334 个，目前处于有效期内的产品逾 135 个；涉及有效成分逾 20 种。

1. 有害鼠类的主要种类

"鼠，穴虫之总名也"（《说文解字》），鼠的本义指穴居兽类动物。狭义上的鼠，指啮齿目动物，俗称老鼠、耗子等。广义上的鼠，包括食虫目、兔形目等鼠形动物。全国农业技术推广服务中心 2009～2013 年对主要作物有害生物种类调查结果表明，确认我国有害生物种类共计 3238 种，其中害鼠 66 种（隶属于 3 目 8 科），主要鼠种见附表 5 所示。国家林业和草原局 2019 年 12 月 12 日发布公告，全国普查共发现可对林木、种苗等林业植物及其产品造成为害的林业有害生物 6179 种，其中鼠（兔）类 52 种。

附表 5　我国农区主要鼠种

目	科	种	数量
啮齿目	鼠科	褐家鼠、黄胸鼠、大足鼠、黄毛鼠、社鼠、小家鼠、卡氏小鼠、板齿鼠、黑线姬鼠、高山姬鼠、朝鲜姬鼠、针毛鼠、巢鼠	13 种
	仓鼠科	黑线仓鼠、大仓鼠、长尾仓鼠、短尾仓鼠、灰仓鼠、昭通绒鼠、藏仓鼠、东方田鼠、根田鼠、白尾松田鼠、社田鼠、鼹形田鼠、莫氏田鼠、长爪沙鼠、子午沙鼠、布氏田鼠、棕色田鼠、黑腹绒鼠、大绒鼠、棕背䶄	20 种
	松鼠科	岩松鼠、花鼠、长尾黄鼠、达乌尔黄鼠、赤颊黄鼠	5 种
	跳鼠科	五趾跳鼠、三趾跳鼠	2 种
	鼹形鼠科	中华鼢鼠、罗氏鼢鼠、东北鼢鼠、秦岭鼢鼠、草原鼢鼠	5 种
	林睡鼠科	林睡鼠	1 种

目	科	种	数量
食虫目	鼩鼱科	臭鼩、灰麝鼩、短尾鼩	3 种
兔形目	鼠兔科	高原鼠兔	1 种
3 目	8 科		50 种

2. 杀鼠剂发展概况

先后获得登记的杀鼠剂有效成分逾 20 种，主要有：敌鼠钠盐（sodium diphacinone，野鼠净）、氯敌鼠钠盐（chlorophacinone Na，鼠顿停、氯鼠酮）、杀鼠醚（coumatetralyl，立克命、杀鼠迷、鼠毒死、毒鼠萘、杀鼠萘）、杀鼠灵（warfarin）、氟鼠灵（flocoumafen，杀它仗、氟鼠酮）、溴鼠灵（brodifacoum，大隆、溴鼠隆、杀鼠隆、溴联苯鼠隆、溴联苯杀鼠迷）、溴敌隆（bromadiolone，乐万通）、α-氯代醇（3-chloropropan-1,2-diol，α-氯甘油）、胆钙化醇（cholecalcifol）、硫酸钡（barium sulfate）、地芬诺酯（difennuozhi）、安妥（antu）、灭鼠优（pyrinuron，抗鼠灵）、磷化锌（zinc phosphide）、磷化铝（aluminium phosphide）、莪术醇（curcumol）、雷公藤甲素（triptolide）、C 型肉毒梭菌毒素（botulin type，C 型生物毒素杀鼠剂、C 型肉毒素）、D 型肉毒梭菌毒素（botulin type D）、肠炎沙门氏菌阴性赖氨酸丹尼氏变体、6a 噬菌体。

安妥、灭鼠优、磷化锌等老品种已淘汰，未见厂家续展登记。2002 年 6 月 5 日农业部发布第 199 号公告，氟乙酰胺、氟乙酸钠、甘氟（鼠甘氟、甘伏）、毒鼠强、毒鼠硅被列入"国家明令禁止使用的农药"。2017 年 8 月 31 日农业部发布《限制使用农药名录（2017版）》，C 型肉毒梭菌毒素、D 型肉毒梭菌毒素、氟鼠灵、敌鼠钠盐、杀鼠灵、杀鼠醚、溴敌隆、溴鼠灵等杀鼠剂"实行定点经营"。

农药中文通用名称索引

农药英文通用名称索引

参 考 文 献

[1] 唐韵. 除草剂使用技术. 北京：化学工业出版社，2010.

[2] 唐韵，蒋红. 杀菌剂使用技术. 北京：化学工业出版社，2018.

[3] 唐韵，唐理. 生物农药使用与营销. 北京：化学工业出版社，2016.

[4] 唐韵，唐理. 稻田杂草原色图谱与全程防除技术. 2版. 北京：化学工业出版社，2020.

[5] 唐韵，唐理. 稻田杂草原色图谱与全程防除技术. 北京：化学工业出版社，2013.

[6] 夏世钧，唐韵，等. 农药毒理学. 北京：化学工业出版社，2008.

[7] 邵振润，闫晓静. 杀虫剂科学使用指南. 北京：中国农业科学技术出版社，2014.

[8] 孙家隆，齐军山. 现代农药应用技术丛书——杀虫剂卷. 北京：化学工业出版社，2017.

[9] 刘长令. 世界农药大全——杀虫剂卷. 北京：化学工业出版社，2006.

[10] 宋宝安. 新杂环农药——杀虫剂. 北京：化学工业出版社，2009.

[11] 刘乃炽. 常用农药30种——杀虫剂. 北京：中国农业出版社，1999.

[12] 洪锡午. 合理使用杀虫剂. 北京：金盾出版社，2013.

[13] 陆家云. 有害昆虫诊断. 2版. 北京：中国农业出版社，2004.

[14] 刘永泉. 农药新品种实用手册. 北京：中国农业出版社，2012.

[15] 农业部农药检定所. 新编农药手册续集. 北京：中国农业出版社，1998.

[16] 农业部农药检定所. 新编农药手册. 北京：农业出版社，1989.

[17] 王险峰. 进口农药应用手册. 北京：中国农业出版社，2000.

[18] 张一宾，等. 世界农药新进展. 北京：化学工业出版社，2007.

[19] 张一宾，等. 世界农药新进展(二). 北京：化学工业出版社，2010.

[20] 张一宾，等. 世界农药新进展(三). 北京：化学工业出版社，2014.

[21] 徐映明，朱文达. 农药问答. 4版. 北京：化学工业出版社，2005.

[22] 中国农业百科全书总编辑委员会. 中国农业百科全书农药卷. 北京：农业出版社，1993.